# 电力通信 （2021年）
# 创新成果集

国家电力调度控制中心
国网浙江省电力有限公司　组编

中国电力出版社
CHINA ELECTRIC POWER PRESS

## 内 容 提 要

《电力通信创新成果集（2021年）》收录了近年来国家电网有限公司通信专业领域的优秀创新成果，按工器具、工艺、方法和装置、软件工具四个类别，详述了创新项目研究背景、主要做法、创新点和应用成效。甄选的成果既有对实际工作中难点问题的研究破解，也有对通信新技术的应用创新，充分体现出广大电力通信工作者在日常运维管理工作中，善于思考、勇于开拓的实践创新精神。

本成果集可作为电网企业通信运维人员的学习参考用书，也可供相关管理人员借鉴学习。

**图书在版编目（CIP）数据**

电力通信创新成果集 .2021年 / 国家电力调度控制中心，国网浙江省电力有限公司组编 . — 北京：中国电力出版社，2022.7

ISBN 978-7-5198-6783-6

Ⅰ .①电…　Ⅱ .①国…②国…　Ⅲ .①电力系统通信—成果—汇编—中国—2021　Ⅳ .① TM73

中国版本图书馆 CIP 数据核字（2022）第 083864 号

出版发行：中国电力出版社
地　　址：北京市东城区北京站西街 19 号（邮政编码 100005）
网　　址：http：//www.cepp.sgcc.com.cn
责任编辑：陈　丽（010-63412348）
责任校对：黄　蓓　王海南　朱丽芳
装帧设计：张俊霞
责任印制：石　雷

印　　刷：三河市万龙印装有限公司
版　　次：2022 年 7 月第一版
印　　次：2022 年 7 月北京第一次印刷
开　　本：787 毫米 ×1092 毫米　16 开本
印　　张：19.5
字　　数：442 千字
印　　数：0001—1000 册
定　　价：120.00 元

# 编委会

# 序

随着"双碳"目标下新型电力系统建设的逐步开展,电力系统的物质基础、运行机理和平衡特性发生深刻变化。电网与通信网之间的交叉耦合越来越紧密,对通信系统保障电网安全运行的要求也越来越高,技术融合、覆盖广泛、带宽充足、配置灵活将是通信网络的发展新趋势。科技创新作为通信网络演进的坚实基础,也是电力通信专业持续高质量发展的不竭动力与客观要求。

国家电网有限公司国家电力调度控制中心近年积极组织开展了一系列前沿课题研究,取得了一大批高质量的科技成果。与此同时,在建设新型电力系统的大背景下,机遇与挑战并存,构建好电力通信三张网(光缆网、传输网、数据网)需要充分发挥广大电力通信工作者的集体智慧,将科技成果更好地转化落地,做到信息共享、服务一线。基层创新有着"小而散"的特点,为了能充分挖掘并汇集实际工作中的优秀成果,我们结合中国电机工程学会电力通信专委会第十三届学术会议召开了电力通信"五小"创新论坛,共收集成果226项。经过专家评审等环节,优选出88项具有可复制可推广的优秀成果,汇编形成这本《电力通信创新成果集(2021年)》。

本书主要涉及工器具、工艺、方法和装置、软件工具四大类成果,内容丰富、分析透彻,突出了"新"(点子新、创意新)、"实"(能实用、可转化)、"广"(业务覆盖广、参与员工多)三大特点,是一线基层员工在工程实践、运维管理等方面的成果展现和经验分享,具有很好的推广意义。希望通过本书的出版,进一步夯实电力通信创新基础,树立创新典型,培育创新群体,营造创新文化,引导鼓励广大职工立足本职岗位,以解决实际问题为出发点,促进电力通信安全、质量、管理水平提升,为国家电网有限公司加快建设具有中国特色国际领先的能源互联网企业,助力实现国家"双碳"目标做出新的更大的贡献。

许洪强

2022年春于北京

# 目　录

## 软件工具类 ……………………………………………… **209**

工器具类

# 野外光缆熔接防尘工具

**完成单位** 国网宁夏电力有限公司宁东供电公司

**主要参与人** 马 龙 马 文 古兴民 马梦轩 闫舒怡 余梦婷 简芝宇 李 洋
刘家伟 王春燕 刘卓婷

## 一、背景

1. 现状调查

近年来，随着宁东地区铁路、公路及各类能源厂站的开发与建设，电力光缆被施工机械和大型车辆破坏的情况屡见不鲜，光缆故障中断时间、地点随机。考虑该地区多风沙的气候情况，小组成员对野外光缆熔接现场进行调查，发现天气条件理想时，抢修人员采用简易平台露天熔接光缆，夜晚或天气状况不理想时，只能蜷缩在车内或帐篷内进行光缆熔接，光缆熔接质量和熔接效率不尽人意。

2. 存在问题

（1）风沙天气对熔接质量产生不利影响。小组成员对近10次野外光缆熔情况接进行调查，发现大风沙尘天气会对熔接光缆产生不利影响，特别影响光纤端面切割、接续的过程，不能实现高洁净光纤熔接，风沙环境下平均光纤1次熔接成功率仅为81.45%，详见表1。

表1 野外光缆熔接情况统计表

| 线路名称 | 电压等级（kV） | 天气状况 | 熔接设备 | 熔接环境 | 1次熔接成功芯数/总芯数 |
|---|---|---|---|---|---|
| 七源线 | 110 | 大风沙尘 | inno view3 | 车内 | 18/24 |
| 宋泉甲线 | 110 | 大风 | inno view3 | 车内 | 20/24 |
| 宋泉乙线 | 110 | 大风 | inno view3 | 车内 | 20/24 |
| 宋大线 | 110 | 沙尘 | inno view3 | 车内 | 39/48 |
| 宋惠线 | 110 | 沙尘 | inno view3 | 车内 | 40/48 |
| 唐元线 | 110 | 晴天 | inno view3 | 普通平台 | 20/24 |
| 锋台线 | 35 | 晴天 | inno view3 | 普通平台 | 14/16 |
| 南宴线 | 35 | 大风 | inno view3 | 普通平台 | 13/16 |
| 柳杨堡线 | 10 | 沙尘 | inno view3 | 车内 | 8/12 |
| 后洼线 | 10 | 晴天 | inno view3 | 普通平台 | 11/12 |
| 平均光纤1次熔接成功率 | | | 81.45% | | |

（2）夜晚照明不足对熔接效率产生不利影响。小组成员对近10次夜间光缆熔接情况进行调查，发现在夜间环境下熔接光缆，纤芯熔接成功率较低，时间成本与人工成本增大，光缆故障消除时间延长，夜晚照明不足环境下平均光纤1次熔接成功率也仅为81.04%，详见表2。

表2 夜间光缆熔接情况统计表

| 线路名称 | 电压等级(kV) | 熔接时间 | 熔接设备 | 熔接工具 | 1次熔接成功芯数／总芯数 |
|---|---|---|---|---|---|
| 白永线 | 110 | 夜晚 | inno view3 | 车内 | 20/24 |
| 州盐甲线 | 110 | 夜晚 | inno view3 | 普通平台 | 18/24 |
| 州盐乙线 | 110 | 夜晚 | inno view3 | 普通平台 | 16/24 |
| 宋大线 | 110 | 夜晚 | inno view3 | 车内 | 42/48 |
| 强大线 | 110 | 夜晚 | inno view3 | 普通平台 | 39/48 |
| 水磁线 | 110 | 夜晚 | inno view3 | 车内 | 20/24 |
| 锋台线 | 35 | 夜晚 | inno view3 | 车内 | 15/16 |
| 南宴线 | 35 | 夜晚 | inno view3 | 普通平台 | 12/16 |
| 清水营线 | 10 | 夜晚 | inno view3 | 车内 | 10/12 |
| 大镇线 | 10 | 夜晚 | inno view3 | 车内 | 11/12 |
| 平均光纤1次熔接成功率 | | | 81.04% | | |

3. 成果目标

小组成员通过查新借鉴，集思广益，提出创新构想，决定研制一种野外光缆熔接防尘工具。通过将熔接环境限定在有限的空间内，减少风沙天气对光缆熔接质量的影响，同时满足夜间照明、充电需求，实现光缆全天候高洁净熔接。

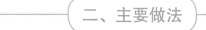

二、主要做法

（1）熔接环境密闭，实现高洁净熔接。改变传统光缆熔接定式思维，设计具有独立空间的光纤熔接箱，将熔接环境限定在封闭的空间内，通过控制变量法推算出熔接箱体积及设备放置区域，选择合适的箱体材料，完成箱体制作。

（2）能源装置外置，实现全天候熔接。通过合理选择具有充电和照明功能的大容量能源装置，优化设计能源装置外置方式，方便野外光缆熔接充电、照明。夜晚光缆熔接时箱体内外照明充足，实现全天候熔接需求。

（3）箱体内置照明灯带，实现多场所熔接。为实现箱体内部照明，选择高亮透光、高寿耐用的照明灯带，安装固定于箱体内部，满足光缆熔接时箱体内部无影照明需求，使光缆熔接全过程清晰可见，实现夜间、室内等场所熔接需要，最终成果展示如图1所示。

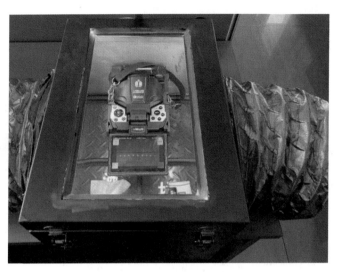

图 1　成果展示图

## 三、创新点

该工具的创新点在于通过将熔接设备限定在低尘空间，从而改善光缆熔接作业环境，攻克传统野外光缆熔接无防尘工具的结构性硬伤。通过合理选择具有充电和照明功能的大容量能源装置，优化设计能源装置外置及照明灯带内置方式，解决野外熔接机充电不便和夜晚光缆熔接照明不足的难题，最终实现野外光缆高洁净、全天候、多场所熔接需求。

## 四、应用效果

通过单位内部试点应用，该工具在野外光缆熔接中作用明显，进一步优化作业流程，光缆运维质效显著提升。该工具的应用场景为野外光缆熔接现场，尤其在大风沙尘天气下功能效果明显。

小组对近 10 次使用新工具的野外光缆熔接现场进行调查，发现野外光缆平均 1 次熔接成功率由之前的 81% 提升至 95.8%，详见表 3。证明该工具的使用缩短了野外光缆熔接时长，提高了熔接效率，降低了电网运行风险。对于提高供电可靠性、满足用户更加优质可靠的用电需求具有重要意义。

表 3　　　　　　　　　　　使用新工具后野外光缆熔接情况统计表

| 线路 | 电压等级（kV） | 1 次熔接成功率 | 线路 | 电压等级（kV） | 1 次熔接成功率 |
|---|---|---|---|---|---|
| 宋大线 | 110 | 94.3% | 锋台线 | 35 | 95.8% |
| 宋惠线 | 110 | 96.2% | 盐寨线 | 35 | 92.9% |
| 唐元线 | 110 | 96.7% | 锋塔线 | 35 | 93.4% |
| 蒋元线 | 110 | 95.4% | 南宴线 | 35 | 96.5% |
| 强大线 | 110 | 92.1% | 北乐线 | 35 | 98.1% |
| 平均值 | | | 1 次熔接成功率 95.8% | | |

目前，该工具在取得作业安全许可后，已在宁东地区电力通信光缆检修熔接过程中使用。下一步计划积极与其他公司通信专业人员进行交流，根据需要开展推广应用。

# 一种多功能射频同轴电缆接头焊接台

**完 成 单 位** 国网辽宁省电力有限公司营口供电公司信息通信分公司
**主要参与人** 敬忠诚　隋　锦

## 一、背景

　　射频同轴电缆（2M）广泛应用在电力通信及电力系统二次专业中，承载着信息通信、继电保护、自动化等重要业务。射频同轴电缆头焊接工序为剥线、压头、焊接等，现需多人配合完成。在新增、改造通信传输设备时需焊接大量同轴电缆头，大批量焊接时，多人操作，浪费人力资源，影响工作效率。在故障抢修时，受环境因素影响，比如机柜空间狭小、光线暗、无交流电源、焊接质量检查困难等作业现况，极大地延长了故障时长，影响了抢修效率。创新小组针对上述问题，通过对同轴电缆头焊接现状分析，认为需要研制一种焊接平台解决上述问题。

## 二、主要做法

　　通过一线工人实际作业，不断积累和总结经验，制作出多功能射频同轴电缆头焊接平台。本焊接平台主要以不锈钢板、球头万向节、同轴电缆测试元器件、可调工作灯、带灯放大镜、移动交流电源、含磁底座为组件，是一种多功能射频同轴电缆头焊接台，具备单人操作、批量焊接、质量测试、提供交流电源、提供照明、克服作业空间狭小限制等功能。利用这一平台，能在复杂环境因素下，单人即可快速开展焊接作业，并对焊接质量快速检测，缩短故障时长，提高了工作效率。

## 三、创新点

　　多功能射频同轴电缆头焊接台主要用于大批量或复杂环境下同轴电缆头快速焊接、质量测试，解决射频同轴电缆头焊接操作困难、效率低等问题。运用该焊接台，在射频同轴电缆头批量焊接时，通过单人操作即可完成批量焊接作业，并能够快速测试焊接质量；在故障抢修时，该平台可根据机柜空间狭小等实际情况，随意调节水平、垂直角度，并提供照明、交流电源、测试等功能。

## 四、应用效果

运用平台批量焊接操作如图 1 所示，故障抢修运用平台焊接操作如图 2 所示。

图 1  运用平台批量焊接操作 　　　　　　　　图 2  故障抢修运用平台焊接操作

运用平台在射频同轴电缆头批量焊接时，通过单人操作即可完成批量焊接作业，并能够快速测试焊接质量，工作效率可提高 60% 以上；在故障抢修时，该平台可根据机柜空间狭小等实际情况，随意调节水平、垂直角度，并提供照明、交流电源、测试等功能，工作效率可提高 150% 以上。

# 通信线缆维护与检测集装箱

**完成单位** 国网吉林省电力有限公司

**主要参与人** 赵 亮 张 艳 丛 犁 姜 华 李 佳 王圣达 武 迪 杨 宇
陈 聪 黄成斌 张文龙

## 一、背景

通信线缆（光缆、网线、电缆）作为通信组网架构的重要组成部分，在现代电力通信网中起着举足轻重的作用。针对秋冬季户外低温环境光缆熔接工序繁琐、春秋季安全大检查2M 电缆检测方法复杂的问题，研制一种改善通信线缆检测手段的通信线缆维护与检测集装箱，配置多个辅助元器件，普遍适用于各种测量场景，解决恶劣天气条件下光缆熔接困难、数字配线架背板电缆及数字端子、网线质量检测困难的问题，有效解决通信线缆检测繁琐导致人、财、物的极大浪费的问题，提高通信网运行可靠性。

与目前市场普遍存在的单一通信电缆检测和维护工具相比，通信线缆维护与检测集装箱在有效性、推广型和实用性上更具有优势。

## 二、主要做法

本成果具有光纤熔接防护模块、通信电缆连通检测模块、通信网线质量检测模块。

### 1. 光纤熔接防护模块

针对在低温天气下光纤熔接损耗大的问题，设计防护箱，使其具备以下功能：

（1）防护箱内置温、湿度监测计（见图1），可实时探测、显示防护箱内的温度、湿度等环境参数，确保熔接机周围环境温/湿度适合的条件下开展光纤接续工作，保证接续合格率。

（2）防护箱内置可调节档位恒温加热垫（见图1），当户外作业时，根据外部环境灵活调节防护箱内温度，保证光纤接续熔接机作业温度满足要求。

（3）设计防护箱排风除湿系统，由排风扇和排风孔两个组件组成（见图1），平衡内外气压，排除箱内潮气，保证防护箱内空气干燥。

（4）为使防护箱具有更广泛的室外环境作业适应能力，光纤熔接机防护箱还具备以下辅助功能：内置 LED 节能灯（见图 1），确保在夜间或自然光线不佳的情况下，为接续作业提供良好的照明条件；采用钢化玻璃面板五开智能轻触开关（见图 1），具有 LED 背灯；在防护箱内置操作监控摄像头（见图 1），通过无线传输技术能够实时传输现场操作情况，提供远程技术指导；防护箱内所有辅助器件采用外接便携发电机供电（见图 1），供电时长可达 12h。

（5）为了增加人性化体验，在设计防护箱时，工作台底面采用"铝合金＋高密度板"，侧掀盖设计（见图 1），配置工作椅，并可以固定收纳在工作台底面（见图 1），采用单人双肩背负式设计（见图 1），同时箱体预留光缆、电缆进线孔，所有预留孔采用防尘条、防尘网（见图 1）。

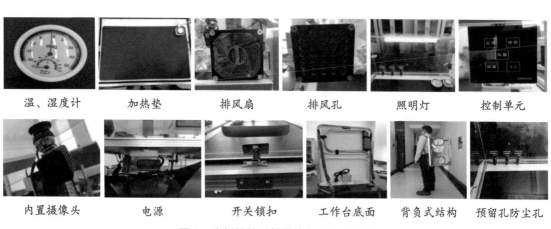

| 温、湿度计 | 加热垫 | 排风扇 | 排风孔 | 照明灯 | 控制单元 |
| 内置摄像头 | 电源 | 开关锁扣 | 工作台底面 | 背负式结构 | 预留孔防尘孔 |

图 1　光纤熔接防护模块各功能实物图

2. 通信电缆连通检测模块

电缆检测器外观采用笔形外观结构，便于携带，闭合电路 2M 线缆与内置有源回路的检测器主体用螺纹连接。外部设置三个档位，"发"档位为发信号，正常红灯，异常无灯光；"收"档位收信号，正常绿灯，异常无灯光；"空"档，空闲状态，不工作。

3. 通信网线质量检测模块

该模块分为信号发射和信号接收两部分，信号端由 CD4060 和 DC4017 组成时钟发生器，显示端有 3 个 RJ45 接头，标记有 1：1 的端子用来测试直连网线，标记有Ⅻ的端子用来测试普通的交叉线，标记有ⅩⅩ的端子用来测试 10baseT4 网线。外观上安置 8 个指示灯，通过指示灯的亮灭判断网线中每根线缆的通断情况。

按照结构与原理图设计方案，将所有元器件组装起来，实物图如图 2 所示。

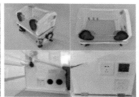

图 2　通信线缆维护与检测集装箱实物图

三、创新点

充分考虑可用性与经济性，首次将通信光缆、电缆和网线检测和维护手段集成一体。依据可实施性原则，光纤熔接防护模块具有局部加热功能模块、温/湿度监控模块、防水保护模块、防尘保护模块四个子功能模块，具有自动温控功能，抵挡灰尘、防风、防水、防尘和防震能力，在低温、雨雪、大风及尘霾等恶劣的施工环境下光纤熔接也能正常作业，提高光缆熔接效率。

通信电缆连通检测模块，内置信号发生器，通过自发自收方式比较信号比较器输出端信号波形是否一致，判定2M端子是否虚焊。

通信网线质量检测模块具有直通连线检测、交错连线检测、连线断路检测和连线断路检测四个子模块，根据指示灯是否闪亮逐一判断线芯的质量，提高网线检测效率。

在外观方面，采用防水透明亚克力材料，增强视觉清晰度。根据可持续性设计原则，外接便携发电机供电，方便运维人员携带与使用。

四、应用效果

1.成果推广应用及转化情况

通信线缆维护与检测集装箱已完成前期设计开发工作，且初版产品已生产并在吉林省内12家通信运维单位试点应用，已征集反馈意见进行产品升级。光纤熔接防护模块获得实用新型专利（专利号：201820350983.5），通信电缆连通检测模块已申请实用新型专利（专利号：20202100923.9）。

2.成果价值

本成果经济效益方面，一年节省成本几万元。社会效益方面，本成果改善了光纤熔接作业环境，光缆一次接续平均合格率有显著的提升；在春秋检中预知2M线缆、网线和电缆连通性能，降低通道故障次数，提高用户对通信通道的满意度，为电网资源租赁提供优质可靠的服务奠定基础。

# 快速敷设通信尾纤

完成单位　国网吉林省电力有限公司长春供电公司
主要参与人　高芙楠　张　岑　张文龙　杜晓林　刘　壮　李婷婷　马铭悦　冯莉玲

## 一、背景

随着近年来通信行业的发展，光通信技术不断完善，尾纤是最常用的一种接线，常被用来连接两台设备或被用来连接设备与光配，相对于双绞线而言，尾纤有着速率更高、更稳定的特点。在机房随处可见各种类型接口的尾纤 LC、FC、SC 等。近年来，研发的集束尾纤为快速布线做出了巨大贡献，集束尾纤看起来更美观、新接业务更快速。但在集束尾纤投入使用前，现网更多应用的是单芯尾纤，一般一个业务用 2 根尾纤，分别负责上行和下行。由于这部分尾纤大多数布放在电缆沟内，需要将尾纤穿过波纹管对其进行保护。但业务一旦投入运行，波纹管必须固定，新接业务必须重新布放波纹管再次穿线，造成了极大浪费。因此我们研制了一种快速敷设尾纤的方法，利用原有波纹管将新的尾纤再次穿入波纹管中。实现这一想法主要由两个模块支撑，一个是动力模块，赋予新穿入尾纤在波纹管中前行的动力；第二模块是可靠挂钩，这个挂钩用于连接动力传送装置和尾纤。通过两个模块的组合快速将新尾纤穿入旧波纹管中。

本课题着重解决了影响尾纤敷设的 2 个问题。

（1）尾纤穿入波纹管困难。正常的作业流程是先将成卷的尾纤在地面上呈直线放平，截取适当长度的波纹管后，将尾纤的一头放入波纹管中，用尾纤头的自身重量拖拽尾纤在波纹管中前行，在这个过程中常发生卡顿，需要检修人员不停地抖动波纹管，直至尾纤从波纹管的另一头穿出。

解决思路：运维班组从电钻上获取灵感，将电钻的旋转动力转换成向前推动的动力，利用这部分动力带动尾纤前行。与此同时设计一款可靠挂钩，连接动力传送装置和尾纤。

（2）波纹管极大浪费。在目前电力通信网运行环境下，业务一旦投入使用，波纹管将被固定，一个波纹管可穿 10~20 根尾纤，但由于新接业务是顺序发生的，不是同时发生，所以为了不影响在运的业务，只能每次都敷设一根新的波纹管，而在运的波纹管中只有 2 芯尾纤，造成了极大的浪费。

解决思路：运维班组想利用原有波纹管，用动力传输装置将新尾纤穿入旧尾纤中，以充分利用现有资源。

## 二、主要做法

运维班组主要做了两个部分的工作，一个是动力传送装置的设计与制作，赋予新穿入尾纤在波纹管中前行的动力；另一个是可靠挂钩，这个挂钩用于连接动力传送装置和尾纤。

### 1. 动力传送装置

动力传送装置主要从电钻等电动工具上获取灵感，将电动工具的旋转动能转化成向前传送的动能，来赋予新穿入尾纤在波纹管中前行的动力。图1为运维人员通过动力传送装置将尾纤从波纹管的一端穿入。

图1　牵引绳推进过程

### 2. 可靠挂钩

这个挂钩用于连接动力传送装置和尾纤，防止动力传送设备向前传送的过程中尾纤脱落。图2为运维人员将尾纤与动力传送装置连接的过程。

图2　可靠挂钩连接方法

## 三、创新点

本次课题的创新点主要体现在两个方面。

（1）采用机械的动力取代了传统的人力。以往波纹管穿线都是使用人工抖动尾纤使尾纤进入，本课题使用了机械动力拽着尾纤前进，动力大小可调节，使得尾纤在波纹管中匀速前进。

（2）动力传输和尾纤连接装置。以往都是用胶带粘贴的形式进行绑扎，尾纤头部属于精密器件，使用胶带粘贴会在尾纤头部遗留粘贴物，使得光衰上升，本课题采用了一种连接器件，在传输过程中对尾纤头进行了保护。

## 四、应用效果

### 1. 成果推广应用及转化情况

目前，该系统在国网吉林省电力有限公司长春供电公司本部机房进行试点投放使用，用于检验成果的功能以及作用，顺利将尾纤穿入利旧波纹管。首先将牵引绳送至对端，到达对端后将牵引绳与尾纤相连，此时由牵引设备反转，将牵引绳收回，尾纤到达对端。

### 2. 课题应用前景展望

该课题将在变电站（所）机房内发挥作用，通过统一并精益化工艺，实现运维质效的显著提升。可进行试点应用，再逐渐推广使用，应用场景为变电站（所）主控室、供电营业站（所）机房、独立通信站点等应用尾纤的设备之间的连接以及设备与光配之间的连接。

### 3. 成果价值

快速敷设通信尾纤成果缩短了尾纤敷设时间，经测算，可将相关运维工作整体耗时缩短 30min 以上。而且，由于利用旧波纹管，也在一定程度上节约了资金，每年约能减少 6 万元施工及波纹管经费开支。

在社会效益方面，使用快速敷设通信尾纤可以极大地提升通信运维质效，快速、高效地完成工作。由于通信通道在电力系统中具有举足轻重的支撑作用，涉及调度、二次保护、自动化、电话等多种业务，这些业务离不开尾纤的连接，因此，本课题的敷设方法可以在多领域应用。

# 通信同轴电缆夹持焊接装置

**完成单位** 国网山东省电力公司威海供电公司

**主要参与人** 李柔霏 周子程 张志浩 黄 征 周学军 冯 逊 孙伟杰

## 一、背景

1. 现状

通信同轴电缆作为一种重要的电路调度方式,实现继电保护、调度数据网等业务在通信传输设备上的灵活接入,而同轴电缆焊接一直是通信检修运维工作的难点和重点。

2. 存在的问题

(1)需两人配合,效率低下。传统同轴电缆接头焊接需要两人配合,一人固定接头,一人持烙铁及焊锡丝进行焊接,工作效率低下。

(2)手持易抖动,且易烫伤。采用手持方式焊接时,因金属接头导热易造成手部烫伤,且手部抖动增加了焊接难度。

(3)接头难固定,操作空间狭小。采用钳子固定虽能避免手部受伤,但同轴电缆接头个头小,内部凹槽狭窄,且极易因焊接点接触不良造成虚焊,业务运行通道不稳定。

3. 目的

研制一种同轴电缆接头焊接辅助装置,将传统的两人配合的焊接工作优化为可一人单独完成,避免因同轴电缆接头导热导致人员手部烫伤的问题,同时克服手部抖动等不可控因素,提高焊接的成功率和效率。

## 二、主要做法

如图1所示,装置将同轴线接头有效固定在卡槽上,利用放大镜放大焊接点,可实现一人独立完成焊接操作,降低同轴电缆接头焊接难度。

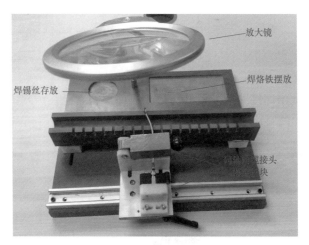

图1　夹持焊接装置

右侧标注：放大镜

右侧标注：焊烙铁摆放

左侧标注：焊锡丝存放

### 1. 操作平台

操作台应能将同轴线接头固定模块、焊锡丝架模块、焊烙铁架模块、底座模块以及放大镜模块集成在一起，坚实牢固，空间充足，方便焊接。

### 2. 焊锡丝存放

焊锡丝存放模块应能简单方便地收容焊锡丝，便于焊锡丝的存放和使用。

### 3. 焊烙铁摆放

焊烙铁摆放模块应使烙铁头应该远离操作区域，避免烫伤操作人员。

### 4. 接头固定

卡槽应能有效地卡接同轴电缆接头，避免接头的滑动、转动或坠落，保证铜导线与接头内槽口紧密接触便于焊接。

### 5. 视野放大

放大镜应能将焊接点视野进行清晰合理放大，方便操作人完成焊接。

## 三、创新点

### 1. 卡槽提效率、降难度

利用卡槽有效固定同轴电缆接头，卡槽的内置弹簧，可使接头尾部缆线固定更加牢固，有效防止接头的滑动、转动或坠落，保证铜导线与接头里的槽口紧密接触，从而改变传统的两人配合的焊接工作，实现一人独立完成操作，大大降低了焊接难度，提高了工作效率。

### 2. 放大镜扩视野、保质量

利用放大镜将接头内部狭小的凹槽进行放大，方便确认槽口及铜导线触点的连接情况。利用放大镜可以观察焊点表面是否光滑，检查焊接质量。

1. 推广应用及转化情况

图 2 为操作人员试用焊接夹持装置的情形,目前该装置已在国网山东省电力公司威海供电公司试点使用,用于检验成果的功能及作用。

图 2　操作人员试用焊接夹持装置

2. 应用前景展望

该课题将在通信专业焊接同轴电缆工作中发挥重要作用,通过优化同轴电缆的焊接方式,实现高效运维、快速抢修等方面综合提升。该装置在行业内可进行推广应用,在行业外的电信、广电等多个领域亦可实现广泛推广,应用前景十分广阔。

3. 成果价值

在工作成效方面,该装置的应用可大幅降低操作人员焊接操作难度,减少作业工时损耗。经测算,同轴电缆安装平均耗时整体缩短了 60min,成效显著。

在经济效益方面,该装置不仅降低了焊锡丝等物料成本,更减少人力资源浪费,每年预计可节省 10 万元。

在社会效益方面,该装置的应用极大提升运维质效,顺应了新型电力系统建设对通信在人员、技能、装备等各环节、各方面的高标准和严要求。

# 光缆固定剥线器

**完成单位** 国网冀北电力有限公司承德供电公司
**主要参与人** 李金格 赵梦莹 杨国旗 付薇薇 李长春

## 一、背景

1. 现状

光缆是电力通信技术重要的传输线缆，在电力通信日常工作中应用广泛。目前在通信日常运维工作中，主要依赖壁纸刀手动剥离光缆外皮。在长期的工作与实践中发现，光缆的外皮剥削工作费时费力。

2. 存在的问题

目前传统的光缆剥缆方式存在以下问题和弊端。

（1）使用传统的壁纸刀等刀具，只能利用剥刀手动卡住光缆，一个人握紧光缆，另一个人拉动剥刀，工作至少需要两个人员进行操作。

（2）使用壁纸刀或其他刀具容易造成工作人员的身体伤害或光缆光芯的损伤。

（3）工作人员剥削外皮的工作需要一定的力量，消耗一定体力。

3. 目的

为了避免以上手工剥缆的弊端，我们设计并制作了一款光缆固定剥线器，改进光缆剥线方法，提高光缆剥线工作效率。

## 二、主要做法

光缆固定剥线器主要利用固定装置将光缆进行固定，并结合旋转进刀原理装置进行光缆的横向切割，使光缆绝缘层（外皮）能够轻松的被切割出刀口，实现光缆外皮轻松、安全的剥离。实物照片如图 1 所示。

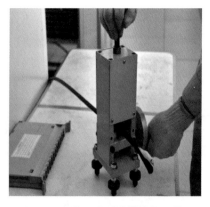

图 1　光缆固定剥线器实物照片

1. 主要结构

光缆固定剥线器主要由切割刀具和光缆固定装置两部分组成，其中切割刀具分为三部分：可更换刀具、进刀装置和固定光缆的圆心，实现光缆的切割剥线。剥线器固定装置包括剥线器紧固底座、光缆紧固装置和转动轮。旋紧两个紧固卡头，卡头与滚动轮配合，就可实现光缆的卡紧。

2. 工作流程

图 2 为光缆固定剥线器整体效果图，其主要工作流程为：

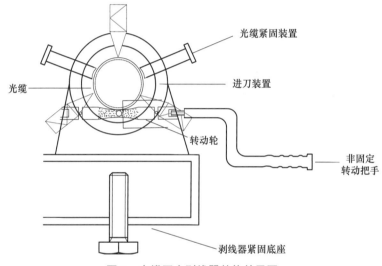

图 2　光缆固定剥线器整体效果图

（1）将光缆剥线器固定在桌子等固定体。

（2）将需要剥皮光缆送入光缆切割器内部（圆心内部），送入长度以实际需要剥开长度为准。

（3）分别旋紧两个紧固卡头，卡头与滚动轮配合，实现光缆的卡紧。

（4）旋转进刀装置，实现切割刀具同时旋紧，三个刀具均匀卡入光缆，卡入深度以切入表面绝缘层。

（5）旋转刀具，实现光缆的横向切割。

（6）一手转动滚动轮手柄（顺时针或逆时针，按照个人习惯或工作需要均可），一手牵引光缆（便于光缆更顺利实现向前或后移动），随着光缆的向前（后）移动，刀具会将光缆绝缘层（外皮）切割出三条刀口。

（7）反向旋转进刀装置，松开固定器，取出光缆，由于三个刀具将外皮切割为三片，外皮的包裹力量减少，一个人即可轻松剥离光缆绝缘层（外皮）。

## 三、创新点与成果价值

**1. 创新点**

光缆固定剥线器克服了工作人员在剥缆过程中的困难，降低了工作人员与光缆在剥离过程中的损害系数，同时减少了安装成本，使得原本2人，甚至更多人同时进行的工作只需要1名人员就可完成。在变电站光缆敷设、切改的工作中，使用已发明的光缆固定剥线器轻松实现了光缆外皮的剥离工作，省时省力。其创新点为：实现手工剥缆的工具化，降低剥缆过程中人员受伤的风险；节省安装成本和人力成本；节约工作时间，提升工作效率。

**2. 成果价值**

在经济效益方面，使用光缆固定剥线器节省人力资源，同时降低因手工剥线易造成的光缆耗损率，每年约能减少10万元经费开支。

在社会效益方面，使用光缆固定剥线器可以极大地提升通信运维质效，实现光缆剥线标准化作业。光缆是通信通道一种重要的传输线缆，而通信通道在电力系统中具有举足轻重的支撑作用，涉及调度、二次保护、自动化、电话等多种业务，因此，在日益精益化运维和负荷不断攀升的大趋势下，保障通信通道的可靠性，才能保障稳定可靠的电网供电，维护社会的正常运转。

## 四、应用效果

**1. 成果应用及转化情况**

由于承德地区现有光缆数量庞大，目前该剥线器在国网承德供电公司光缆布放、检修、切改等工作中得到了广泛的应用，并已取得国家实用新型专利，该成果的应用将大幅提高通信作业质效，并降低运维人员工作难度。经测算，可由两人以上作业减少为单人作业，并将工作时间缩短至原工作时长的1/3，成效显著。

**2. 应用前景展望**

光缆固定剥线器实现光缆剥线精益化作业，可使运维质效得到显著提升。在应用推广方面，光缆剥线器主要有以下优势：

（1）应用广泛。剥线器工具是光缆施工过程中必不可少的工具，在实际工作中应用范围极广。

（2）提高工作效率。光缆固定剥线器的发明解决了光缆外皮剥离过程中费时费力问题，可以实现1人工作，同时也减少了光芯的损害率。

（3）推广潜力大。电力通信网作为电网调度自动化、网络运营市场化和管理现代化的基础，而光缆网络又作为电力通信网的基础发挥着重要作用，为"光缆固定剥线器"的使用提供了前提。并且通信行业使用的光缆型号具有广谱性，因此，该剥线器的使用可在整个电力通信系统和通信行业范围推广。

# 2M 线接头焊接辅助工具

完成单位　国网甘肃省电力公司检修公司
主要参与人　赵书函　乔思斌　张凯程　周　婧　宋国云　柴　京

## 一、背景

随着电网对数字化、智能化要求的不断提升，通信网络承载的电网生产、行政办公、电力营销等各类业务与日俱增。通信网现已成为承载各类业务系统的关键网络。其中，大量的语音、图像、远动及监控等低速率信号需要通过 SDH 等传输设备经由数字配线架以 2M 线缆方式传输至各业务侧终端，2M 线缆的焊接质量及效率将直接影响业务侧运行状态及检修时效。

1. 运行现状

在通信、保护、自动化等各专业 2M 业务建设、运维、抢修等过程中存在大量 2M 线缆焊接工作，焊接及测试工作均需由手工完成。结合现场作业实际，焊接工作涉及机柜内部、空间狭小、2M 头焊点无法固定等多类场景，作业人员需手持电烙铁、焊锡以及 2M 线接头进行焊接，焊接完成后需对线缆进行通断测试。该工作存在难度大、焊接效率低、质量差等问题，必要时需他人协助及使用相关工器具按压、固定完成。

2. 存在问题

结合不同场景所需的线缆敷设与焊接先后顺序，2M 线缆焊接工作主要存在焊接及测试两方面问题，具体如表 1 所示。

表 1　　　　　　　　　　　2M 线缆焊接问题分析表

| 场景 | | 先放线再熔接（机柜内部定点作业） | 先熔接再放线 |
|---|---|---|---|
| 存在问题 | 焊接 | 接触烫伤，进而导致工器具掉落，造成机柜内部线缆烧伤或设备短路损坏现象 | 接触烫伤 |
| | | 2M 头无固定位置，无法准确对准焊接点，降低工作效率 | |
| | 测试 | 无法通过进行通断测试，仅可接连设备开展试验，受线缆收发影响，往往会延长故障判断实效 | 焊接完成后需开展"芯"－"芯""皮"－"皮""芯"－"皮"3 类测试工作 |

3. 研究目的

完成一种在有效固定 2M 头焊点的前提下，具备焊丝送入、磁铁吸附、通断自动检测功能的辅助仪器，以此代替万用表测试步骤，具备多场景运用条件，进而提升焊接质量、效率及安全性。

## 二、主要做法

2M 线接头焊接辅助工具支持单人操作，主要由架构、电源、触头、输出四个部分组成，具体可划分为 9 个模块单元，详见图 1。

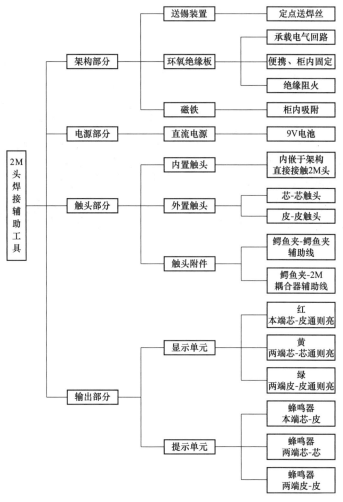

图 1　2M 线接头焊接辅助工具功能分解表

该工具由具备绝缘、耐高温、机械性能稳定的环氧绝缘板作为该工具的整体架构。底部配置强力磁吸底座，用以实现屏柜柜体、数字配线架上吸附功能。左侧采用热缩管作为焊丝送入通道，并固定其与2M头铜芯焊点接触位置。配置燕尾夹以实现线缆固定功能；电源部分采用3节9V电池，为输出电路提供电源支撑。触头部分分为两部分设计：一部分是内置于架构内部，直接接触2M头的"芯""皮"触点；另一部分是外置于架构表面，用以配合触头附件完成线缆两端2M线缆"芯"–"芯"及"皮"–"皮"测试工作。工具输出部分由发光二极管显示单元、蜂鸣器提示单元串入电路组成，实现本端"芯"–"皮"、两端"芯"–"芯"、两端"皮"–"皮"测试工作，详见图2。

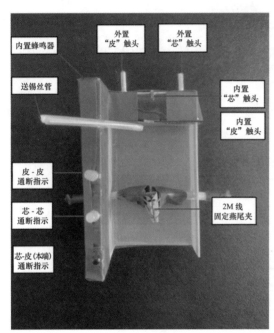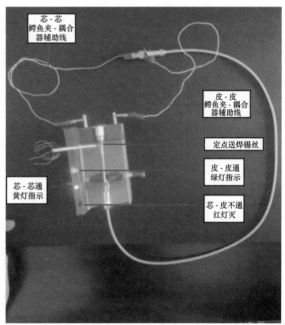

图2　2M线接头焊接辅助工具实物图

<hr>

### 三、创新点

**1. 提升单人焊接效率**

通过制作具备便携、绝缘、耐高温、可固定特点的整体框架，实现2M接头的有效固定，既提升单人焊接效率，又满足机柜内、外部等多场景焊接需求。

**2. 实现即焊即测效果**

通过内外部电路、通断触点及可调节长度的辅助线设计，实现2M头焊接完毕后即可知两端"芯"–"芯"、两端"皮"–"皮"及本端"芯"–"皮"的通断结果，省去万用表测量步骤，避免长距离线缆无法测试现象。

**3. 提升焊接工作安全性**

通过制作固定位置的热缩管，与焊枪保持热熔距离的同时，定点送锡丝，有效延长了手持锡丝状态下手指与焊枪距离，极大提升了焊接稳定性及人员安全性。

## 四、应用效果

### 1. 成果推广应用及转化情况

目前，该辅助工具已在国网甘肃电力投入试点应用，用于保护稳控、行政办公等各类 2M 业务的日常运维及检修工作。

### 2. 应用前景展望

该辅助工具简单实用，能有效提升现场工作效率，降低因虚焊等焊接质量问题而导致的业务意外中断风险，并逐步推广运用于继电保护等业务部门。

### 3. 成果价值

在经济效益方面，2M 线接头焊接辅助工具成本低廉，而且极大地提高了 2M 线接头焊接效率及质量，可节约 50% 人工成本。

在社会效益方面，该工具具有通用性，不但适用于电力行业，也可推广至交通运输业、电信等相关行业。

# MDF 音配架集成测试工具

完 成 单 位　国网上海市电力公司超高压分公司
主要参与人　谈　立

## 一、背景

### 1. 现状

随着近些年变电站规模越来越大，站内通信音频配线架种类日益繁多，对于不同的音配架，厂家会配有不同的配架测试头。但目前市面上并没有能满足各种音配架检修需要的测试检修工具。为了解决在不同种类音配架上工作时需携带不同种类测试工具的问题，本项目旨在开发一种 MDF 音配架集成测试工具，提高工具携带的便捷性，提供更为灵活及多样的测试方法。

### 2. 存在的问题及目的

目前变电站内通信音频配线架种类繁多，对于不同的音配架会配有不同的配架测试头，但在检修及抢修过程中发现少带相对应的测试头的现象屡有发生，同时又由于一个测试头也会配一条测试线，如此多种测试头与测试线对于工作携带亦带来不便，再加上音配架上工作不仅包括通信工作还包括自动化远动工作，所需要的不只是测试头还有听筒、触针及测试夹，而目前市面上的音配架检修工具中并没有现成的此类工具，更没有集成型的测试工具。

## 二、主要做法

### 1. 多种测试头的集成

该工具将不同种类音配架的测试头、听筒、触针、夹子集成在一个特制的盒子内，并在内部使这些部件分别并联，在特制盒子的另一端配有 RJ11 口（P6C6），可连接测试电话，如图 1 所示。

### 2. 工具外壳的开发

设计一种便携式外壳，将各测试头及集成头妥善收纳并便于携带，且此工具盒集成了多个并联的

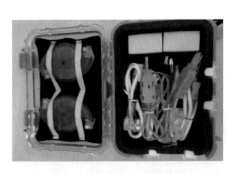

图 1　内部集成各种测试头

RJ11 口，如图 2 所示。

3.各种测试头的使用

各种测试头、集成头有序排列，通过测试头、可伸缩集线器、工具盒上的并联测试口的各种组合，达到单面测试、双面测试、保安测试、环路测试、对线测试等各种功能。

图 2　集成工具外壳外观

---

## 三、创新点

（1）携带更为便捷，以往要带多套测试工具，现只需带一套集成工具。

（2）简化工作步骤，以往在不同音配架上工作时需切换不同测试工具并与测试电话重新接线，现只需切换不同的测试头或测试部件即可。

（3）更为灵活的测试手段，比如以往对音配架某一端子进行自环时，往往需要临时制作短接线或用现有元件搭建环路（接触效果并不好），现只需采用集成工具上的两个部件组合使用即可。

---

## 四、应用效果

在现场对多种品牌及型号的音配架模块进行了该 MDF 音配架集成测试工具的测试，且对音频话路通道、自动化远动通道等多种功能通道进行了测试，测试结果符合原定设计目标，该实用型工具的开发解决了在不同种类音配架上工作时需携带不同种类测试工具的问题，提高了工具携带的便捷性，同时提供了更为灵活多样的测试方法，极大地提高了通道接入、通道故障抢修等检修工作的效率，在电力通信专业现场工作中有较高的实用价值。

# 多功能环回测试仪

完 成 单 位　国网西藏电力有限公司信息通信公司
主要参与人　唐　洲　张　赐　许　涛　德吉曲珍　公　桑

## 一、背景

西藏电力通信传输网随近年藏中联网、阿里联网等工程的建设投运，各类生产控制管理等业务通道日益增多，根据历史告警数据统计，大量的通道通信告警为 2M 通道 LOS 告警或光口 LOS 告警，故障原因主要集中在 2M 线缆、光纤线缆、落地业务设备、2M 数配架接口、光模块等。因此要快速定位故障点，从而及时有效地解决故障，保障西藏电力生产、办公业务安全、稳定运行。

目前西藏电力全区通信运维人员少，技术力量相对薄弱；故障定位难，故障定位慢；根据运维界面划分，光传输设备配线架以外由业务部门运维，通信运维人员无法对业务设备侧进行必要的测试；业务系统故障在传输网管无法监控；缺少有效的环回检测辅助工具；而通信 2M 线缆、尾纤和接口装置故障一般无法用肉眼直接判断。

西藏电力通信网主要承载全区保护、安全控制、调度数据网、数据通信网等生产、办公业务。西藏地区各通信站点主要使用电缆接头有 L9、Q9、CC4、RJ45，主要使用的光纤接头有 FC-FC、FC-LC、LC-LC 等，各种电缆光纤接头制式不一，故障定位和处置缺少专用的辅助工具。制作一个具备多用途的环回工具对 2M 和光纤线缆等的现场有效检测和环回具有重大意义。

## 二、主要做法

本次研发产品整体轻便小巧，产品原型长 13cm、宽 9cm、高 8cm，重量约为 400g，提供了六类不同型号光接口及 2M 接口，该产品为无源装置，可单人手持操作。产品内部构造简单明了，内部通过各类跳线实现外部接口直连。具体产品外观见图 1。

本次研发的多功能环回测试仪主要利用的原理就是通过环回初步定位故障点，便于当发生业务通道 2M 或光口 LOS 告警后，由故障处理人员分别在传输设备及业务设备侧拔下业务通道线缆的收发接口，插入多功能环回测试仪对应的接口，形成环路，根据网管告警的变化情况，定位故障点，针对性的采取处置措施。

图1　产品外观

（1）先将业务侧设备通道线缆拔下插入，多功能环回测试仪，形成通道线缆至业务设备的环路，观察网管告警变化。

（2）恢复原状后，再将光传输侧设备通道线缆拔下，插入多功能环回测试仪，形成通道线缆至光传输设备的环路，观察网管告警变化。

（3）根据两次环回告警变化信息，结合职业经验判断，进行初步故障的定位和进一步故障的排查。

## 三、创新点

（1）原创性。多功能环回测试仪由国网西藏信通公司调控中心项目团队自主研发设计。

（2）经济性。产品造价低廉，面板各类接口及内部直连跳线均来自日常生产耗材。结合网管告警变化快速定位故障点，从而采取针对性处置措施，减少业务通道中断时间。

（3）实用性。产品整体造型简洁，便于携带，操作简单，即使无通信运维经验基础也可轻松操作。

（4）普适性。产品不仅适用于通信专业运维人员，也同样适用于继电保护、安稳控制等其他专业人员。打破机房内运维边界，不同专业人员均可利用产品快速进行故障定位。

## 四、应用效果

多功能环回测试仪可以极大提升现场业务通道告警处置效率。节省故障处置人力成本、时间成本以及物资成本，同时快速辅助定位故障点，缩短重要通道中断时间，极大提升电网安全稳定运行率。

目前多功能环回测试仪已完成初步原型制作，并且在国网西藏信通公司内部进行小范围测试应用，测试效果良好，见图2。后期计划与外部公司合作完成多功能环回测试仪产品的优化制作，批量生产，在具备条件时于西藏电力系统内及通信运营商等企业进行推广应用。

图 2　现场使用测试仪判断故障

# 双边式 ADSS 光缆耐张线夹

**完成单位** 国网安徽省电力有限公司池州供电公司
**主要参与人** 程 洪 毕玉成 吴常胜 石 晨 霍朝辉 朱金玉

## 一、背景

ADSS 光缆是一种全介质自承式光缆，接续时需要将光缆降落至地面进行熔接，进出接头盒的纤芯均不能承受拉力，接头盒只能固定在杆塔上。传统 ADSS 光缆故障处理技术至少需要更换 1 或 2 档间距光缆，抢修施工过程复杂，影响故障抢修效率。通过技术创新，提出新的电力通信 ADSS 光缆故障处理工艺，提升光缆故障处理效率，达到以下目标：

（1）简化光缆故障处理工艺流程。在光缆故障点附近就地熔接和收紧光缆，不需要更换多档光缆，实现光缆悬空对接。

（2）缩短光缆故障处理时间。传统 ADSS 光缆故障处理技术需要更换 1 或 2 档间距光缆，故障处理时间长。研制双边式 ADSS 光缆耐张线夹金具在故障点分别握住两边光缆，实现快速处理 ADSS 光缆故障。

（3）故障处理技术安全可靠。故障处理使用金具采用一体化设计，牢固可靠，耐受张力强，故障处理技术流程简单，更换 ADSS 光缆长度短，能有效避免跨越高压输电线路、高速等影响施工安全的因素。

## 二、主要做法

（1）明确需求，设计双边式 ADSS 光缆耐张线夹。

1）明确应用双边式 ADSS 光缆耐张线夹，提升光缆故障处理效率设计原则。需要实现在光缆故障点附近就地熔接和收紧光缆，解决光缆悬空对接难题，从而避免施放整个档距光缆；对光缆接头挂点进行设计；对光缆纤芯起到保护作用；金具适应 ADSS 光缆故障处理，便携、易于安装。

2）双边式 ADSS 光缆耐张线夹的组成。该金具包括双边预绞丝组、楔形并沟线夹、中间承接部件和金属挂板等。双边预绞丝中间一段安装在填充条上，形成左侧预绞丝组、右侧预绞丝组和中间承接部件一体化结构（见图1）。金属挂板通过模具冲压包裹在中间承接部件上，并在金属挂板上开有槽孔，用于安装ADSS光缆接头盒。楔形并沟线夹使双边预绞丝形成上下结构的间隙，使内层预绞丝光缆结构从间隙处穿出，防止ADSS光缆被夹伤。内层预绞丝铺有金刚砂，增加对架空光缆的握着力，其力值能够达到光缆额定抗拉强度的100%。

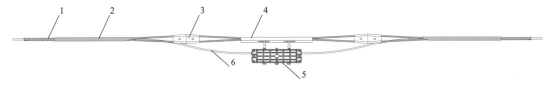

图1　双边式耐张线夹结构图

1—内层预绞丝；2—外层预绞丝；3—楔形并沟线夹；4—中间承接部件金属挂板；
5—接头盒；6—ADSS光缆

3）光缆的保护和悬空对接功能的实现。双边式ADSS光缆耐张线夹把带有保护结构的ADSS光缆顶端分别穿出左右出缆间隙，并通过光缆接头盒接续两条顶端相向的ADSS光缆。利用左右预绞丝组同时对两条相向的光缆产生握力，实现ADSS光缆悬空对接，在ADSS光缆抢修作业过程中，利用该线夹只要光缆开断落地即可补充新缆进行光缆熔接作业。

（2）安全实用，进行ADSS光缆金具研制和试验。

1）以金具产品产业化为目标进行研制双边式ADSS光缆耐张线夹。以成熟的单边耐张线夹产品制作为工艺模板，优选材料，携带和安装都很方便快捷；左侧预绞丝组、右侧预绞丝组和中间承接部件为预绞丝一体化结构，金属挂板通过模具冲压包裹在中间承接部件上，用于安装ADSS光缆接头盒。

2）双边式ADSS光缆金具适应不同档距光缆场景。针对不同档距光缆，金具的内外预绞丝长度不同，抗拉强度不同。为适应不同的档距长度，双边式耐张线夹预绞丝金具有多种规格，如：标称抗拉强度（RTS）不小于40kN，适用于光缆外径$\phi$11.6~12.5mm；标称抗拉强度（RTS）不小于60kN，适用光缆外径$\phi$13.6~14.5mm等。

（3）工艺革新，开发基于双边式耐张线夹的ADSS光缆故障处理技术。利用ADSS光缆弹性，松开故障点的光缆金具，让光缆下垂到一定高度；将故障点两侧的ADSS光缆上分别缠绕内绞丝，形成内绞丝光缆结构，分别从2个双边式耐张线夹的并沟线夹穿出，同时缠绕预绞丝组；准备一段替换光缆，同样分别缠绕内绞丝形成内绞丝光缆结构，分别从2个双边式耐张线夹剩下一边的并沟线夹穿出，同时缠绕预绞丝组；在故障点处开断光缆，故障光缆在2个双边式耐张线夹和替换光缆的拉力作用下不会分离；熔接故障光缆与替换光缆连接的2个光缆接头；熔接结束后，测试光缆纤芯衰耗，确认光缆承载业务恢复正常，将光缆接头盒固定在金属挂板上；在故障点或者两侧杆塔处收紧光缆。线夹握紧左右两侧光缆承受光缆张力，完成ADSS光缆在故障点处的悬空对接。

（4）标准化建设，提升光缆故障处理效率。

1）对双边式ADSS光缆耐张线夹进行标准化。对双边式ADSS光缆耐张线夹进行规范说明。根据型号、适用光缆档距和缆径、内外层绞丝长度、握力值等形成双边式 ADSS 光缆耐张线夹规格表，目前形成 8 种不同规格金具型号供现场应用。针对双边式 ADSS 光缆耐张线夹本体安装，形成了装置安装指导手册。

2）对双边式 ADSS 光缆耐张线夹故障处理步骤进行标准化。总结分析了任意场景，应用双边式 ADSS 光缆耐张线夹，提高光缆故障处理效率的规范步骤。形成双边式 ADSS 光缆耐张线夹产品手册。

## 三、创新点

研制出双边式 ADSS 光缆耐张线夹，开发出基于双边式耐张线夹的 ADSS 光缆故障处理技术，并对线夹和技术进行标准化建设。

## 四、应用效果

### 1. 应用情况

安徽省电力有限公司池州供电公司在 2020~2021 年应用双边式 ADSS 光缆耐张线夹进行了故障抢修 2 次（见图 2），大大减少了光缆故障抢修的时间。对一些没有加入环网的链式路由光缆，在杆塔附近发生故障时，抢修 1 档距光缆需约 6h。应用双边式 ADSS 光缆耐张线夹，可以就地放下光缆进行熔接光纤恢复业务，减少了施放光缆的时间，抢修恢复时间约 3h。

图 2　应用双边式 ADSS 光缆耐张线夹进行故障点处理

## 2. 转化情况

成果通过国网安徽省电力有限公司双创项目孵化，已形成成套金具并通过第三方检测试验。对双边式 ADSS 光缆耐张线夹原创性结构和故障处理工艺，获得国家发明专利授权 1 项。

## 3. 成果价值

经济效益方面，在光缆故障的施放光缆阶段节省了部分光缆及人力，每年约能减少 3 万元经费开支。社会效益方面，可以实现就地放下光缆进行熔接光纤恢复业务，避免跨越高压输电线路、一级公路、河流等影响施工安全的因素，降低了现场作业风险，具有明显社会效益。

# 光缆尾纤检修穿管器

**完成单位** 国网四川省电力公司乐山供电公司

**主要参与人** 吴华兵　伍韵文　石亚琴　龙晨吟　李晓睿　张　雪　黄维维

## 一、背景

1. 现状

当今电力系统中信息和数据的传输主要依靠通信光缆，户外光缆的连接一般采用金属接头盒形式，而站内光缆终端之间往往采用尾纤连接。目前乐山公司现有光缆已达 3000 多千米，业务多，规模大，由此带来巨大的运维检修工作量，这其中又以站内光缆尾纤检修为主。尾纤检修工作中检修时长是一项重要的指标，不仅与员工的业绩直接挂钩，而且关系到与电力系统运行密切相关的继电保护及电力调度等重要业务的安全运行，因此，缩短尾纤检修时间具有重要的现实意义。

2. 存在的问题

在实际光缆尾纤检修工作中，同一屏柜内光缆配线架（盒）之间的尾纤检修无需穿管，规范美观地固定或盘绕尾纤即可，所以检修相对容易，而跨屏（柜）尾纤检修需拆除封堵、敷设管道、布放尾纤等，工作难度较大，耗时较长，且光缆尾纤的平均检修时间高于系统允许的业务中断时长。

3. 目的及意义

缩短变电站内跨屏（柜）光缆尾纤检修时间，将业务中断时长控制在允许时间范围之内是目前通信运维检修工作面临的一大难题，本创新发明采用一种基于纤维增强复合材料（fiber reinforced polymer，FRP）的尾纤穿管器，其具有结构简单、易于制作、携带方便、使用灵活等优点，能够有效缩短光缆尾纤的检修时间，从而减少业务的停运时间，提高检修效率，保障电力系统的安全稳定运行，实现通信支撑价值。

## 二、主要做法

### 1. FRP 材料取材

图 1 所示为目前电力系统中常用的 ADSS 通信光缆结构。

中心加强芯（一般为白色）就是很好的 FRP 材料，FRP 加强芯的直径一般为 2.5mm，其获取过程包含剥开光缆外皮、破除保护层、取出加强芯三个步骤，长度可根据设备之间的距离灵活选取，一般取 8m 即可满足使用需求。

### 2. 将 FRP 材料线缆与钢珠连接

为保证 FRP 加强芯牵引尾纤穿管顺滑，需在 FRP 加强芯前端固定一光滑的小钢珠，常用的尾纤保护软管直径一般在 30mm 以上，钢珠直径取 9.5mm 即可确保钢珠轻松穿入管中，由于 FRP 材质与小钢珠之间不易牢固连接，故在小钢珠尾部焊接一段钢条，用强力胶粘合或绑扎带将 FRP 线材牢牢固定于小钢条上。

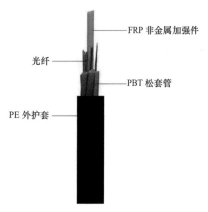

图 1　ADSS 光缆结构图

（图中标注：FRP 非金属加强件、光纤、PBT 松套管、PE 外护套）

## 三、创新点

### 1. 使用 FRP 材料

FRP 是一种纤维增强复合材料，具有质量轻、强度大、绝缘性好、可弯曲变形、价格低廉等优点，电力系统中常用的 ADSS 光缆的加强芯就是很好的 FRP 材料，非常容易获取，另外，其良好抗腐蚀性和耐久性能使得穿管器的使用寿命长达 10 年以上。

### 2. 穿管器前端采用钢珠引导

由于尾纤的保护管往往采用波纹管，因此直接用 FRP 线缆牵引尾纤穿管将导致 FRP 引线插入波纹管的环向凹槽内，阻碍尾纤穿越，为此，我们在穿管器的头部使用小钢珠来引导尾纤，小钢珠体积小，质量大，能够很好地利用自身重力来克服管内的阻力，从而实现尾纤快速穿越。

## 四、应用效果

分别将穿管器在辖区内的 5 座变电站进行光缆尾纤穿管测试，站内通信设备之间穿管时长统计如表 1 所示。

表 1 　　　　　　　　　　　　站内通信设备之间穿管时长统计表

| 站点 | 设备距离（m） | 穿管 1 时间（min） | 穿管 2 时间（min） | 穿管 3 时间（min） | 穿管 4 时间（min） |
|---|---|---|---|---|---|
| 犍为变电站 | 7.0 | 9.5 | 9.1 | 9.2 | 9.4 |
| 高坝子变电站 | 3.0 | 8.7 | 9.1 | 9.3 | 9.3 |
| 朱坎变电站 | 5.5 | 8.8 | 9.0 | 8.6 | 8.9 |
| 九里变电站 | 6.0 | 9.1 | 9.5 | 9.0 | 9.5 |
| 秀湖变电站 | 3.6 | 9.2 | 8.8 | 8.9 | 9.1 |
| 平均时间（min） | | 9.2 | | | |

采用 FRP 材质穿管器后，原先的穿管步骤直接减至 2 个，有效缩短了各步骤间的衔接时间。同时 FRP 穿管器在短短 1min 内顺利通过软管，期间钢珠头未发生脱落，现场检修时间由之前的 59min 缩短至 9.2min，平均缩短 50min，效果十分显著，穿管过程如图 2 和图 3 所示。

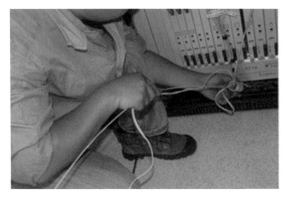 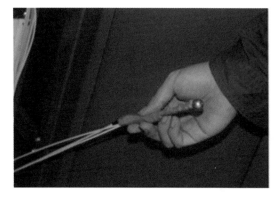

图 2　尾纤随穿管器穿入套管　　　　　　　　图 3　穿管器携带尾纤穿出套管

使用 FRP 材质穿管器进行站内光缆尾纤检修可以节省大量的劳动力及人工成本，能够带来巨大的经济效益。

FRP 材质穿管器适用于变电站所主控室、供电营业站所机房、独立通信站点等跨屏光缆尾纤检修，可大大缩短检修时长，保障信息通信网络的稳定运行，同时实现了变电站通信机房内波纹软管资源的有效利用，提高了检修质效，同时穿管器成本低廉，取材方便，能长期使用，具有广阔的市场应用前景。

# 2M 线缆信号测试工具

**完成单位** 国网北京市电力公司

**主要参与人** 王嘉怡 吕 杰 吕艳雪 高建新 刘永亮 赵 锐 李 峰 庞 迪

## 一、背景

当前，对于 2M 线缆测试工作普遍使用的工具是 2M 测试仪，该设备具有功能齐全、定量分析、屏显明确等优点，是施工人员的重要工具。但是，在仅需要定性检测线缆通断状况或现场缺少电源等场合，2M 测试仪就有些操作复杂、体积笨重了，施工人员迫切需要一种直观方便、便于携带的仪器，我们研发的 2M 线缆信号测试小工具针对性解决了上述问题。

按照作业指导书，制作 2M 线后为验证其通断状况，需要使用仪器对线缆进行测试。除了使用 2M 测试仪外，更常见的情况是使用万用表对线缆进行简要测试。具体来说，对于一根 2M 线的测试流程，需要先后对线缆两端 2M 头的内芯 – 内芯、外壳 – 外壳、内芯 – 外壳分别测试，验证线缆是否存在短路和断路情况。测试时，由于需要用表笔同时对两端搭接检测，往往需要 2 人协作进行测试，也存在人为因素造成测试结果误差的情况，不够方便准确，存在改善空间。

## 二、主要做法

（1）2M 线缆单侧接入一端，测试 2M 线一端。

1）正常测试效果：接入一端后电路处于断路，测试灯不亮。

2）当 2M 线一端存在短路情况时，电路形成通路，测试灯亮一盏。

（2）2M 线缆两侧同时接入，测试 2M 线两端。

1）正常测试效果：接入两端后电路形成通路，测试灯两盏同时亮。

2）芯断时，与外壳连接灯亮。

3）外壳断时，与芯连接灯亮。

2M 线缆测试工具的开发目的是为了简化测试流程，方便运维测试使用，同时缩短 2M 线缆测试时间，快速验证 2M 线缆制作质量合格。

## 四、应用效果

### 1. 应用场景

取四根线，进行测试，找到 2M 线合格的线缆，将四根线分别接入，观察二极管现象。

（1）插入一端二极管亮，说明 2M 线短路（见图 1）。

（2）插入两端，二极管同时亮，说明 2M 线正常（见图 2）。

图 1　一端插入 2M 线　　　　图 2　两端插入 2M 线

（3）2M 线插入两端，左侧二极管亮，此时外壳连通的回路断开，证明外壳断了。2M 线插入两端，右侧二极管亮，此时芯连通的回路断开，证明线芯断了（见图 3）。

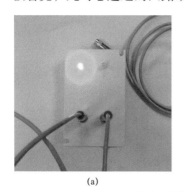 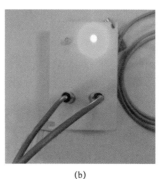

（a）　　　　　　　　　　　　（b）

图 3　2M 线故障

（a）外壳断路；（b）线芯断路

### 2. 前景展望

该成果将在通信传输网中发挥作用，测试工具小巧轻便，易于携带，成本低，可进行推广使用，应用场景为通信机房，实现 2M 线缆检测。

### 3. 成果价值

使用此工具可提高通信作业质效，降低运维人员工作难度，提升检修工作效率。

# 通信运维相关工器具革新

**完成单位**　国网吉林省电力有限公司四平供电公司
**主要参与人**　宋　鑫　马文远　王艺霏

## 一、背景

### 1. 现状及存在的问题

（1）光缆在熔接时，需要将光缆开剥出裸纤后穿入裸纤保护管，裸纤外有一层油膏，易与保护管内壁粘连，不易穿过；保护管超过 1.5m 时，穿入难度更大。因此研发一种裸纤保护管穿纤器，解决超长保护管穿纤问题。

（2）光缆在熔接时，开剥后的光缆每根束管都要套裸纤保护管，当 12 芯光纤熔接盘遇到每个束管内 8 芯光缆时，12 芯的熔接盘只能熔接一个束管，造成熔接盘有 4 芯空闲。因此研发一种光缆熔配套头，解决熔接盘资源浪费问题。

（3）光缆引下的出土管上口需要进行防水封堵，防止光缆进水冻胀。当采用防水胶泥或密封胶进行封堵，时间长了，防火胶泥易干硬开裂，密封胶也存在弹性不足等问题。因此研发一种电缆引上保护管防水帽，在受到振动、外力和小范围的位移时，不影响防水效果。

（4）机房标准化改造或搬迁时，需要更换机柜和迁移设备单元。在拆卸 OTN、路由器等沉重设备单元时，需要很多人手配合，稍有不慎就可能对人身、设备造成损伤。因此研发一种机房设备专用安装转运起重车，消除人工搬运安全风险。

### 2. 目的

在完成工器具设计研发的基础上，加快四种工器具现场应用及功能改良，持续开发工具新功能，完善不足；并编制可行的推广方案，加快四种工器具推广应用。同时实现：

（1）使用裸纤保护管穿纤器后单次裸纤穿管时间小于 1min（以 12 芯纤芯、1.5m 裸纤保护管为例）。

（2）使用光缆熔配套头后纤芯及光纤熔接盘使用率达到 99% 以上。

（3）使用电缆引上保护管防水帽后光缆进水冻胀故障率小于 5%。

（4）使用机房设备专用安装转运起重车后搬运设备时设备损坏率小于 1%。

## 二、主要做法

### 1. 裸纤保护管穿纤器

裸纤保护管穿纤器的前端为由 5 个直径 1.8mm×2.6mm 的圆环间隔 10mm 连接而成的牵引头，牵引头经压接管与钢丝绳卷线盒的 0.7mm 的钢丝绳相接，在钢丝绳上套直径 1.8mm×6mm 长 5mm 的锁定销，用于锁定钢丝绳，防止回缩。

使用时将钢丝绳拉出长于保护管的长度，将牵引头穿过保护管后，将裸纤依次穿入牵引头的圆环内，拉回钢丝绳，从而实现裸纤穿入保护管内。当阻力过大时，牵引头与光纤滑脱，不会因力量过大而损坏光纤。

### 2. 光缆熔配套头

光缆熔配套头为筒状套管，套管的一端敞开，另一端设有四个束线管。束线管的外壁上设有防脱结构，四个束线管之间设有固定孔，孔道与套管内腔连通；套管的敞开端设有两个相对设置的豁口，内壁上设有定位环，定位环中间为过孔。

使用时，该光缆熔配套头的一端套在光缆外护套上，另一端与裸纤保护管连接，通过套头对裸纤进行重新分组，将 12 根纤芯合为一组，每组纤芯通过 1 根保护管与熔接盘相连；相比以前的工艺，可大大减少熔接盘中裸纤保护管的数量，提高熔配盘的连接能力和灵活性。

### 3. 电缆引上保护管防水帽

电缆引上保护管防水帽由束缚部、遮挡部、连接部组成。两个可拼接的壳体通过连接凹槽和连接凸起进行拼接，连接凹槽的深度小于连接凸起的高度以使壳体拼接后其衔接面形成导水缝隙，在少量雨露或者蒸汽环境下防止渗漏的形成；束缚部顶端以及连接部下端的外壁上分别设有防脱檐，防止防水帽脱落；遮挡部的下表面设置有定位筋，便于下方出土管与防水帽安装定位；在遮挡部与连接部的连接处，遮挡部向外延伸超过连接部形成檐状导水角，防止雨水渗漏。

防水帽适用于施工时和施工后期的防水封堵，同时具有一定的抗老化和抗应力作用，且不会对出土保护管、线缆的结构以及清洁度带来不利影响，避免现有方法的不足。

### 4. 机房设备专用安装转运起重车

机房设备专用安装转运起重车包括支撑组件、车架组件和起重组件。支撑组件包括轮轴以及可旋转的设于轮轴两端的车轮；车架组件包括两个设于轮轴两端且分别位于两侧滑动座与车轮之间的支撑板；起重组件包括设置在两个导向杆前侧的连接板，连接板的前端设有支撑轴，支撑轴上设有 L 形的起重臂，起重臂高度可自由调节，可沿支撑轴上下翻折，避免承重臂前后伸出占用大量空间。

起重车具有 1.3m 升限，载重在 500kg 左右，具有可变间距底脚和可变间距叉臂，其能够将设备送入各类狭窄空间，降低操作的难度；同时能够折叠收纳，降低存储时的空间占用。实物如图 1 所示。

 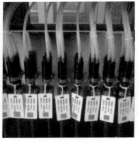  

穿纤器实物　　　　熔配套头实物　　　　防水帽实物　　　　叉车实物

图1　实物图

## 三、创新点

（1）研发一种裸纤保护管穿纤器，通过牵引头实现裸纤快速穿入裸纤保护管内，避免裸纤与保护管内壁粘连，不易穿过且损坏纤芯。

（2）研发一种光缆熔配套头，具有光缆与裸纤保护管连接固定和纤芯调配能力，避免光纤熔接盘浪费，提高标准化施工工艺。

（3）研发一种电缆引上保护管防水帽，用于光缆出土管上口防水封堵，避免防水胶泥和密封胶干硬开裂造成光缆进水冻胀。

（4）研发一种机房设备专用安装转运起重车，用于机房重型设备转运安装，避免人工搬运不当造成人身、设备损伤。

## 四、应用效果

（1）裸纤保护管穿纤器在新建光缆熔接及光缆断裂抢修中得到使用。截至目前，使用次数高达300余次，穿纤2100芯，节省工人2人、工时15天。

（2）光缆熔配套头在新建光缆及光缆割接调整工作中得到使用。截至目前，使用次数高达32次，熔接成端32处，节省21个24芯光配线单元。

（3）电缆引上保护管防水帽在新建光缆入户封堵及改善固有光缆封堵效果中得到使用。截至目前，使用次数高达50余次，据统计，防水胶泥和密封胶封堵造成光缆冻胀率为40%，防水帽可以将冻胀率降低到5%以内。

（4）机房设备专用安装转运起重车在通信机房改造及设备搬迁工作中得到使用。截至目前，共搬运设备、机柜130余套，节省人工2人、工时40天。

四种工器具的实施效果均已完成目标设定并获得实用新型专利。

# 光缆纤序及光纤衰耗检测仪表

完成单位　国网河南省电力公司安阳供电公司

主要参与人　张　霄　张占营　赵叶茹　陈　阳　张　芳　杨雪晴　崔哲芳　孙浩然
　　　　　　赵新航　张　涛

## 一、背景

　　光纤通信网在电力系统的运行及调度中发挥着重要的作用。随着光纤的大量应用，光缆数每年都在递增，进而使得光缆验收工作变得越发繁重。依据 DL/T 5344—2018《电力光纤通信工程验收规范》，新建变电站及光缆改造需进行光缆项目专项验收，尤其是光缆的主要传输特性，并规定"要对每一根光纤进行验收"。

　　在光缆验收过程中，经常遇到光缆纤芯熔接顺序错误及光缆不通的情况，如何快速查找错纤位置并及时纠正，是保证光缆验收通过的关键因素。现有的验收测试需要两组专业人员手工测试，耗时较长且容易发生误判。

　　为解决这一问题，我们经过多次探索试验，不断改进，将多种测试工具简化为单一设备，研制出一套光纤纤序及衰耗检测仪表，它能够实现光缆的纤序、通断、衰耗自动检测，提高验收效率及准确性。

## 二、主要做法

　　该检测仪采用集成芯片及光开关技术，由信号发送模块和信号接收检测模块两部分组成，实现了短时间内检测光缆纤序对应关系表及光缆断芯、衰耗的功能。

　　信号发送模块（检测模块 A）包括主控芯片 MPU、光源、光切换器、输出接口，信号接收检测模块（检测模块 B）包括主控芯片 MPU、接收识别端口、显示器。

### 1. 系统原理

　　主控芯片通过光纤数据发出模块发送频率信号，通过 AD8476 将信号进行放大，产生的差分信号经光电转换模块进行转换，最后经多路光开关传送至尾纤。接收模块从尾纤接收的信号经多路光开关转换传送至分光器，分光器将分离出的信号传送至 AD8476 模块进行放大，最后传送至 MPU 主控芯片。系统框图及信号流程如图 1 所示。

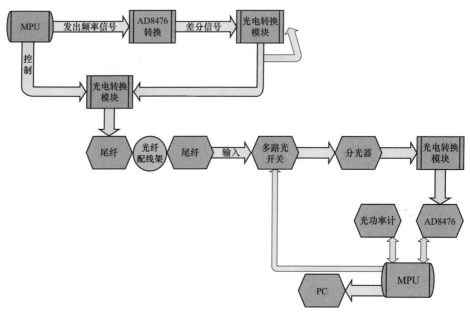

图 1　系统框图及信号流程图

2. 实施步骤

（1）将检测模块 A 输出接口尾纤按顺序连接至一号通信站新建光缆 ODF 盘上，将检测模块 B 按顺序连接至二号通信站对应 ODF 盘上。

（2）模块 A 依照输出接口顺序，将光源切换至输出接口，MPU 控制依次输出光标签及光源维持 5s 时间，并间隔 1s 时间进行下一芯发光，模块 B 接收识别端口实时检测所有端口光数据。根据光缆芯数，设置测试接收时间，以保证完整测试所有纤芯。

（3）模块 B 将数据处理后显示在屏幕中。通过比对光标签与接收端口是否相同，来检测是否存在纤序错误，同时根据接收端口光功率情况来评估各线芯衰耗。如存在接收端口无法收到光功率，则说明此芯为断芯。

三、创新点

（1）将多种测试工具简化为单一设备，使用简单，提高了工作效率。

（2）避免发生误判，保证数据准确性。本检测仪全程电子化操作，自动保存测试结果，记录准确无误。

（3）功能齐全，操作安全。实现了短时间内检测光缆纤序对应关系表及光缆断芯、衰耗的功能。避免了对纤时会反复插拔光纤，损坏光纤接口的问题。

1. 成果推广应用及转化情况

目前,光缆纤序检测仪已投入使用,我们对安阳供电地区管辖范围内的新建、改建光缆进行验收工作时,广泛应用此检测仪,此检测仪在光缆纤序的检测,特别是对24芯以上、48芯的多芯数光缆检测,发挥了极其重要的作用。现场连接测试及测试仪实物如图2所示。

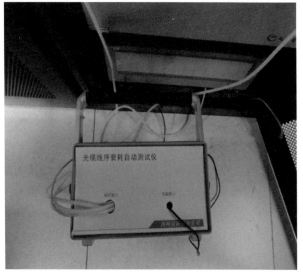

(a)　　　　　　　　　　　　　　　　　(b)

图2　现场测试图

(a)设备现场连接测试;(b)设备俯视图

此外,该检测仪也被安阳地区通信运营商借鉴应用于其光缆检测工作中,在其光缆验收测试工作中发挥了极大的作用,提高了工作效率及检测的准确性。

2. 成果价值

在经济效益方面,我们已利用该仪器完成了84座变电站及39条光缆投运改造的光缆验收工作,累计发现断芯、错芯48处。缩短验收时间累计22320min,节省人力246人·次。

在社会效益方面,该仪器的推广和应用,有效提高了光缆验收通过率,避免了光缆因错纤、断纤引起的验收中断情况,同时对光缆进行进一步的质量检测,节省了大量人力和物力,有效提高了工作效率,保证了通信的安全、稳定运行。工作效率:该检测仪操作简单易懂,不需要专业培训,全程电子化操作,自动保存结果,可以保证每站单人即可在较短的时间内完成测试工作,解决了传统光纤纤序测试方法步骤繁琐、技术要求高、测试人员多的问题。此仪器的运用将大幅提高光缆验收质效,并降低运维人员工作难度。

# 通信同轴电缆快速检测器

完成单位　国网营口供电公司信息通信分公司
主要参与人　秦铭爽

## 一、背景

随着当前信息通信业务的不断拓展及通信量的增加，通信传输中信号的质量要求越来越高。在实际情况中，随着通信距离的增加，通信方式的多样化，信号强度是呈衰弱的趋势变化的，且这种变化趋势是不可避免的。因而在通信系统中降低通信传输的故障率是运行维护技术人员需攻克的难题之一。

本发明涉及一种测试仪器，尤其是涉及一种适用于通信用同轴电缆业务终端、继电保护复用终端、自动化业务终端的通信同轴电缆快速检测器。本发明公开的通信同轴电缆快速检测器属于仪器仪表技术领域，在日常通信维护中能够起到准确判断信号收发方向，快速定位故障点的作用，在通信仪器仪表检测领域具有比较广阔的应用前景。

## 二、主要做法

为了能够实现通信同轴电缆快速检测技术，本发明使用了如下技术方案：设计一种通信同轴电缆快速检测器，其由多个结构组成，如图 1 所示。壳体一端设有无锁紧结构的同轴接口，另一端的外部设有一对反向并联的 LED 灯，壳体的内部设有限流电阻。同轴接口由中空管内靠近壳体一端设有绝缘封堵，同轴接口的同轴心位置上设有针状圆柱，针状圆柱的一端通过传输导线依次与限流电阻和一对反向并联的 LED 灯串联。所述的中空管通过传输导线与一对反向并联的 LED 灯另一端相连。壳体与反向并联的 LED 灯之间还设有绝缘热宿管作为绝缘保护管。反向并联的 LED 灯均采用红色 LED 灯。同轴接口的针状接口与 TNC 接头的管式接口相匹配。

本发明检测器指示灯采用一对反向并联的红色 LED 灯，串接限流电阻，当收到待测电缆的电平与限流电阻的屏蔽层的电位之差大于 1.9V 时，即当信号电平高于或低于屏蔽层电位约 1.9V 以上时，指示灯亮起。待测试的成对电缆中，在发送电缆中，有发送信号，检测时指示灯亮起，表示此电缆为发送电缆，若指示灯不亮则为接收电缆。待测试的成对电缆中，若指示灯都不亮，表示无接收信号，则发送端出现故障。

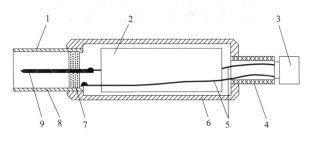

图 1　剖视结构示意图

1—同轴接口；2—限流电阻；3—一对反向并联的 LED 灯；4—绝缘保护管；5—传输导线；6—壳体；
7—绝缘封堵；8—中空管；9—针状圆柱

三、创新点

　　随着通信技术的发展，同轴电缆被越来越多地应用在通信领域。同轴电缆在通信实际使用时一般都是成对使用的，一条为接收，一条为发送，两条电缆外观相同，这就给对端辨认接收电缆和发送电缆造成很大困难。在实际测试时经常采用的办法，是随便将固定在 DDF 数字配线架上的两根电缆接在设备上，看通信是否正常，如果正常则说明选对了，不正常则是选错了，但通信不正常经常是由其他问题引起，这就使选线问题极大的复杂化，且调换同轴接头麻烦，极大降低了工作效率。

　　为了解决上述技术问题，通信同轴电缆快速检测器提供了一种新的手段用于解决在通信同轴电缆实际成对使用时，难以快速、准确判断发送及接受电缆的难题。

　　本发明由于采用无锁紧结构的同轴接口，便于快速插拔、测试。将固定在 DDF 数字配线架上待测的两根电缆接口直接与本发明的同轴接口无缝插接，无需拧紧即可实现快速插拔测试，是检测连接 2M 通道的双向收发的简易装置。达到准确快速判断同轴电缆的发送线和接收线，检测将同轴电缆准确地接入通信业务终端装置，省时省力。

四、应用效果

　　经过前期设计、可行性分析，通过对检测器的测试，无论是外观还是适用性都最终都达到了预期效果。通信同轴电缆快速检测器成品如图 2 所示。

图 2  检测器成品图

待测试的成对电缆中，在发送电缆中，有发送信号，检测时指示灯亮起，表示此电缆为发送电缆，若指示灯不亮则为接收电缆。待测试的成对电缆中，若指示灯都不亮，表示无接收信号，则发送端出现故障；若指示灯都亮，表示都能接到信号，故障情况需再做判断。

整个测试过程完全可一人操作。测试器可反复使用，不需要任何供电设施和辅助工具。本发明构造简单、携带方便，实用性强，使用快捷、效果明显，极大地提高了工作效率和判断准确率，非常利于通信领域推广应用。

# 改进型光纤配线架盖帽及拔钳工具

**完 成 单 位** 国网湖北省电力有限公司黄冈供电公司
**主要参与人** 刘道玉　张校铭　王　超

## 一、背景

### 1. 现状

随着国内通信行业的迅猛发展，由于光纤通信具有传输容量大、距离远、信号稳定等优点，已成为现阶段主流通信技术。在光纤通信技术中，除了通信设备外，更多的是光纤部分，由机房内光纤配线架光配盘完成了光缆与光纤或光纤与光纤间的对接。运维人员在日常运维工作中不可避免地需要对光纤配线架处法兰反复进行封盖及拔取盖帽等操作，而长时间运行后，存在光配法兰处盖帽由于老化而变硬，及冬天气温低运维人员手部僵硬等其他原因导致较难插拔等问题。我们通过对光纤配线架法兰盖帽进行重新设计，并制作专用拔钳，可以较快且方便地完成法兰盖帽的插、拔、收集存储工作，以提高通信运维、抢修工作效率。

### 2. 存在的问题及课题目的

在日常通信检修运维过程中，会存在以下几个问题：

（1）由于当光配盘在接入较多业务时纤芯十分密集，所有光纤配线架法兰盖帽材质、外型相同，都有不易拔取的特点，在频繁伸手拔取盖帽过程中很容易误碰、误动运行中纤芯，从而影响在运业务。

（2）常见的光纤配线架中的法兰盖帽均为塑料、橡胶等材质，运行环境不佳或运行时间长容易出现硬化等现象，拔取过程中费时费力；并且在拔取法兰软帽时需要运维人员用手指捏紧盖帽，会增大盖帽与法兰之间的摩擦力，越用力越难拔出。

（3）在拔取盖帽后由于缺少储存收集装置，易遗失法兰盖帽，易掉落入封堵好的盖板内，不美观整洁；同时部分缺少盖帽的法兰本体裸露在空气中沾染灰尘，给通信传输质量和可靠性带来极大隐患。

为此，我们研制改进了光纤配线架盖帽，并设计完成一种拔钳装置，希望通过这两件配套使用的工具，解决法兰盖帽难以拔取、光纤配线运维不便的难题，升级目前拔取盖帽的工作模式。

## 二、主要做法

为了解决上述不足，本项成果改进设计了一种光纤配线架法兰盖帽的拔钳装置，通过3D 打印技术制作了一套兼有拔钳与存储盖帽功能的罐体，法兰盖帽拔钳主体效果图如图1所示，通过螺纹结构将其完成连接。使用过程中，可以单手一次性地拔取多排光纤配线架盖帽，并同时完成储存工作；工作完毕后，可以通过拔钳侧面的悬挂环将该拔钳悬挂在机柜内侧面，解决了手动拔取盖帽不安全、多余盖帽存储不方便、工作效率低等实际问题。

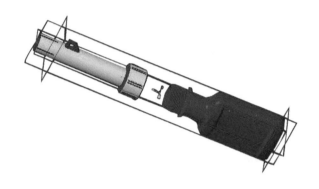

图 1　法兰盖帽拔钳主体效果图

### 1. 研制拔钳装置

该拔钳是通过一个与光纤配线架盖帽进行对接的拔钳头部和一个用来存储已拔取光纤配线架盖帽的罐体组成的（见图2）。由于拔钳顶部为绝缘树脂材质倒钩，可以通过将拔钳口对准盖帽并朝盖帽方向压下，将盖帽无损压入钳口内，再将拔钳向后拉出，"一压一拉"即可完成盖帽的拔取工作。然后通过抬起拔钳头部，让法兰帽在重力作用下掉入后方的储存罐中即完成收集工作。在拔钳使用完之后可以通过拔钳上的挂环直接悬挂在机柜内部特定位置，便于查找及使用。

图 2　改进型法兰盖帽

## 2.改进型法兰盖帽

该改进型法兰盖帽与传统盖帽大小接近，改进点为在其顶部有面积比帽身略大的帽面，便于拔钳在操作时可以一次性拔取成功。

三、创新点

本创新是对通信专业运维人员日常工作中最常打交道的光纤配线盘法兰盖帽操作方面的小革新，本项成果能有针对性解决通信运维中遇到的问题，与传统的法兰盖帽本体及操作方法相比，改进型光配法兰盖帽及拔钳具备一些创新点，具体体现在以下两个方面。

### 1.研发拔钳工具

创造性地提出使用细长的拔钳工具来代替人手在运行中的光配上进行操作，大大降低操作时对于其他业务的影响，确保其他电网调度及生产办公等业务可靠运行；同时由于拔钳工具前段为绝缘树脂材质倒钩，具有一定弹性，不会损伤盖帽，持久耐用；工具操作方法简便易于使用，简化盖帽拔取的操作步骤，仅需要"一压一拉一抬"便可完成取盖帽的拔取及收集工作，大幅降低对盖帽操作难度，同时完成收集储存工作。

### 2.革新光配法兰盖帽

通过优化法兰盖帽形状，增加了法兰帽拔取时的着力点，显著提高法兰帽拔取成功率，做到即使法兰帽橡胶老化，依然不影响法兰帽的拔取。

四、应用效果

### 1.成果推广应用及转化情况

目前，该成果仅在国网黄冈供电公司畅网工作室进行试点投放使用，用于检验成果的功能以及作用。本项成果可进行逐渐推广使用，应用场景为变电站（所）主控室、供电营业站（所）机房、独立通信站点等机柜内光纤配线架处，实现统一规格，统一工具，统一操作等。

### 2.成果价值

在工作效率方面，此装置的运用将大幅提高通信作业质效，并降低运维人员工作难度。经测算，在对同一个48芯的光配盘进行备用纤芯测试操作时，可将相关运维工作整体耗时从5150s缩短至4120s，成效显著。

在经济效益方面，由于原来光配盘内未设置专用的法兰帽储存仓，导致法兰被使用后盖帽散乱放置或者弃用，而后当业务退运时又无法找到法兰帽对法兰进行保护，使法兰本体暴露在空气中，与灰尘接触，污染进光口；同时盖帽盖在法兰上时，可缓解对侧误发光对本侧人眼的激光伤害，保护运维人员身体健康。

在社会效益方面，使用改进型拔钳及法兰帽可以形成统一的法兰盖帽标准，提升通信运维质效。电力通信系统中承载大量电网调度及生产办公等多种业务，通过新型拔钳能够保证在对检修对象法兰盖帽进行操作时不会影响其他运行中线缆，在电网安全稳定运行方面起到了具有举足轻重的支撑作用。

同时拔钳制作及法兰盖帽革新成本低廉，小巧方便，且不局限于电力通信系统内部使用，亦可推广至电信运营商等相关事、企业及公司使用，具备大规模推广潜质。

# 多功能电话模块打线工具套装

**完成单位** 国网宁夏电力有限公司石嘴山供电公司

**主要参与人** 张博凡 刘宏岭 马梦轩 刘瑞增 闫舒怡 马 润 许伟军 王迦磊
伍海燕 马 越

## 一、背景

电力调度行政电话网络是电力系统的重要组成部分，是确保电网安全、优质、经济运行的重要通信手段，具有指挥生产、协调工作、应急备份等重要功能。国网石嘴山供电公司共运维调度行政电话 2400 门，语音配线单元（VDF）262 个。现有语音配线单元因时间、采购等原因，共有 6 个厂家共 8 种型号。不同型号语音配线单元因其模块长、宽、高不同，必须使用厂家提供的专用打线工具。目前语音配线单元端接工作主要有以下几个问题：①专用打线工具相互不通用，工作时需要携带多种型号打线工具；②部分语音配线单元使用年限超过十年，厂家不再生产上述型号设备及配件，备品备件采购困难；③专用打线工具型号过多给班组工器具管理带来一定困难，工具丢失现象频发；④单独采购专用打线工具成本较高。

随着新型电力系统建设和电力信息通信技术的发展，调度行政电话网络也面临升级换代。公司老旧电话线路普遍已使用十年以上，大量电话线路需要更换和升级。因此，亟需一种通用打线工具，可以在所有型号语音配线单元上使用，进一步降低运维检修成本，提高人员工作效率，保证电网安全稳定运行。

## 二、主要做法

1. 设计过程

利用 Rhino 软件对多功能电话模块打线工具套装进行设计，并确定其尺寸、材质以及各部分功能，如图 1 所示。

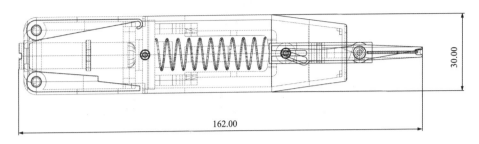

图1 多功能电话模块打线工具套装图纸

2.技术原理

多功能电话模块打线工具套装包括打线工具、可替换刀头组件和收纳盒三部分，核心机构为下压抱紧机构和可更换磁吸结构，如图2所示。

打线工具如图3所示，共由9个组件构成。组件1是ABS材质外壳，圆形外形设计方便人员单手握持；组件2是可替换刀头组件，采用不锈钢材质，刀头部分根据相应语音配线单元模块参数定制，伸长部分可插入组件4中固定；组件3是剪刀，与组件4、组件6配合形成下压抱紧结构，在端线工作中完成绝缘位移、接续、切除多余线头的动作；组件4是连接件，用于固定组件2、组件3和组件5；组件5是圆形钕铁硼磁铁，用于固定组件2，且使组件2易于替换；组件6是弹簧组件，压缩状态时完成下压抱紧功能，伸张时帮助组件3、组件4复位；组件7为辅助工具一，用于调整电话线位置，不用时可收回；组件8为辅助工具二，用于勾出电话线，不用时可收回；组件9可旋转，旋转后可推出组件7和组件8。

图2 多功能电话模块打线工具套装

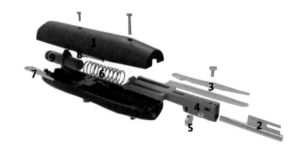

图3 打线工具内部结构

可替换刀头组件即为打线工具组件2的不同批头，刀口有一定锋利度。

收纳盒用于收纳可替换刀头组件，采用ABS材料，可收纳6个可替换刀头组件。

多功能电话模块打线工具套装的使用方法为：①取出打线工具，从收纳盒中取出要使用的刀头组件，将其尾部插入打线工具中；②将刀头对准配线模块，用力向刀头方向按压，当组件3剪断电话线后，即可松开；③旋转组件9，可使组件7、组件8弹出；④组件7、组件8使用完毕后，用手推回原位；⑤使用完毕后，拔出刀头组件，放入收纳盒。

三、创新点

多功能电话模块打线工具套装填补了调度行政电话网络运维检修工作中缺少通用打线工具的空白，具有以下创新点：

（1）刀头可替换。人员可根据语音配线单元型号选择对应刀头组件，满足日常电话网络端接工作所需，解决了因缺乏通用工具导致工作效率低的问题。

（2）操作简单。卡接时，电话线通过簧片的卡口和卡接刀的压力同时完成绝缘位移、接续、切除多余线头的动作，做到卡线、接线、割线"一步"完成，不用专门培训，不需要电源。

（3）适用范围广。可适用卡接线径为 0.4~0.8mm。

（4）接触可靠。卡接簧片具有高强弹性，接触电阻小于 2mΩ。经测试，触点反复卡接100 次，接触电仍小于 3mΩ，每路电话线接好后，以芯线 $\phi$ 0.4mm 为例，拉脱力大于 25N。

（5）多功能。打线刀还具有钩线、拆线、导入簧片槽、定位、安装模块等辅助功能。

四、应用效果

多功能电话模块打线工具套装通过对传统打线刀的改进，可用于业务割接、号码核查、设备安装等日常配线工作，彻底解决了目前调度行政电话网络运维检修工作中缺少通用打线工具的问题。该成果的运用将大幅度提高通信作业质效，降低人员工作难度。

经济效益方面，多功能电话模块打线工具套装可替换所有旧型号打线刀，不需再额外采购，进一步节省工具费、材料费等。

社会效益方面，调度行政电话网络故障目前只能使用手机替代，无线通信可靠性差、易被监听，手机终端也难以做到通话可追溯，为事后评价工作带来隐患。本成果的使用可显著提高电力电话网络故障快速恢复，进一步提升电力通信网络可靠性，杜绝信息泄露事件的发生，保障电网安全稳定运行。

# 光纤配线架快速拔帽器

**完成单位**　国网营口供电公司信息通信分公司
**主要参与人**　张　健　秦铭爽

## 一、背景

随着光纤通信的快速发展，光缆已经成为通信传输业务的重要载体，而光纤配线架是光缆线路在通信站用于连接、分配、调度的重要单元。光纤配线架空闲线芯测试是对通信站光缆各项指标进行周期性检测的重要维护手段。通信光缆一般为 12 芯、24 芯或 36 芯，一个通信站又有多条光缆，所以每次对通信光缆的光纤配线架进行空闲纤芯测试前，测试人员都会用手拔下所有光纤配线架空闲纤芯的防尘帽，这种防尘帽用手易扣不易拔，有的节点通信站光纤配线架空闲纤芯的数量非常多，所以用手拔防尘帽费时费力。而且对于业务较多的光纤配线架，空闲纤芯上的防尘帽附近有很多正在使用的尾纤，用手拔防尘帽很容易发生挤碰，用力不当时还会造成使用尾纤的损坏，从而引起业务中断。

## 二、主要做法

针对上述这种情况，结合平时的工作经验，设计制作出一种专用拔帽小工具——光纤配线架快速拔帽器，可大幅度减少光纤配线架空闲线芯测试的时间，既大大提高了工作效率，又减少了误碰事件的发生，保证了正在使用的光纤业务的安全。

在使用工具进行测试时，维护人员仅需通过简单的按压操作，便可夹住防尘帽并迅速拔下，防尘帽通过短滑管滚落到手中的收纳袋中，还可以防止挤碰周围正在使用的光纤，当防尘帽达到一定数量后，便可以从收纳袋尾部拉链出口取出，待测试完毕后统一归位。该拔帽器工具构造简单、合理，携带方便，实用性强，使用省时省力，还可以提高工作效率，防止误操作的发生，保证了业务的安全，非常适合于通信领域推广应用。光纤配线架快速拔帽器的结构示意图如图 1 所示。

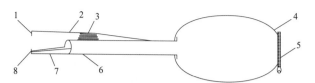

图 1　光纤配线架快速拔帽器结构示意图
1—压点Ⅱ；2—压片；3—弹簧；4—收纳袋；5—拉链；
6—滑管；7—滑道槽；8—压点Ⅰ

如图 1 所示，本实用新型的光纤配线架快速拔帽器包括弹簧和拉链，其收纳袋的一端与滑管的一端连通，滑管的另一端与滑道槽的一端对接并固连，滑道槽的另一端设有垂直弯钩构成的压点Ⅰ，与滑道槽对称的滑管外面的适配位置纵向设有弹簧，弹簧上方设有与滑道槽平行的压片，该压片的一端跨过弹簧与滑管的外表面固连，压片的另一端设有垂直弯钩构成的压点Ⅱ，压点Ⅱ和压点Ⅰ的接触面均在同一平面。收纳袋的尾部还设有封口的拉链，压片由柔韧性好的金属材料制成，滑道槽的长度至少为容纳单个防尘帽的长度，滑管 6 的内径需大于防尘帽的外径。

使用光纤配线架进行空闲纤芯测试时，维护人员通过用手指挤压本工具前端带有弹簧的压片，当压点Ⅰ和压点Ⅱ的前端的接触面同时被按压时，可夹住防尘帽；并迅速地将光纤配线架上的防尘帽拔下，使其通过一个较短的滑道及滑管滚落到手中的收纳袋中，最后当收纳袋中所拔下来的防尘帽达到一定量后，从收纳袋尾部的拉链中统一取出。

### 三、创新点

设计了一种灵活便捷的光纤拔帽器：①利用前端弹簧压片，可快速将防尘帽拔下；②采用拔帽—收纳一体式设计，利用收纳袋可将拔下的防尘帽自动收纳入内，方便实用。

### 四、应用效果

通信站光纤配线架空闲纤芯的数量非常多，而且纤芯上的防尘帽用手易扣不易拔，所以使用本工具进行空闲纤芯测试，可以免去测试人员用手拔下每个防尘帽的操作，省时省力，提高了工作效率。图 2 为现场应用照片。

图 2　现场应用照片

使用本项目研制的工具，可以通过简单的操作，轻松地将使用光纤旁的防尘帽拔出，减少误碰事件的发生。本发明构造简单、合理，携带方便，实用性强，效果明显，非常利于通信领域推广应用。

# 同轴电缆接头自动焊锡装置

完 成 单 位　国网福建省电力有限公司厦门供电公司
主要参与人　石明星　陈少昕　王林芳　林　树　黄琦斌　苏碰发

## 一、背景

电力通信网作为电网业务的承载网络，在电网的安全稳定运行及智能电网建设中发挥着重要作用。现有的电力通信网主体采用的是光传输架构，以 2M 为最小的业务颗粒来传送如继电保护、调度数据网、调度电话等业务。在传统的生产环境中对 2M 头进行焊接，通常需两人配合，一个手持 2M 头及线缆，另一人持烙铁焊接。由于焊接的槽口较小，对作业人员的焊接技术水平要求较高，一旦出现虚焊、焊接头过大的情况，需将 2M 头剪掉重做，易导致因 2M 线缆长度减少而影响实际施工，同时延长了作业时间。针对这种业务需要，研发了一款同轴电缆接头自动焊锡装置，该装置可提高焊接的可靠性及效率，实现 2M 头焊接一次成型，无需返工，从而减少作业工时，保障电力通信网业务的可靠运行。

该系统着重解决同轴电缆接头制作的以下问题：

（1）焊接的槽口较小，对作业人员的焊接技术水平要求比较高。一旦出现虚焊、焊接头过大的情况，需将 2M 头剪掉重做。这样容易导致 2M 线缆长度减少而影响实际施工所需，同时影响施工工艺和延长作业时间。

（2）在施工现场焊接，通常需两人配合，一个手持 2M 头及线缆，另一人焊接，需要较多的人力投入。

（3）市场上目前流行的大部分是半自动焊锡机，自动化、集成化的程度不够，同时产品体积普遍较大，不易搬运，不适用于电力生产应用中。目前市面上还没有针对同轴电缆接头进行焊接的产品。

## 二、主要做法

针对以上问题，运维人员研制一套 2M 头与同轴电缆自动焊接装置，解决手动焊接时所造成的虚焊以及焊接不牢等弊端，极大提高焊接精密度和成品率。

装置通过将焊锡丝与传统电烙铁相结合，无需专人固定线缆，将2人作业降低为1人。系统通过控制微型精密电机滑轨模组套装，可实现焊接过程中自动上锡、焊接。装置将通用式的焊头改为固定件模组，使得装置具备多种接头固定件，能够适配不同型号的2M头，满足实际生产所需。

1. 三维装置图

本同轴电缆接头自动焊锡装置由微型精密电机导轨电动滑轨模组套装、自动送锡和焊锡烙铁头模组、同轴电缆检测模组、同轴电缆接头固定件和一些LED运行状态指示灯组成，如图1所示。

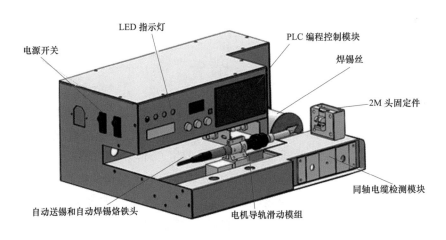

图1　装置三维示意图

2. 设备模组逻辑结构

系统以PLC逻辑控制器为核心，控制细分驱动器去驱动步进电机导轨滑动模组移动，并发布命令至自动出锡和自动焊锡烙铁头模组，执行焊接动作。焊接完后，可利用同轴电缆检测模组进行测试，验证焊接头的可靠性。

导轨电动滑轨模组与自动送锡和焊锡烙铁头组合在一起，通过PLC控制模组对电动滑轨进行精密设定，控制电动滑轨左右移动。焊接时，固定在电动滑轨上的自动出锡和焊锡烙铁头模组向右移动至右侧的接头固定件处，对扣在固定件上的电缆接头进行自动焊接，焊接完后，电动滑轨自动向左移动离开已焊接好的电缆接头。

使用者可对每一种型号的电缆接头在焊接过程所要求的出锡量、焊锡温度、焊锡时间可进行预调试设定，并固化，生成对应焊锡标准方案，保证每个电缆接头的焊接工艺的一致性和可靠性。

三、创新点

（1）同时具备同轴电缆接头2M接头自动焊锡、检测技术。

（2）可自定义调节焊锡温度、出锡量、焊接时间。

（3）能够适配多种同轴电缆接头，装置具备多种接头固定件，可适配不同的同轴电缆接头。

四、应用效果

1. 成果推广应用及转化情况

2020 年 3~5 月，课题组将同轴电缆接头自动焊锡装置应用在集海片区继电保护业务割接工程中，继电保护对电网的稳定运行起着关键作用，其对接头的连通性和稳定性有很高的要求。此工程涉及多个站点的业务割接，大多站点承载继电保护的 2M 用户线长度已固定，需重新制作 2M 线缆，利用 2M 直通头与原有接头对接。运维人员采取现场制作同轴电缆接头。装置应用于角李Ⅰ、Ⅱ路 603 电流差动保护、李深Ⅰ、Ⅱ路 931 电流差动保护等 8 套线路保护业务的割接，经统计，同轴电缆接头制作时间较原来人工制作缩短 50% 时间，时间主要节省在接头焊锡上。同时接头的稳定性高，未出现虚焊的情况，经过几个站点使用，设备整体运行稳定、性能良好，具有如下特点：

（1）整体设备运行良好，完全满足 7×24h 无故障运行。

（2）实现 2M 头焊接一次成型，无需返工，大大减少作业工时。

（3）不会出现虚焊、焊接头过大情况，保证接头连接可靠性。

（4）施工工艺美观。

（5）操作便携，可实现一人完成现场的同轴电缆接头的制作。

（6）可满足不同类型的同轴电缆接头制作。

2. 成果价值

经济效益方面，全面提高通信用户线端消缺效率，节省消缺人工及车辆费用。当我们在网管系统检测到用户网络异常时，只能通过人工去现场查找故障原因，主要的故障原因是同轴电缆接头故障，需抢修班组去现场抢修，在这个过程中，造成较大的人力资源浪费，如果使用同轴电缆自动焊锡装置，实现电缆接头零虚焊，可有效减少 2M 接头故障次数，减少人工投入。

提升通信工程施工效率，有效减少人力施工成本。原本站内通信传输设备安装及施工至少需三人同时施工，两人制作及焊接 2M 头，一人负责设备调试。采用同轴电缆自动焊锡装置后，只需两人在现场，可减少一人的人力。

社会效益方面，提高电力通信网络传输可靠性。目前数据专线焊接头有两种，分别为 BNC 和 L9-J 插头，内部结构相似，由于焊头内部结构小巧，焊接时需要一人手扶焊头一人焊接，手扶的焊头容易抖动，所以经常导致虚焊，影响数据的传输。本装置通过设计一套全自动焊锡流程，有效解决了现有技术中虚焊的现象，提高了通信网络的传输可靠性。先进的设计研发理念，以及设备的稳定性、免人工操作性，都大大降低了人员劳动强度，减少人工工作量，为相关班组减负，从而有力提升了生产效率。

# 一种光缆保护管多功能切割工具

**完 成 单 位** 国网四川省电力公司成都供电公司

**主要参与人** 王 佳 程洪超 张先涛 崔国瑞 邹 航 马 兵 杨 立 刘雪莹
吴季珂 郑伦军

## 一、背景

根据川电设备〔2020〕32 号《国网四川省电力公司关于印发〈高压电缆及通道防火规范〉的通知》的要求，保护用通信光缆应采用穿阻燃管等独立防火隔离措施，并有明显标识。根据川电科信〔2017〕3 号《国网四川省电力公司关于印发〈四川电网下地通信光缆及通道防火措施要求〉的通知》的要求，在电力通道内敷设光缆，应全程加装具有阻燃功能的护套管。但由于历史等各方面原因，当前成都供电公司 10kV 电力浅沟、排管、110kV 和 220kV 浅沟、排管和电力隧道等各类通道环境中存在阻燃功能不达标的光缆保护管，就需要一种便利的切割工具对电力通道内进行防火整治。

传统的光缆保护管切割方式只有通过美工刀进行逐段刨开和拆除，费时费力，并且由于光缆保护管是弧形形状、厚度和硬度较光缆大，美工刀切割时容易滑动，无法严格按照直线进行，施工人员也极容易受到美工刀滑落时的伤害。目前还没有一种比较好的现场切割工具，同时对已敷设的光缆保护管进行改造比较困难，加工误差多、效率低、工作量大，急需一种横向纵向切割的工具。

## 二、主要做法

光缆保护管多功能切割工具是一款专门用于对各种不同型号规格的光缆保护管进行横向切割和纵向切割的工具，工具体积小，携带方便，操作简单，施工便捷，根据保护管规格，调整合适间隙，可用于市面大多数光缆保护管切割，适合各种光缆保护管敷设工作场景。

图 1 为对光缆保护管进行环切，根据不同管径和管壁厚的光缆保护管，拨动调节螺母，拨动开关，直流电机带动切割刀片旋转切割，同时整个切割工具可绕光缆保护管轴线圆周转动，完成切割。

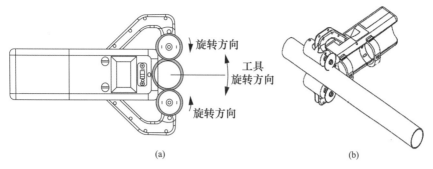

(a)                                    (b)

图 1   对光缆保护管进行环切

（a）设备俯视图；（b）设备侧视图

图 2 为对光缆保护管进行纵向轴切。

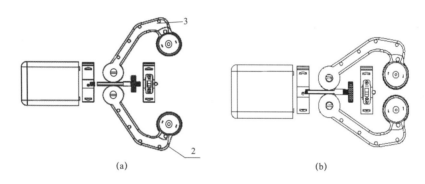

(a)                                    (b)

图 2   对光缆保护管进行纵向轴切
（a）最大时结构示意图；（b）最小时结构示意图

需纵剖时（见图 3），根据管径选好压管组件装好，待剖切塑料管卡入压管座。开合调节轮可调节左右切割组件的开合，待切割锯片靠近塑料管两侧时，向左拨动开关，刀片旋转。向右拨动开合调节轮，切割锯片开始能切到管壁，继续缓慢向右拨动开合调节轮，加大切割量至合适为止。

需横切时（见图 4），调节左右切割组件，塑料管靠近工具前端圆弧位置，调节开合调节螺母，开始切割。

图 3   纵剖示意图

图 4   横切示意图

## 三、创新点

（1）适用于各种不同厚度的光缆保护管，光缆保护管按直径分类有 2.0mm、3.0mm、3.5mm、4.0mm 等多种规格，同时满足不同厚度光缆保护管的切割，工具有较长的切入钥口和较快切断能力。

（2）适用于不同材质的和不同硬度光缆保护管，集横向切割和纵向切割于一体，省时省力。

（3）对光缆保护管进行环切。根据不同管径和管壁厚的光缆保护管，拨动调节螺母，拨动开关，直流电机带动切割刀片旋转切割，同时整个切割工具可绕光缆保护管轴线圆周转动，完成切割。

（4）对光缆保护管进行纵向轴切。拨动调节螺母转动，调节螺杆沿轴线向调节螺母侧移动，同时左、右切割组件张开。当调节螺杆远离调节螺母侧没有螺母段贴近左、右切割臂的尾端齿轮时调节螺母就不能转动，同时左、右切割臂贴近外壳，这时切割管径最小，反之则切割管径最大。拨动调节螺母转动，调节螺杆沿轴线向远离调节螺母侧移动，同时左、右切割组件合拢。

## 四、应用效果

这种光缆保护管多功能切割工具一方面根据光缆保护管规格调整合适间隙，可用于市面大多数光缆保护管切割，适合各种光缆保护管铺设工作场景；另一方面是集横向切割（即环切）和纵向切割（即纵向轴切）于一体，适用于直径 50mm 以下的各种管径的光缆保护管，操作方便简单灵活，可以方便对浅沟、排管、电力隧道内的保护管进行切除，提高工作效率。

图 5 和图 6 是光缆保护管切割整改前、后的图片。

图 5　光缆保护管切割整改前

图 6 光缆保护管切割整改后

项目研制的光缆保护管多功能切割工具自 2019 年 6 月在"成都供电公司 2019 年沿浅沟及排管敷设光缆防火整治""国网成都供电公司 2020 年沿浅沟及排管敷设光缆防火整治"项目中成功应用,携带方便、操作简单、施工便捷,对通道内阻燃性能不达标的光缆保护管进行切割,大大提高了工作效率。

# 尾纤测试多功能接头

**完成单位** 国网青海省电力公司信息通信公司
**主要参与人** 霍 鹏 杨 丙

## 一、背景

随着国网公司"一体四翼"发展布局加速推进，对通信专业支撑能力提出了更高的要求。同时，能源清洁低碳转型及复杂的电力供需形势都对通信保障大电网安全提出了更高要求，在"双碳"目标驱动下，大电网对通信通道需求不断增长，对通信运行可靠性、接入灵活性、网络性能指标要求更加严苛，通信保障支撑压力不断增加，日常运维工作压力随之不断增大。

目前公司通信系统中拥有大量的光接口设备，光功率测试已成为日常运维、故障判定、光缆测试等工作中的重要环节。运维工作中常用的光源、光功率计、OTDR、红光笔等仪器仪表测试接口较多为 FC 接口，但通信设备侧接口及尾纤接头种类繁多，包括 SC、LC、ST 等多种类型，如无合适的测试接口，将降低通信运维日常工作效率。本次结合通信运维工作实际，研究基于 FC 接口的尾纤测试多功能接头，通过将多种接头整合，创新研制尾纤多功能接头，提供丰富的接头转换实现同类尾纤接头之间和不同尾纤接头之间的对接，实现多场景下的接头转换功能，有效辅助光源、光功率计、OTDR、红光笔等仪器仪表测试工作，进一步提升日常运维工作效率。

## 二、主要做法

本成果尾纤测试多功能接头的目的是提供一种便利的尾纤测试配件，具有携带方便、应用简易，为不同场景下的测试需求提供接头转换对接功能，有助于提升通信运维人员日常工作效率。

### 1. 尾纤测试多功能接头组成

本成果的尾纤测试多功能接头由 FC 母转 LC 母接头、FC 母转 SC 母接头、FC 母转 ST 母接头、LC 母转 LC 母接头、SC 母转 SC 母接头、FC 母转 FC 母接头、模具、接头衰耗标识、收纳盒及配套的 FC-FC 尾纤组成。尾纤测试多功能接头长 70mm、宽 25mm、高 50mm。多功能接头收纳盒长 95mm、宽 65mm、高 55mm。本成果及配套收纳盒结构如图 1 所示。

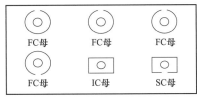

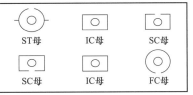

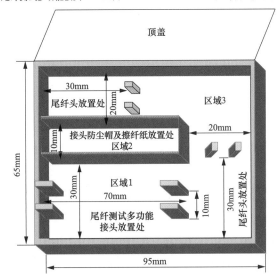

图1 尾纤测试多功能接头及配套收纳盒结构图

2. 尾纤测试多功能接头原理

本次成果采用的 FC 母转 LC 母接头、FC 母转 SC 母接头、FC 母转 ST 母接头、LC 母转 LC 母接头、SC 母转 SC 母接头、FC 母转 FC 母接头全为金属制作头，使用绝缘材料进行倒模，完成尾纤接头一对多集成转换研究。

3. 尾纤测试多功能接头应用

（1）辅助仪器仪表场景下的应用。在进行通信设备侧尾纤测试时，因设备侧包括 LC、SC、ST 等多种接口及尾纤接头，无法直接对接光源等通信仪器仪表，需频繁更换转换尾纤进行测试，给日常运维工作带来了极大的不便。在使用尾纤测试多功能接头后，仅需携带最常用的 FC-FC 的尾纤线缆，便可通过该接头装置，快速实现 FC 转 LC、FC 转 SC、FC 转 ST 等接头间的转换功能，为测试工作提供高效的辅助支撑。

（2）同类尾纤接头之间的对接场景下的应用。尾纤测试多功能接头具备多种接头环回功能，可实现通信设备侧或光配侧 LC、SC、FC 等接头尾纤收发对接，从而辅助通信运维工作中加快故障判断等场景下的应用。

（3）不同类尾纤接头之间的对接场景下的应用。尾纤测试多功能接头带有丰富的转换接头配置，可完成 FC-LC、FC-SC、FC-ST 不同类尾纤接头之间的对接，也可使用配备的 FC-FC 跳纤，实现 LC-SC、LC-ST、SC-ST 不同类尾纤接头之间的对接，从而完成特殊情况下的使用。

4. 尾纤测试多功能接头收纳盒应用

收纳盒主要采用绝缘材料，分设三个区域。

（1）区域1：放置尾纤测试多功能接头，防止尾纤测试多功能接头在外部环境存储下造成变形、损坏、接口受尘土污染等情况发生。

（2）区域2：放置擦纤纸，主要解决现场尾纤接头端面尘土污染后，用擦纤纸擦拭清洁尾纤接头端面。

（3）区域3：放置尾纤测试多功能接头配套长度的FC-FC尾纤，配置尾纤与多功能接头配套使用进行场景测试。

## 三、创新点

（1）提供丰富的尾纤接口转换对接功能。通过将多种类型的接头进行整合，能够完成FC、LC、SC、ST之间的任意对接转换功能，无需准备各类转换跳纤，即可满足各类场景下的测试需求。

（2）装置小巧灵活、便于携带。本成果长70mm、宽25mm、高50mm，装置整体体积小巧，方便随手携带。

（3）创新设计接头收纳盒。收纳盒长95mm、宽65mm、高55mm，收纳盒中设计了多个功能区域，保证了尾纤测试多功能接头装置的安全携带，避免尾纤测试多功能接头发生损坏、变形。

## 四、应用效果

1. 测试场景下的接头转换应用效果

在使用光源光功率计测试LC或SC尾纤接头时，尾纤测试多功能接头一端通过FC接口连接光源光功率计、另一端连接LC或SC尾纤接头，测试出光功率大小值，再按"实际衰耗值 = 测试值 − 接头衰耗值"公式得出实际光功率值。应用效果如图2所示。

2. 测试场景下接头对接应用效果

在日常运维及故障排查的情况下，通过尾纤测试多功能接头实现SC和LC等不同接头及相同接头之间的对接测试，极大提升了在各类复杂现场情况下的故障排查效率。应用效果如图2所示。

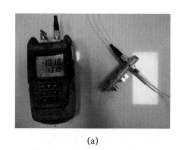  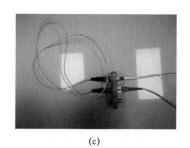

（a）　　　　　　　　　　（b）　　　　　　　　　　（c）

图2　应用效果图

（a）LC尾纤测试；（b）SC尾纤测试；（c）LC与SC尾纤对接

# 蓄电池组安装辅助平台

**完 成 单 位** 国网四川省电力公司超高压分公司
**主要参与人** 王 丹 李文宇 张 云

## 一、背景

现有电力通信蓄电池组的安装及拆除，通常采用人工搬运方式。单组蓄电池共24只需要分3层进行柜式放置，上层电池底部距地面最高可达近2m，单体重量达30kg。通信蓄电池新建工程往往需要安装两组共48只蓄电池，该项工作需由约4人轮流搬运，安放到位时需两人配合，一人托举一人手扶才能完成，费时费力。在托举过程中，由于电池自重较大、表面光滑，加之安装位置较高，存在安装过程中电池跌落导致人身伤害和电池受损的安全隐患。

## 二、主要做法

基于以上问题，本项目小组从生活中常见的液压汽车千斤顶为思路展开联想，考虑利用类似的液压装置，结合手推车平台，设计出一款创新型蓄电池组安装辅助平台。

1. 设计方案

项目小组决定采用手推车结合固定液压升降平台的方式，在此基础上加装固定护板与活页搭接片，便于蓄电池的装载与卸取。图1为蓄电池组安装辅助平台的具体设计图纸，其中手推车由扶手杆、底架及万向轮组成，便于移动；固定液压升降平台由脚踏压杆、液压筒、折叠连杆、载物平板组成，提供升降动力，使待安装的蓄电池升至要求高度。

2. 使用步骤

使用蓄电池组安装辅助平台进行蓄电池安装时，需按照以下步骤进行操作：

（1）将安装平台车推至蓄电池堆放处，按柜式蓄电池组每层需要的电池节数手工搬运至平台上。

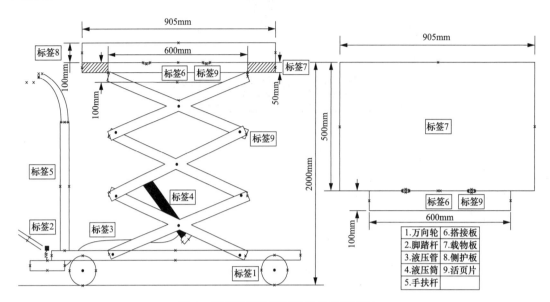

图 1　蓄电池组安装辅助平台设计图纸

（2）推动载有蓄电池的平台车至柜前，尽量紧贴柜门，活页搭接片的一侧需朝向蓄电池柜体。

（3）双手握紧扶手，单脚脚踏压杆使得液压装置将载物平板升起，待升至与电池放置位置处于同一水平高度后，停止踩踏即可。若超出目标高度，踩踏泄压阀即可降低高度，停止踩踏高度即可维持。

（4）将活页放平与柜体搭接后，柜内电池放置平面与活页以及推车载物平板形成一个较为平整光滑的平面，便于蓄电池的挪动。

（5）用双手扶住蓄电池侧边，通过搭接活页片向柜内慢慢挪动，直至整层电池全部移动至目标位置。如需拆除或更换蓄电池，重复步骤（2）～（5）即可。

以上过程仅需单人操作，另一人只需负责监护。本项目成果的使用可以概括为先装载电池、再平稳运送，轻松将平台升高后，与柜体平板搭接，最终挪动卸载电池。极大地解放了工作人员的体力，同时保证了人身和电池安全。

三、创新点

对于电力通信用蓄电池组尤其是柜式蓄电池组的安装，目前行业内缺乏对现场工作进行优化及实践的技术发明，相关技术尚处于空白状态。因此本项目属于蓄电池组安装领域首创，填补了该种作业项目的空白，在电力通信运维检修工作中具有独创性。

本成果在技术上采用液压助力的新型工艺，省时省力，安全可靠；在成本上为公司节省了企业用工、用车、民工成本，降低了费用；价格上该设备研发生产成本较低，开展两次工程即可收回成本。所采用的液压平台性能优异、牢固可靠、运维方便。

## 四、应用效果

目前，该平台已在国网四川电力所辖 500kV 站点进行试点投放使用，以检验其功能及效果。图 2 展示了蓄电池组安装辅助平台实物及操作方式，员工单脚踩踏压杆，使得液压装置将载物平板升起，待载物平板升至合适高度后，将活页放平搭接上柜体，此时柜内电池放置平面与活页以及推车载物平板形成光滑衔接平面，员工将蓄电池平稳挪动至机柜内。

在推广实施以前，此类工作需要请外协民工进行，同时在搬运及安装过程会存在一定的人身、设备安全隐患。该成果推广实施后，蓄电池搬运及安装工作仅需两人操作，即可将整组电池全部安装到位。

图 2　脚踏液压装置将载物平板升起

工艺类

# 光显寻迹线缆

**完成单位** 国网河北省电力有限公司信息通信分公司

**主要参与人** 尚　立　魏肖明　王九成　张家驹　张志钦

## 一、背景

随着互联网+、数字经济、大数据中心等概念的产生，计算、存储等资源需求飙升，信息通信设备规模呈指数增长，设备间的连接线缆数量也随之增加。在数据中心、通信站点等线缆用量巨大的场所，随着运行年限增加，线缆的数量、路径都将不断变化，线缆管理难度不断增大。当线缆达到一定数量后，线缆寻迹难的问题将会凸显，具体表现为：

（1）寻迹路径费时费力。复杂的布线环境中核实确认一条10m线缆的全程路径最小用时超过20min，在线缆穿楼过墙等情况下甚至无法完成核实。

（2）相邻线缆误动风险。线缆寻迹目前只有人工摸排一种方法，不可避免对堆叠捆扎的线缆进行直接操作，存在误动相邻线缆的潜在风险。

（3）标签标识难以复核。标签标识维护主要依靠人工，一旦标签投运，管理部门难以对标签进行复核。

## 二、主要做法

针对以上问题，项目团队以最常用的机房线缆为切入点，结合现有的发光材料，使指定线缆能够在机房环境条件下与其他线缆产生明显标志以进行区别，形成电致主动发光线缆。该线缆利用EL电致发光线与传统线缆进行加工融合，使线缆具备按需发光、高亮显示路径的功能。

## 三、创新点

项目创新点可以归纳为以下三个部分。

### 1. 创新设计电致主动发光线缆

团队将电致发光材料与光纤等线缆进行融合加工，创新设计电致主动发光线缆，实现快速精准定位线缆走向、路径，精准核实标签标识。

### 2. 创新设计新型线缆的线上接口

为了便于接入驱动终端，且不影响原线缆接口功能，团队根据电致发光材料的驱动原理对线缆创新设计了不需要区分正负极、即插即用的线上接口，见图1。

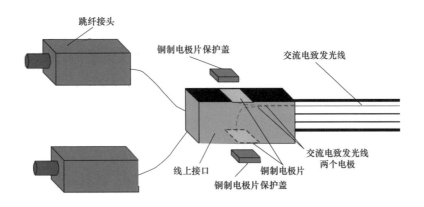

图 1　电致主动发光线缆原理图

### 3. 创新设计电源驱动器

为了方便快速获得 80~150V 交流电源，团队设计了 USB 与 Type-C 两种取电接口的电源驱动器，可以将常见的充电宝、手机等便携设备作为供电电源，使直流电源转换为所需交流电源，如图 2 所示。

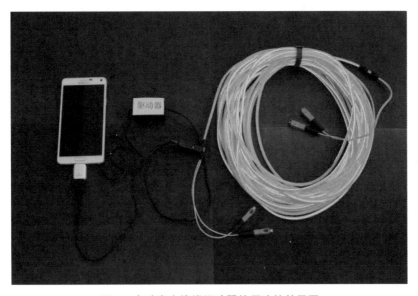

图 2　电致发光线缆驱动器使用连接效果图

## 四、应用效果

### 1. 经济效益

国网河北省电力有限公司信息通信分公司对发光寻迹跳纤系统进行了为期3个月的机房环境测试。测试结果表明使用发光寻迹跳纤系统可以有效解决一线运维面临的寻迹难问题，应用期间，线缆运行管理效率大幅度提高，各类通信系统运行风险得到明显缓解，有效解决了人力资源不足的问题，间接创造经济效益。

### 2. 社会效益

发光寻迹跳纤系统能够极大提高通信站点、数据中心等的运维效率和运维水平，从而间接降低了电网运行的安全风险并提高了电网设备设施的管理水平和管理效率。

具体表现为：

（1）为机房管理领域的配线线缆管理提供了高效的运维技术手段，解决了从复杂布线环境中对某一特定线缆寻迹费时费力的问题。

（2）避免了线缆寻迹时误动相邻线缆的风险。应用发光寻迹跳纤系统之前，线缆寻迹基本上完全依赖于人工摸排，只要对捆扎堆叠的线缆进行直接操作，即不可避免地存在误动相邻线缆的潜在风险。应用发光寻迹跳纤系统，可以有效减少误动所带来的电网运行风险。

（3）为管理部门提供了有效的复核手段。传统上标签标识或者线缆布放台账资料维护完全依靠人工，一旦线缆投运，管理部门难以对标签标识、线缆台账进行快速的复核。应用发光寻迹跳纤系统，管理人员只需一个激活终端，就可以方便快捷地对投运线缆进行高效的复核检查，对设备、系统的长期稳定运行起到了良好的作用。

### 3. 推广价值

发光寻迹线缆来自一线运行班组的创新实践，团队以最常用的机房尾纤跳纤为蓝本进行研发试制，截至目前经过四代产品的改良验证。经过多次的现场环境测试，光显寻迹技术完全契合解决各类复杂布线环境中的线缆寻迹难题。对于存量线缆，发光寻迹技术也完全兼容，如果随着时间对老旧线缆进行替换，其市场空间更是十分巨大。对此团队将技术要点进行总结形成发明专利1项，实用新型专利2项。

产品目前处于测试阶段，待产品转化落地后，电力通信、自动化等各类电网专业可选取试点区进行小范围应用，助力电网运行提质增效。除了电力系统外，线缆可应用推广至信息领域的各个行业，市场前景更是十分广阔。

# 通信光缆沟道密封防火防水堵头

**完成单位** 国网河南省电力公司周口供电公司
**主要参与人** 马学民　赵　鹤

## 一、背景

现行光缆密封办法是光缆穿入塑料护管，塑料护管再穿入钢护管；在钢护管端口填塞防火泥，并加装对开式防雨帽，盖住钢护管端口进行密封。但是由于热胀冷缩、风化、水浸等因素反复作用，长年累月防火泥会逐渐散碎至下坠失效，此外，现用的防雨帽密封效果不佳，两种原因累加，导致夏季管口进水、冬季结冰、冬季冷凝水滞留，造成光缆的挤压损坏，从而影响通信光缆的正常运行，降低电网的供电可靠性。

2018年以来，由于夏季雨汛期间多处护管进水、冬季冷凝水滞留等原因，周口供电辖区变电站冬季结冰光缆受挤压损坏。因此，变电站光缆入地密封和雨季防雨问题亟待解决。

## 二、主要做法

通信光缆入地密封、防雨的技术改进分为两个部分进行研究：①防雨帽防雨密封问题；②光缆护管防火泥的防坠问题。

### 1.研究通用型光缆护管防雨帽

光缆护管带密封垫的防雨要解决的技术问题是增强防雨帽的密封性。解决的技术方案是：在两半防雨帽的接缝处和上端口加装密封垫和多层可变径密封圈（见图1）。对开式两半防雨帽两侧的连接边间各夹有一个高弹密封垫；用连接螺栓连接成整体。夹于两半防雨帽之间的密封垫，受压后消除了两半防雨帽连接边间的间隙，产生密封防水的优点。

### 2.研究设计光缆护管密封托架

光缆护管端口密封托架要解决的技术问题是防止

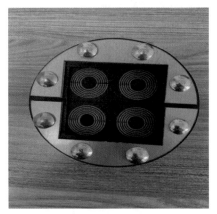

图1　光缆护管防雨帽

防火泥散碎后下坠失效，解决的技术方案是：在钢护管端口加装沿钢护管端口内壁下伸的吊臂，吊住一个护圈，护圈中心有可供贴身保护光缆的塑料护管通过。使用时，将两半吊圈抱住光缆，吊圈用螺栓连成一体，顺光缆下推进行钢护管，吊臂挂在钢护管端口上，在吊圈上填防火泥即可。

---

## 三、创新点

（1）将现有对开式防雨帽进行改进，加装密封条，使之达到良好的密封效果。

（2）制作光缆护管端口密封托架有效解决光缆与护管间防火泥坠落，有效解决因防火泥坠落失去密封作用后套管夏季进水、冬季冷凝水滞留结冰造成的光缆挤压受损问题。

（3）光缆护管端口密封托架和光缆护管带密封垫的防雨帽结合，能有效降低因防雨帽密封效果不佳及防火泥散坠，造成的整体密封不严引起夏季雨水进入、冬季结冰造成光缆损伤的概率。

---

## 四、应用效果

### 1.成果推广应用及转化情况

本项目在国网河南省电力公司周口供电公司 110kV 北郊变电站、110kV 宋庄变电站、110kV 沈丘变电站、110kV 项城变电站等变电站进行安装试应用，其中站内改造光缆入地护管 5 处。安装后解决了护管与光缆之间缝隙进水、冬季结冰损坏光缆的问题。

本项目在 2020 年 12 月安装试应用，期间使用情况良好，密封情况完好，降低了冬季因护管进水结冰而损坏光缆的概率。

图 2 光缆应用情况

### 2.应用前景展望

设备安装便捷，适用于新建和改建项目的使用，装置应用后，解决了光缆护管密封不严进水和防火泥碎落的问题（见图2），保证了光缆的连续稳定运行，减少了冬季因护管进水结冰而损坏光缆的问题。提高了光缆运行可靠性，进而提高电网运行的安全性。不但能够应用在通信光缆入地密封，还能够应用到电缆入地密封等使用场景，具有广泛的应用前景。

### 3.成果价值

在经济效益方面，以本成果试运行的

110kV 变电站为例，使用期间光缆护管密封完好，能够避免进水隐患。如每年能够避免一次因进水结冰导致的光缆故障问题导致的保护误动、设备损坏等停电事故，从而减少因停电而产生的经费开支。

在社会效益方面，通信光缆承载了变电站保护稳控、调度数据网、综合数据网、调度电话等业务，光缆的可靠稳定运行对电网安全运行至关重要。此装置运用到工作现场后能有效地降低光缆冬季抢修的频率，提高通信光缆运行可靠率。

此装置的运用将大幅提高通信作业质效，并降低运维人员工作难度，成效显著，相对减少出班次数，减少人力、物力、车辆的投入，为企业节约运行成本，为社会节约可用资源。

# 智能增强型 OPGW 接续盒

完 成 单 位　国网浙江省电力有限公司信息通信分公司

主要参与人　毛秀伟　张明熙　王　嵚　朱发强　范雪峰　张传甡　黄更佳

## 一、背景

　　光缆接续盒是 OPGW 光缆通信工程中的关键部件，是为 OPGW 端间、OPGW 与普通光缆端间提供光学和机械强度连接的密封保护装置。OPGW 接续盒的易用性和可靠性直接影响光缆运行质量，长时间应用中普遍暴露出密封性能差、固定不牢固等缺点，公司近几年已多次发生因接续盒进水（结冰）、脱落等问题导致通信光路中断的事件。

　　根据浙江电力通信多年的 OPGW 运行经验，接续盒故障导致的通信光路中断的主要原因为：①电力通信 OPGW 光缆多运行于山区、林区，常年昼夜温差大、湿度大，容易导致接续盒内积水；②目前的接续盒大多存在盘纤空间不足的缺陷，导致熔纤盘内纤芯弯曲半径过小；③目前铁塔上无专门的接续盒固定点或固定装置，施工难度高，质量参差不齐，固定不严可能导致接续盒体晃动；④接续盒作为哑设备运行于电力线路的恶劣环境中，运维人员不能判断和掌握接续盒的内部状况和运行状态，缺少智能化的实时监测手段。

　　因此，急需从结构设计、材料选型、监测等方面着手，设计并制定一种符合电力通信应用场景的 OPGW 接续盒。

## 二、主要做法

　　根据现状，我们自主设计并制作了智能增强型 OPGW 接续盒（见图 1）。采用更合理的设计结构与材料选型，从根本上提升了接续盒的稳定性，并创新性的增加了智能监测模块。

　　1. 密封结构

　　接续盒底座与盒盖之间、光缆连接件部位采用双重密封结构，包括轴向 O 型密封和径向平垫密封的结构，极大地提高了接续盒整体的密封性；光单元及复合缆进缆处采用了锥形密封设计，拧紧螺帽后通过挤压橡胶锥使其产生对光单元的挤压力，大大提高了光单元和复合缆进缆处的密封性能。密封性能应满足：接续盒内充入 202kPa 气压的干燥空气，待气压稳定后将接续盒完全浸没在水下 10cm 深处，持续 15min，观察无气泡逸出。

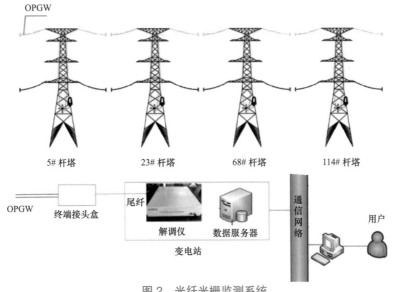

2. 容纤盘设计

合理设计容纤盘结构，在满足大芯数 72 芯的要求下，增大余纤的容纳空间，保证弯曲半径不小于光缆外径的 15 倍；纵向卡槽设计，盘纤结构更合理，热缩套管的保护更稳固；采用透明压盖结合卡扣式固定条的方式，加强对余纤的保护，并且安装简易。

图 1　智能增强型 OPGW 接续盒整体设计图

3. 安装固定结构

接续盒盒盖与底座之间的固定方式由传统的钢带固定改为三点螺栓连接固定，受力均匀，连接稳定可靠，操作方便；创新设计接续盒与铁塔之间的固定结构，优化设计安装附件，采用螺栓夹紧结构，能适用通用的塔材，安装简易、牢固。

4. 智能监测设计

方案一：设计了基于物联网 SOC 超低功耗芯片的"传感器 + 通信"模块，实现接续盒智能监测，包括内部温 / 湿度、接续盒倾角数据的监测，可有效防范接续盒进一步的损坏。并且，为实现接续盒内部和外部的信号传送，研发了集成光纤、电源线和射频电缆的复合缆，电源线和射频电缆为智能监测模块提供持续性续航和数据发送接收功能，光纤也为输电线路在线监测系统的数据回传提供通信接口。

方案二：研制由监测主机、接续盒、数据处理服务器组成的监测系统（见图 2）。接续盒内置光纤光栅温湿度传感器和倾角传感器，应用 1 根光纤进行串联，接入监测系统。在终端站，用解调设备对传感光纤进行解调，并通过后台软件算法，得出接头盒的温 / 湿度、倾角参数，同时可在系统软件中设置报警值便于运维人员检修。

图 2　光纤光栅监测系统

## 三、创新点

（1）研发高密封性，能适应电力通信应用场景的接续盒。包括接续盒底座与盒盖之间、光缆连接件部位的双重密封结构，光单元及复合缆进缆处的锥形密封设计等。已完成"一种光缆接头盒及其光缆进线夹紧结构""一种光缆接头盒及其光纤单元的密封结构"等7项专利的受理。

（2）采用熔纤盘分层结构并优化熔纤盘设计，在满足大芯数的要求下，增大纤芯弯曲半径并加强对余纤的保护。已完成"接续盒及容纤盘的布线结构""接续盒及容纤盘总成"等3项专利的受理。

（3）将接续盒的盒体固定构件进行重新设计，解决固定不牢固、安装困难的问题。采用了独立设计的螺栓夹紧结构，固定牢固、安装方便。

（4）在接续盒内部增加了基于物联网SOC超低功耗芯片的"传感器＋通信"模块，实现接续盒实时监测和智能分析。并设计了射频光电复合缆，为接续盒提供持续性续航和数据发送接收功能，光纤也为输电线路在线监测系统的数据回传提供通信接口。已完成"接续盒智能监测装置""射频光电复合缆及接续盒"等3项专利的受理。

## 四、应用效果

该成果已经于2021年6月开始在公司110kV仙都变电站至缙云大唐光伏线路、220kV南园牵引站线的12个光缆接续点进行了挂网运行挂网运行期间，通过监测发现该接续盒内部湿度的无变化，纤芯衰耗在正常范围内，有效地提升了接续盒的稳定性。接续盒安装方便、巡视手段简单，共减少了8人·天的施工量和40人·天的日常巡视运维量。

光纤通信已经成为电力系统最主要的通信方式，以浙江省内为例，截至2021年底，电力通信光缆长度达8万多千米。据统计，浙江省内现存OPGW接续盒数量约为2万个。该成果的推广，能够有效减少因接续盒问题而导致的通信系统故障，提升电力通信光缆的运维水平，减轻运维人员的巡视工作量，进一步提高电力通信系统运行可靠性。

# ADSS 光缆防鸟啄装置

完成单位　国网山东省电力公司菏泽供电公司
主要参与人　杨可林　马佰超　张志伟　任师超　陈　聪　孙　彬　杨　爽　王丽沙

## 一、背景

　　电力通信光缆被称作电力通信网的"神经网络"，承载着电力生产、调度、营销、管理等各类业务，对电网的安全稳定运行起着至关重要的作用。菏泽供电公司共有光缆 1839 条，其中 ADSS 光缆总长度为 3511.7km，占比 67.5%。在 2017~2020 年，菏泽以及区县公司 ADSS 光缆共受损 421 处，其中遭鸟啄食受损为 104 处，平均故障率为 24.7%。光缆遭鸟啄食的时间大多发生在 3~5 月、9~11 月，遭啄食 ADSS 光缆的地点多分布在跨河流区域两旁、树木集中区域、大片果园等。通过对运行光缆现场照片和拆除的啄食光缆检查，鸟类啄食部位基本发生在预绞丝末端与光缆的结合处。因为鸟在啄食光缆时必须牢牢地抓住光缆，但是 ADSS 光缆表面光滑，站在光缆上无法发力，而鸟的两爪可以牢牢地抓住预绞丝发力，从而造成预绞丝末端部位容易被啄食损坏。

　　目前 ADSS 光缆防鸟啄措施主要有以下几种：①光缆外层加固，如在光缆上套 PVC 保护管；②光缆两端加装构件，防止鸟类站立及靠近，通常在预绞丝处安装驱鸟刺、驱鸟镜等装置；③光缆外层着色或涂抹异味涂料，影响鸟类视觉、触觉判断。

　　以上措施效果都不明显，还是有鸟类啄食光缆情况发生。因此，本装置研究分析鸟类啄食 ADSS 光缆的规律和特点，结合 ADSS 光缆挂点特性，借鉴输电线路防鸟措施，研制可靠的防鸟啄装置，期望从根本上解决 ADSS 光缆被鸟啄食难题。

## 二、主要做法

　　通过分析 ADSS 光缆遭鸟啄食的原因，设计一款驱鸟装置。本成果由驱鸟镜、防鸟轴、发条传动系统、固定夹具、声光发射装置、4G 通信模块和微控制器组成。ADSS 光缆防鸟啄装置设计图与实物图如图 1 所示。

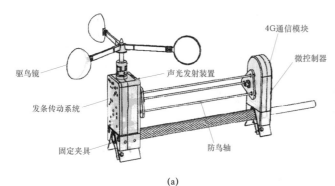
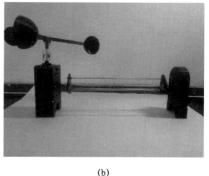

4G通信模块

微控制器

驱鸟镜

声光发射装置

发条传动系统

固定夹具

防鸟轴

(a)

(b)

图1　ADSS光缆防鸟啄装置设计图与实物图

（a）设计图；（b）实物图

装置工作原理为：风吹动驱鸟镜转动，在发条传动系统中，风能通过齿轮传动、履带传动、电磁离合器、棘轮机构将能量存储到发条中，然后将发条的能量输出到防鸟轴上，驱鸟镜经发条传动系统带动防鸟轴转动，当光电开关检测到有鸟落在防鸟轴上方时，声光发射装置打开，发出爆闪蓝光，蜂鸣器发声，达到驱鸟效果。当飞鸟降落时，装置中的微处理器命令4G通信模块向上位机发送飞鸟驻足的时间、降落的次数，便于运维人员后期的调查研究。经测试，驱鸟成功率能达到100%。

## 三、创新点

在借鉴目前防鸟啄措施前提下，装置具备以下6个方面的创新点：

（1）装置选取特殊防鸟啄的PLA材料，通过3D打印而成，既能满足防鸟啄要求，又能适合野外复杂环境，防水、防腐蚀、轻便、结构稳定。

（2）装置包括声光发射装置、4G通信模块和微控制器，光电检测到有飞鸟经过时，此时蜂鸣器发声，达到驱鸟效果；并且通过机载4G通信模块传输到服务器中，方便后期运维人员对该区域的飞鸟行踪进行跟踪研究调查，便于统计分析鸟类啄食光缆特性规律，减小了后期劳动支出，简化了调查方法。

（3）装置用发条传动代替电机作为动力元件，避免了该装置置于野外时电机失效导致装置瘫痪。且利用发条卷曲储能，即使无风驱鸟镜不转动时，也可驱动防鸟轴转动。

（4）装置采用凹凸性夹具设计，使装置能紧固在光缆预绞丝上不摇摆，提升装置稳固性，提高驱鸟效果。

（5）装置设计三角形转动防鸟轴，无风环境下当飞鸟降落时，防鸟轴失衡转动，使飞鸟无法落足，达到驱鸟效果。

（6）装置包括光伏发电板，且考虑到户外环境对电池的影响，以及在连续雷雨天气下可能会出现太阳能板供电不足对系统正常运行的影响，选择锂电池作为备用电池。

目前，成果已申请发明专利一项。

### 四、应用效果

1. 成果推广应用情况

截至 2021 年 10 月，菏泽供电公司共安装 105 套 ADSS 光缆防鸟啄装置，具体安装明细如表 1 所示。经过试运行，效果非常明显，上述光缆没有再发生啄食现象，该驱鸟装置为通信光缆防鸟啄隐患治理提供一套全面的解决方案，提高了通信网的安全稳定性。

表 1　　　　　　　　　ADSS 光缆防鸟啄装置安装位置

| 序号 | 安装区域 | 安装位置 | 安装数量（套） |
|---|---|---|---|
| 1 | 菏泽 | 220kV 菏庙线 | 11 |
| 2 | | 110kV 赵郓线 | 9 |
| 3 | 郓城 | 35kV 吉山线 | 15 |
| 4 | | 35kV 董临线 | 20 |
| 5 | 单县 | 35kV 黄浮线 | 9 |
| 6 | 曹县 | 110kV 曹邵线 | 11 |
| 7 | 成武 | 35kV 南田线 | 13 |
| 8 | 郓城 | 110kV 水武线 | 17 |

2. 实施效果

使用本装置可节省遭鸟类啄食损坏通信光缆的抢修费用，节约运维成本投入费用。

在社会效益方面，本装置选取合适材料，集动力驱鸟、声音驱鸟、蓝光驱鸟于一体，丰富了驱鸟功能的多样性，相比传统的驱鸟装置适用范围更加广阔，与其他光缆防鸟装置相比，具有显著的优势，市场需求量大，具备电力通信行业全面推广应用及运营商使用的广阔前景。

在工作效率方面，本装置小巧、结构简单、成本低，安装不需要停电作业，单人 5min 内即可完成安装，安装简便、后期免维护。

3. 成果应用前景展望

对于电网系统内，装置适用于电网及发电厂所有电压等级的电力 ADSS 架空光缆；对于系统外，装置适用于移动、联通、电信等运营商的架空光缆。

# 光缆防冻桶

完 成 单 位　国网辽宁省电力有限公司营口供电公司
主要参与人　李　岩　彭　超

## 一、背景

目前，电力线路光缆包括 ADSS 光缆、OPGW 光缆等引入通信机房，通常需要通过引下钢管和套入钢管内的水平引入管进入变电站的电缆沟，到达通信机房。冬季当防水封堵出现漏水现象，或引下钢管与水平引入管接头之间缝隙有水渗入时，管内就会结冰，造成引入光缆冻伤，引起通信中断事故。为了防止引入光缆冻伤，对现有光缆引下方式进行了改造。在引下钢管和水平引入管之间砌砖混光缆防冻井，把传统的"堵水"变成"疏水"，当保护管内出现进水现象时，水会流入井内，通过井内地漏渗入地下，保证了保护管内不会积水，有效地防止光缆冻伤。

## 二、主要做法

防冻桶选用优质玻璃钢为材料。采用"笼屉"型结构，分为下层桶、中层桶、上层桶、桶盖四部分。下层桶上沿和中层桶下沿分别有相互对应的入线孔，四层结构可以组合一起，形成一个一体化的"光缆防冻井"。

在引下钢管和水平引入管之间安装防冻桶，当光缆保护管内出现进水现象时，水会流入桶内，通过桶内渗水孔渗入地下，保证了保护管内不会积水，有效地防止光缆冻伤。防冻原理如图 1 所示。

具体使用方法：

（1）新建线路施工时，防冻桶直接埋入地下，使引入光缆穿过入线孔即可。

（2）运行光缆改造施工时，先挖出合适的土方，露出引下钢管和水平引入管，并把引下钢管和水平引入管剥开一定长度，便于排出引下钢管和水平引入管内存水。将下层桶放在引入光缆下方，并使套于引入光缆外部的引下钢管和水平引入管通过两侧入线孔，然后将上层桶与下层桶对接，并使上层桶入线孔和下层桶入线孔对应，入线孔缝隙用发泡胶封闭。回填土方最后盖上密封桶盖，整个工作结束。

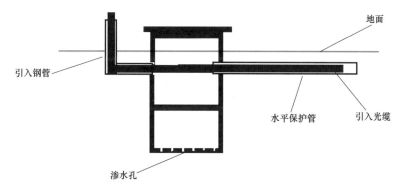

引入钢管

地面

水平保护管　引入光缆

渗水孔

图 1　防冻原理图

## 三、创新点

本发明可以完全替代现有光缆防冻井技术，除具有防冻井的所有功能外，还克服了防冻井施工中的缺陷：①修井所用材料种类较多，包括水泥、沙子、红砖、井盖、地漏等；②修井时作业面较大，需要挖掘大量的土方；③冬季无法进行水泥施工；④需要专业的瓦工；⑤施工过程较复杂，工作效率不高。

## 四、应用效果

（1）所用材料为优质玻璃钢，使用寿命长，可达 50 年以上。

（2）施工时不需专业瓦工，工作过程较为简单，一般工作人员就能完成，因而工作效率较高。

（3）由于不需要水泥材料，施工不受气候影响，冬季也可进行施工。

（4）施工时作业面较小，不需要挖掘大量的土方。

（5）运行中的光缆需要改造施工时，无需中断光缆。本发明结构简单、合理，实用性强，效果好，对于光缆的安全运行起到了至关重要的作用，非常适合在冬季寒冷的北方推广应用。

经过前期设计、可行性分析，相关单位协助加工等后，在营口供电公司的 220kV 东昌变电站基建工程中进行了应用。一体化光缆防冻桶成品如图 2 所示。

图 2　一体化光缆防冻桶成品图

# OPGW 光缆引下段免封堵防水管

**完 成 单 位**　国网辽宁省电力有限公司信息通信分公司
**主要参与人**　马伟哲

## 一、背景

通信 OPGW 光缆运维作为电力通信运维的重要组成部分之一，其质量可靠性是电力通信稳定运行的基础。然而 OPGW 光缆引入变电站时需要通过管道直埋于地下，冬季极易发生引下管进水冻胀，将光缆崩断，特别是在低洼地势，由于积水存在更加剧了通信光缆被冻坏的可能。辽宁区域内 220kV 以上线路引下光缆共计 1400 余条。每年冬季来临时总会发生引下段光缆受冻崩断故障，严重影响了通信业务通道的安全稳定运行，且故障处理困难。因此，提出了一种利用不锈钢管，采用光滑面处理，将余缆架与引下管焊接成一个整体来制作免封堵引下管方案。该方案操作实施简单，省时省力并且整体设计方便施工，且角度可调，适应各种情况。

经调查分析，进入变电站的 OPGW 通信光缆只能架设到铁塔线路的构架或终端塔，而进入变电站通信机房的光缆需要用 ADSS 无金属的光缆引入到机房配线架处，目前开关场地构架处普遍采用的是 $\phi$ 50mm 的镀锌钢管固定在铁塔构架上，地下部分用波纹管或钢管对接，引入变电场地电缆沟道，进入通信机房。在对接处因夏季雨水多，钢管封堵不严或密封胶老化的原因，一部分雨水顺着钢管流下积存在连接处，或春季来临时气温在白天升高，雪水融化深入到钢管中，夜晚气温又下降，造成钢管中的积水冻结成冰，其体积会膨胀很多倍，水结冰后膨胀产生巨大压力，将光缆挤变形，甚至崩断塑管中的纤芯。对故障点进行测试和观察发现，变形后的光缆很难恢复，恢复此类故障的方法只有将此段变形的光缆剪掉，重新熔接新的光缆。此类问题严重影响了通信质量和通道的可靠率。

国网辽宁省电力有限公司目前共有 OPGW 光缆 758 条，引下光缆 1516 处，每年春、秋检期间，通信运维检修人员都要进行光缆封堵胶泥的巡视，更换已经风化或开裂的封堵泥、查看引下井中是否有雨水积存，以防止光缆引下在冬季受冻。工作量很大，且耗费时间，偏远地区变电站每年巡检的次数只能达到一次。依靠现有人员难以保证巡视的次数和效果。

## 二、主要做法

研制免封堵引下管，防止雨水顺着光缆流入钢管，造成钢管内有积水，要求新装置必须设计合理，安全可靠，运输、安装、操作便捷，能起到防止光缆引下段受冻断裂的作用。

不使用封堵胶泥、封堵帽、热缩管封堵后，减少了工作量和巡视次数，节约劳动成本。巡视次数与引下封堵个数如图1所示。

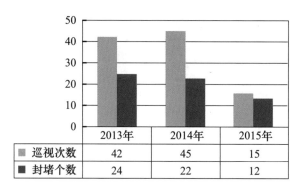

| | 2013年 | 2014年 | 2015年 |
|---|---|---|---|
| 巡视次数 | 42 | 45 | 15 |
| 封堵个数 | 24 | 22 | 12 |

图1 巡视次数与引下封堵个数统计图

## 三、创新点

根据OPGW引下管功能需要绘制符合方案确定的装置示意图，如图2所示。

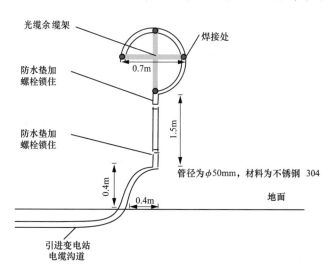

图2 引下管示意图

根据引下管示意图，各器件规格及弯度需要，小组最终确定引下管尺寸如下：引下管整体采用 $\phi$ 50mm的不锈钢，厚度为2mm；上部分弯成直径为0.7m的3/4圆；将光缆余缆架焊接在圆内；中部直管部分长度为 1.5m，下部分采用 1/4 圆，规格为 40cm×40cm；地下部分也采用弯成 1/4 圆加长管的设计。各个部件采用专用管卡连接，里面放塑料防水胶垫。

经组装调试，管卡和密封胶垫尺寸符合各项参数及设计要求，如图 3 所示。

图 3　管卡和密封胶垫

针对穿接光缆过程不够流畅的问题，对引下管弯曲直径进行改进，增加弯曲直径至 0.8m。经试验，光缆穿入地下时间明显缩短，达到了预期效果。

## 四、应用效果

方案实施后，经现场应用，新装置 OPGW 光缆引下段的防水具有很好的效果，且施工方便快捷，不用使用热缩管、封堵帽、封堵胶泥封堵，减少了以后的维护工作量，极大地减少了班组的工作内容。试验效果如图 4 所示。

图 4　试验效果图

# 光缆双沟道槽盒

**完成单位** 国网安徽省电力有限公司芜湖供电公司

**主要参与人** 包万敏 荣定权 王 斌 曹 美

## 一、背景

随着电网技术的发展，电网的信息化、自动化和智能化程度不断提高。光缆作为缆作为电力系统各种重要信息传输的主要载体，发挥着越来越重要的作用。220kV 变电站光缆不仅承载的业务多，而且重要性高，站内光缆及沟道是保障电网保护、自动化、通信、信息等业务安全可靠稳定运行的最为重要的基础设施之一，无论是 OPGW 光缆还是 ADSS 光缆，最终都在变电站门型构架引下，经由普通光缆引入电缆沟接至变电站控制室。由于历史原因，国家电网各变电站存在站内光缆集中于同一路由且和电力电缆同沟道敷设问题。动力电缆、变电站改造施工和沟道内发生短路起火都易导致电力通信光缆的中断，从而导致通信业务的中断。目前传统的光缆双沟道的方式在土建作业的过程中存在较大的安全隐患，而且费用高、工期长。因此，我们研制一种可以克服上述不利因素的不锈钢槽盒，缩短施工工期、降低施工费用，达到双沟道改造的目的。

## 二、主要做法

变电站用光缆通道，需满足开挖作业少、能清晰明确地标识光缆所在位置、光缆独立沟道的要求。选用不锈钢材质的槽盒代替传统的开挖的沟道，达到上述目的。

为了实现上述目的，本槽盒的主体结构由底座和槽盒构成。底座下有 100mm 厚细沙垫层，高度为 150mm，宽度为 150mm，其主材质为混凝土，该底座具有成本低、坚固耐用的特点。底座上侧贴有焊接铁片，宽度为 30mm，槽盒焊接在焊接铁片上。

槽盒的材质为不锈钢，高度为 120mm，宽度为 120mm，该不锈钢槽盒具有强度高、耐腐蚀能力强的特点；同时，槽盒的上端有不锈钢盒盖，盒盖可以上下开合，另外，槽盒的两端均设有连接的连接螺孔，这些连接螺孔主要进行槽盒之间的连接使用，也可以使用该连接螺孔进行槽盒高度的调节；在三个槽盒的交汇处设置弯头，进行槽盒的连接，弯头和槽盒的连接采用焊接的方式，并做好防锈涂装。由于在变电站内作业，槽盒的一侧需设有接地扁铁，方便和站内的接地网相连；槽盒的底部设有排除孔，以防止雨水的残留。示意图如图 1 所示。

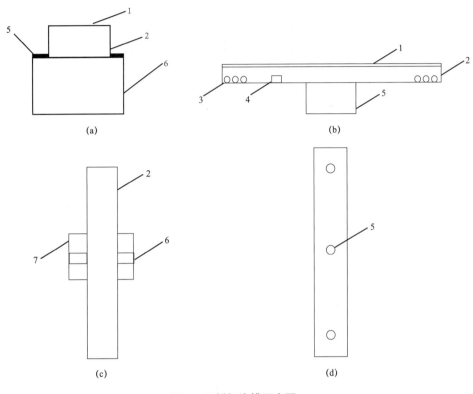

图 1 不锈钢沟槽示意图

（a）侧视图；（b）主视图；（c）俯视图；（d）仰视图

1—槽盒盖；2—槽盒；3—连接螺孔；4—接地扁铁；5—排水孔；6—焊接铁片；7—底座

三、创新点

选择坚固耐用、耐腐蚀、强度高的不锈钢材质，以满足长期在户外环境使用难题；在槽盒结构上使用可开启的不锈钢槽盒，光缆施放时间更短，且一旦发生光缆损坏等情况，可随时打开盒盖进行检修，盒盖和盒身尺寸设计合理、封堵完善，完全可以做到良好的封闭性，完全满足现场工作要求；在槽盒连接方式上选择调节式连接方式，槽盒分段安装，可随时调节槽盒的位置和连接长度，方便改扩建工程调整槽盒，满足变电站内施工距离较长要求；在槽盒安装方式上选择焊接在底座上，槽盒更加稳固，且和地面留有一段高度，能够方便雨水的排出；在槽盒底座材质上使用混凝土结构底座，强度高且底座上部可镶嵌不锈钢铁片，方便槽盒焊接。

$$\boxed{\text{四、应用效果}}$$

本次 220kV 变电站双沟道改造工程已在芜湖供电公司试点进行，并建成专用管道 140m、手井两座，重新施放构架至控制室光缆约 2000m，确保了 220kV 通信光缆不同沟道运行，且此次施工未造成站内线路的损坏，开挖区域较小，作业时间缩短，施工费用降低。

采用本施工方案，工期短，而且光缆的施放方便，仅需打开槽盒的盒盖即可完成光缆的敷设。而传统的开挖沟道作业工作量大，在施工的过程中很难保证管道的完全平直，需要穿管作业，后续光缆的敷设难度大。

采用新研制的光缆槽盒，解决了强弱同井的问题，当站内进行相关施工时，由于槽盒的位置较为明显，有效地消除了施工误挖断的安全隐患。可维护性较高，当发生光缆的中断情况时，只需打开槽盒盖即可进行光缆的检修作业。

图 2 为 220kV 港西变电站光缆双沟道改造施工图。

图 2　220kV 港西变电站光缆双沟道改造施工图

# 蓄电池检测辅助工具

**完 成 单 位**　国网山东省电力公司蒙阴县供电公司
**主要参与人**　党彬彬　龚　波

## 一、背景

### 1. 现状

蓄电池是通信电源重要组成部分，以串联的方式组成 48V 直流系统，起着保护通信设备及保障通信网络正常运行两大功能。在保障通信电源设备设施上，蓄电池与 UPS、开关电源系统一起发挥了防止市电电网电压涌、浪、尖峰（跌落）及瞬变、欠压（过压）的作用，在市电电源中断时维持系统正常运行的功能，同时还发挥滤出噪声电压，保持通信质量的功能，有效保护了通信设备，防止宕站事故。

### 2. 存在的问题及目的

目前对直流电源的维护主要是定期、强制核对性放电来监测蓄电池的健康状态和充电状态。蓄电池检测工作时，我公司使用的是 FBO–4815CT 放电仪设备，必须先拆除蓄电池与充电机模块间的连接线后，再进行检测。充电线与系统电源正极连接方式为铜鼻接线，连接线靠自身的伸缩性不能有效固定，存在安全风险。且蓄电池在放电期间，如遇到交流电源如突然断电，将造成检测设备无法及时拆除，虽然放电仪设计有断电保护装置，但是仅依靠设备自身维持，当蓄电池持续放电，电压降至低于仪器供电电压后，将自动关机，造成通信设备失电停运。

## 二、主要做法

研究设计的专用辅助工具是在蓄电池的正极与充电机模块连接线之间加装带有旋钮开断功能的铜质工具（见图 1）。进行蓄电池检测工作时，不必拆除正极至充电机模块连接线，而使用该辅助工具上的开断旋钮旋转断开连接，检测器分别用大电流专业测试夹连接本辅助工具的两端（见图 2），即可完成检测工作。

图 1　蓄电池正极连接辅助工具

图 2　充放电仪连接辅助工具两端

三、创新点

传统蓄电池检测工作，首先断开直流供电的设备，切换至交流供电后，拆除蓄电池正极与充电机之间的连接线，检测器连接蓄电池正极和充电模块端后进行检测。

该辅助工具是在蓄电池的正极与充电机模块连接线之间加装带有旋钮开断功能的铜质工具，省去了传统蓄电池检测前带电拆除蓄电池正极与充电机之间连接线的环节，优化了检测作业流程，降低了人员作业中的安全风险，节省了工作时间、人力。在交流供电突发失电时，能够迅速、及时地拆除放电设备，采取其他方式，恢复交流供电，避免因交流电源长时间失电造成通信设备停运。

四、应用效果

该辅助工具制造成本低、应用操作简单、实用性强、安全系数高，适用于市面上大部分的蓄电池组的辅助检测，特别适用于工厂企业的通信电源系统蓄电池组，目前已试点应用于变电站通信电源系统，计划向其他工厂企业推广本辅助工具，用于通信电源系统蓄电池的检测维护，为公司树立良好的社会形象。

以往传统检测蓄电池的工作需要 2~3 名的工作人员进行，而使用我们研发的工具，仅需1 人操作即可完成工作，缓解了班组人员紧张的问题，节约人工成本，而且极大地提高了工作效率。

蓄电池检测辅助工具的应用，减少了作业人员的劳动强度，同时由于不必拆装蓄电池间的连接线，杜绝了因作业不慎而产生的人身设备伤害，极大地提高了蓄电池检测工作的安全系数，消除了以往工作中存在的安全隐患，为整个电网安全运行起到至关重要作用。

# 感应型光缆标识牌

**完 成 单 位** 国网福建省电力有限公司信息通信分公司

**主要参与人** 王 晟 方晓明 张松磊 陈小倩 许奇功 陈人楷 詹 璇

## 一、背景

随着城市现代化水平的推进，市区内的架空光缆由于影响城市美观、治理难度大、占用电杆资源等原因，已逐渐被隐蔽性强、更易维护的沟道光缆所取代。由于缆沟内部线缆众多，日常运维中一个难点就是如何在众多、杂乱的线缆中，快速定位缺陷光缆，常规的做法是通过绑扎在光缆的塑料或铁质光缆标识牌来查找、辨识。

传统的光缆标识牌存在以下问题：①光缆辨识难度大，缆沟内光缆杂乱无章，无法第一时间辨识光缆标识牌信息；②标识牌易磨损、无显著标记，标识牌表面容易会出现剥落、掉色等现象，标识牌受挤压拖动后经常会掉落；③标识牌显示信息单一，无法更新。

针对上述提到的问题，项目组根据各类场景设计了感应型光缆标识牌。标识牌采用抱箍自扣式设计，利用 RFID 感应与蓝牙通信原理，通过专用手持终端可快速唤醒所选择的光缆标识牌，让抢修人员能够更好地辨识光缆位置。

## 二、主要做法

感应型光缆标识牌由主控模块、电源模块、通信模块、提示模块及标签卡扣组成。标识牌分别根据普通场景、涉水场景、机房/竖井场景三种使用场景进行设计（见图1）：①针对普通缆沟的使用场景，采用抱箍式卡扣安装，内置电池，可进行声光提示，搭配专用 RFID 终端，实现数据的实时读写；②针对涉水、潮湿缆沟的使用场景，注重标识牌的防潮、防水性能，外壳做到全密封；③针对机房、竖井等可近距离接触扫描标识牌的使用场景，采用无源设计，通过专用手持高频发射装置，在连接标识牌时为其提供射频信号供电。

同时，为实现光缆标识牌的远程点亮与数据读写，配套设计 App，可安装于专用手持终端（见图2）。通过图形化的界面更好地为抢修人员服务，帮助快速定位光缆位置和了解光缆信息。App可实现：①通过RFID通信方式远程点亮目标光缆标识牌；②通过蓝牙通信方式连接光缆标识牌，实现标识牌内的数据读写；③根据从光缆标识牌所读取的数据自动从后台数据库获取光缆内承载业务信息。

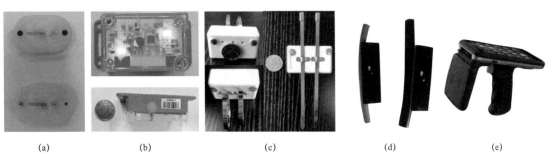

图1 感应型光缆标识牌

（a）普通场景；（b）涉水场景；（c）机房场景；（d）竖井场景；（e）手持装置

图2 专用手持终端及配套App

## 三、创新点

感应型光缆标识牌运行稳定，性能良好，可靠性高，实用方便，具有如下创新点：

（1）采用抱箍自扣的方式在光缆上固定光缆标识牌，改变原有光缆标识牌通过扎带捆绑方式容易脱落的情况。

（2）标识牌背面设有一颗高亮LED，在主动呼叫时，LED会闪烁，并提供蜂鸣告警，方便在夜晚识别。

（3）利用RFID与蓝牙通信原理，将光缆信息写入标识牌中，使用手机App可以方便地在杂乱的环境中获取光缆信息，具有被动响应的电子标签，能够在距离0 ~ 5m范围内，快速识别和查找目标。

────────── 四、应用效果 ──────────

感应型光缆标识牌的使用缩短了光缆抢修过程中在缆沟内寻找故障光缆的时间，有效解决普通光缆标识牌年久掉色、掉漆导致的无法识别问题，能够实现实时读写，方便运维人员在现场第一时间获取信息。

截至 2021 年底，感应型光缆标识牌已在福建信通、福建龙岩信通公司的日常通信光缆巡视工作中得到使用，达到了项目预期目标。在地调至曹溪变通信线路、地调至城关变电站通信线路上，共安装了 7 套感应型光缆标识牌。同时，产品已连续两年入选福建电力双创产品推荐目录，在省内福州、南平、龙岩等地累计销售 1000 余个，正逐步开展试点推广。

# 一种防缠绕式光缆绕纤装置

**完 成 单 位**　国网四川省电力公司泸州供电公司
**主要参与人**　白兴勇　刘　利　余昀东　王桥露　施崇智

## 一、背景

随着电力通信网的不断发展，光缆数量逐年增长，光缆已成为保护、自动化、综合数据网等电力核心业务的主要承载通道。光纤业务量的增长，造成光纤配线屏中使用的跳纤数量也大幅增加，目前的做法是将所有的跳纤均堆叠缠绕在同一个绕纤盘上。然而目前市面上的绕纤盘通常只有两个绕线柱，非常容易造成跳纤互相缠绕，无法调整跳纤长度，下层跳纤无法取出，以及跳纤长度不一、绕纤过多不够整洁。即使使用增加多个绕纤盘，也无法彻底解决日益增长的跳纤绕纤需求。

## 二、主要做法

针对上述问题，国网泸州供电公司研制了一种防缠绕式光纤绕纤装置，可独立缠绕 16 对跳纤而不互相干扰，彻底解决了该问题。

1. 装置盒体设计

为节约安装空间，我们将盒体设计为 44cm×13cm×13cm（长×高×深），厚度与一个 24 芯光纤配线架相当，可安装于光纤配线屏前方，或者与光纤配线架平行安装于屏后，大大节约屏柜空间。盒体上盖使用可拆卸导轨设计，方便理线。盒体内设置 16 个方形槽，可独立缠绕 16 对跳纤而不互相干扰。每个方型槽安装位置后方设计导线槽，所有跳纤从装置后方走线，既不相互缠绕，也比前方走线更加整洁美观，如图 1 所示。

2. 方形槽体设计

采用方形槽体设计，方便直接放置固定于绕纤装置内而无需其他多余设计。单个方形槽由三片方形板和两个直径 6cm 圆柱体组成，满足光纤最小曲率半径要求，具备双芯 10m 绕纤能力。中间方形板设有开口，跳纤可穿过开口，两端分别在两个圆柱体上缠绕而不会相互干扰，好处是可任意调整单个方向的跳纤长度。

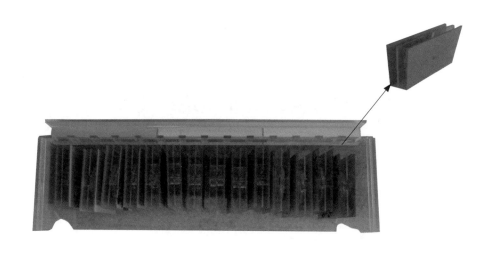

图 1　绕纤装置俯视图（未安装上盖板）

## 三、创新点

该装置能够灵活调整跳纤长度，方便跳纤独立取出，不影响其他在运跳纤，解决了传统绕线盘纤装置光纤缠绕过多的问题，可大大减少通信运维人员的查找、调整跳纤时间，使得绕纤更方便快捷、机柜更加干净整洁；同时大大提高更换故障跳纤效率，节约故障抢修时间；而且该装置通过对跳纤进行独立缠绕，也起到保护跳纤，减小通信故障的作用。

## 四、应用效果

### 1. 成果推广应用及转化情况

为方便对比，我们将绕纤装置安装于屏柜前方，并安装 4 组跳纤测试，4 组跳纤业务收发光正常，无明显衰耗增加，跳纤独立绕纤且可独立调整长度而不影响其他跳纤。目前，该装置在泸州信通公司机房进行试点投放使用，用于检验成果的功能以及作用，新旧绕纤装置使用对比如图 2 所示。

### 2. 成果应用前景展望

该装置量产后，将在变电站所机房内发挥重要作用，通过统一精益化工艺，实现通信运维质效的显著提升。可进行试点应用，再逐渐推广使用，应用场景为变电站所主控室、供电营业站所机房、独立通信站点等机柜内部，应用前景十分广阔。

### 3. 成果价值

在经济效益方面，该装置可安装于屏柜后方，节约屏柜空间，无需额外开销；同时在光纤理线方面节省了部分光纤并保护跳纤，其次该装置能在一定程度上避免误碰误动造成的通信故障，能减少理线、故障处置经费开支。

图 2　新旧绕纤装置使用对比图

　　在社会效益方面，使用防缠绕式光纤绕纤装置可以极大地改善通信运维质效，不仅能够方便理线，保持通信机柜的整洁，还能保护跳纤，节约故障处理时间。由于通信通道在电力系统中具有举足轻重的支撑作用，涉及调度、保护、自动化、电话、视频会议等多种业务，因此，在通信运维日益精益化和负荷不断攀升的大趋势下，稳定可靠的电力通信能够造福民生，维护电网的正常运转。

# 蓄电池放电仪单体电压监测线改进方案

**完成单位**　国网湖北省电力有限公司黄冈供电公司
**主要参与人**　蔡金棋　倪枭夷　陈继雄

## 一、背景

### 1. 当前现状

在所有信息化、自动化程度不断提高的运行设备、运行网络系统中，不间断供电是一个最基础的保障，而无论是交流还是直流的不间断供电系统，蓄电池作为备用电源在系统中起着极其重要的作用。平时蓄电池处于浮充备用状态，一旦发生事故导致交流进线失电，蓄电池成为负荷的唯一能源供给者。通信通道支撑着调度、二次保护、自动化、电话等多种业务，在电力系统中具有举足轻重的作用，一般情况下不得中断。因此，在交流市电失效时，蓄电池组作为冗余电源必须有力地满足相关关键设备的用电需求，维持信息通信系统的正常持续运行，保障电网稳定可靠的供电，维护社会的正常运转。

为了检验蓄电池组的可持续放电时间和实际容量，根据通信备用电源系统维护规程，运检人员需定期对蓄电池组进行特定容量的放电测试，以发现其中个别已失效或接近失效的单体电池，从而及时更换个别问题电池或整组电池，保证蓄电池组的可靠性。按照要求，通信蓄电池组的核对性放电试验周期不得超过2年，运行年限超过4年的蓄电池组，应每年进行一次核对性放电试验，并保存完整的测试记录。

### 2. 存在的问题及课题目的

在实际作业当中，我们发现放电仪使用的单体电压监测线存在着诸多不足之处，主要体现于以下三个方面：

（1）蓄电池连接线（或铜排）用螺丝进行固定，放电时监测线的尖嘴夹子夹在螺帽上，但受限于接触面过小，夹在螺帽上的夹子很容易弹开崩落，不易固定。若在放电测试期间掉落则会使得放电仪无法正常采集数据，造成长达数小时的放电试验失败，得到无效的试验结果，甚至在极端情况下由于没有检测出已失效或接近失效的蓄电池，将给通信电源系统埋下严重的隐患。

（2）每次试验时拿出的监测线都是乱成一团，特别是三角形夹具不时勾住线缆，使得解开线缆更加不容易，甚至有时需要多人相互配合才行，十分费时费力，影响试验效率。

（3）现有的监测线与夹子采用了插拔式的连接方式，就目前实际的放电过程来说，我们认为此方式并无太大的必要性，且监测线长时间使用后过多地插拔会使得夹子极易脱落丢失，铜线与插头也容易断开。

基于上述三个问题，我们设计了一种改进型的蓄电池放电仪单体电压监测线。单体电压监测线改进后，与蓄电池固定螺丝连接方便快速，且不易从螺帽上掉落。此外，在放电试验的接线阶段，取用单体电压监测线也能够做到快速理顺展开，减少解线理线时间，提高工作效率。

## 二、主要做法

在改进单体电压监测线的过程中，我们借鉴办公白板固定磁扣的思路，设计了一种磁性砝码的端子代替现有的三角形尖嘴夹子，可以直接吸附在蓄电池固定螺母上。该新型单体电压监测线能够解决端子易崩落和线缆缠绕问题，且易用易收，接拆方便，采用固定连接后也能解决端子易从铜线上断开的缺陷。

### 1. 端子规格的选择

钕铁硼作为第三代稀土永磁材料，具有体积小、重量轻和磁性强的特点，是迄今为止性能价格比最佳的磁体。因此，我们选择了由钕铁硼材料制作的强磁铁圆柱砝码。同时，根据蓄电池固定螺丝的尺寸，且考虑到磁性砝码端子要满足重量小和磁力大的要求，经现场比对试验，最终从诸多规格大小下确定选择圆形底部直径为20cm、高为25cm的中号磁吸，如图1所示。

图1　钕铁硼材料磁铁圆柱砝码

### 2. 磁性端子与铜线连接

将铜线紧密地缠绕在磁性圆柱砝码端子的中部，且用焊锡进行固定，确保连接可靠、牢固。

### 3. 绝缘隔离措施

用热缩套管将裸露在外面的金属部分进行隔离，形成绝缘保护层，同时起到固定导线的作用。

## 三、创新点

监测线改进方案能有针对性地解决端子易崩落、夹子勾线、线缆缠绕等问题，且易于制作，可实施性高。与传统监测线相比，有以下四个创新点：

（1）创新性地采用了磁性材料，使得改进后的单体电压监测线与蓄电池固定螺丝连接方便，且不易从螺母上掉落。

（2）磁性端子和端子吸附板的使用，使得取用和收纳单体电压监测线能够做到快速理顺展开，极大地缩短了不必要的解线理线时间。

（3）改进后监测线的端子与铜线由焊锡牢固连接，且中部焊连方式和热缩套管的组合使用在满足绝缘要求的同时也进一步巩固了连接牢固性。

（4）材料成本节约且外观合乎审美，改进的可行性强，符合质量管理提升的基本原则。

## 四、应用效果

### 1. 实施效果

在实施效果方面，该改进型单体电压监测线已经进行了实验性的投放使用，用于检验成果的功能以及作用。此外，根据实施的具体表现，在变电站、独立通信机房和调度大楼等地点进行蓄电池组核对性/交接充放电试验时，可实现通信运维检修工作质效的显著提升，具有广阔的应用前景。

（1）监测线的实际使用。如图2所示，改进后的单体电压监测线连接蓄电池，在没有人为特意大力拉扯的情况下，不存在自然弹开的问题。

（2）监测线的收纳与取用。在收纳监测线的时候，将磁性圆柱砝码端子按序号顺序逐个吸附在经特别设计的铁质吸附板上进行固定，再次使用时可以方便且快速地将端子与对应编号的蓄电池固定螺丝相连接。

图2　改进后单体电压监测线的实际使用

### 2. 效益提升

新型单体电压监测线针对当前不足之处进行改进，对于改进方案而言，钕铁硼磁性端子相比于原有简易三角形夹子成本略高，但材料总体花费所需不多，使用体验及质量的改进却显著增加，可以保障蓄电池组充放电工作的快速顺利完成，极大地提升通信运维质效。经现场实验，新型单体电压监测线可以快速取用，完成对应蓄电池的牢固连接，降低了放电失败的概率，且减少不必要的理线时间，大幅提高了蓄电池组充放电试验作业的质量和效率。

# 基于自我状态监测的冒式光缆接续盒

**完成单位** 国网新疆电力有限公司信息通信公司

**主要参与人** 艾科热木·艾则孜　王　鑫　李亚平　崔力民　魏耀华　李　庆
胡长悦　马　冲

## 一、背景

作为光纤通信的重要环节,光缆接续盒是电力传输网提供光学、密封、机械强度的关键接续节点。传统光缆接续盒存在存量大、巡视手段单一、故障定位困难等问题,导致故障抢修时间不可控,为线路巡视、日常检修、故障处置带来诸多困难。自我状态监测的冒式光缆接续盒适用于 OPGW、ADSS、OPPC 等电力特种光缆的接续保护,并将倾角、震动监测、地理信息上报、导航、温/湿度监测、漏水监测、预警告警上报等多项功能整合在一起,将传统光缆接续盒改造成具备自我感知能力的智能感知设备,提升电力系统终端、关键节点感知能力,为建设智能、高效、节约的新型电力系统提供思路。

## 二、主要做法

### 1.研制智能接续装置实体

基于已申请的发明专利,研制集倾角、震动、定位、温/湿度、水浸等多种环境监测功能于一体的智能光缆接续装置,采用 3D 打印技术完成设备模型制作。

### 2.开发基于多参量融合技术的远程监测平台

为实时掌握每个接续盒运行状态,及时获取告警信息,提升系统人机交互性,搭建光缆接续盒状态在线监测系统,设计可视化、人性化 UI 界面(见图 1),对接续盒倾斜角度、震动幅值、温/湿度、定位等多参量数据进行融合分析,综合诊断光缆接续装置各时段运行状态,并对历史数据进行分析比对,形成健康度分析曲线,对所检测的接续节点进行全天候态势感知。该平台支持手机端数据展示、状态查询、告警上报、定位导航等功能。

图 1 "具备自我状态监测的冒式光缆接续盒"在线监测系统界面

三、创新点

本成果研制的"具备自我状态监测的冒式光缆接续盒",融合了接续盒倾角监测、震动监测、精确位置定位、接续盒内温/湿度监测、漏水监测、智能信息上报、无线通信等技术,可实时监测接续盒状态监测及信心上报,具有高精度、全天候、自动化、智能化的特点,相对传统方法具有以下创新点:

(1)深度调研电力通信线路运行实际,针对接续盒倾斜、倒挂、进水、结冰、弯曲角度过大等情况,申报"具备自我状态监测的冒式光缆接续盒"发明专利,已获得授权。

(2)采用先进的 3D 建模、3D 打印技术进行产品试制(见图 2),保证制作便利性同时,满足 OPGW、ADSS、OPPC 光缆线路、厂区等多种场景应用需求,同时大幅降低接续盒制作成本。

(3)开发"具备自我状态监测的冒式光缆接续盒"在线监测系统,对监测点数据进行分析处理,实现姿态监测数据的可视化展示,可以对电力线路全天候、全天时、自动化监测,及时发现隐患并预警,有效降低人工巡查成本。

(4)利用 GPS 定位技术对线路接续盒进行智能分析与决策预警,提高了重要城区线路运行维护效率和效益,进一步加强运检工作的智能化、集约化和精益化的科学管理。

(5)采用 Lora+ 3G/4G/5G 无线通信技术,保障了监测数据传输的稳定性,提高了平台的地域适应性。

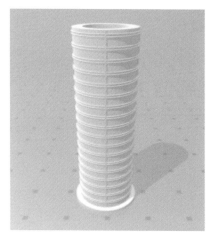

图 2 "具备自我状态监测的冒式光缆接续盒" 3D 建模图及实物图

## 四、应用效果

"具备自我状态监测的冒式光缆接续盒"的研制、投入使用，将消除通信专业在线路监测盲区，同时在光缆投运验收、光缆性能监测、故障定位等方面提供了有力支撑，具体成效有：

（1）提升电网感知水平。将传统光缆接续盒改造成具有感知能力的光缆接续盒，提升电网末端感知能力、智能化运维水平，同时中心站网管侧、手机客户端侧直观展示每个接续盒运行状态、采集数据、位置信息、告警信息，实时掌握线路运行情况。

（2）提高线路验收效率。每个接续盒均具备自感知能力，并将"自身"采集数据上传至光缆接续盒在线监测系统，项目实施阶段掌握接续盒安装质量、工艺，消除施工阶段可能存在的安全隐患，提升光缆线路验收水平，为后期线路安全、稳定运行打下坚实基础。

（3）实现状态实时上报、灵活查询。当接续盒出现异常时，运维人员第一时间收到接续盒故障信息，并通过手机查看接续盒当前各项性能参数、状态信息、告警信息，进一步判断故障类型，大幅提升故障消缺时间。有效避免接续盒倒挂、进水、结冰、挤压导致的光缆故障。

（4）故障位置精准定位、自动上报。接续盒内均安装有位置传感器，当接续盒出现故障时，运维人收到故障短信的同时，收到接续盒位置信息并通过快速导航迅速赶往故障点，将大幅缩减故障定位、消缺时间。

# 光缆桥架敷设辅助工具

完成单位　国网上海市电力公司市区供电公司
主要参与人　杨　光

## 一、背景

　　光缆敷设自排管或架空进入变（配）电站及用户站、低压配电间等站点后均要求通过桥架完成内部线路的敷设，特别是用户站及低压配电间等，一般都存在跨楼层、平面跨度大等情况，均需采用桥架敷设方式。目前，各类型站点桥架一般分为高压桥箱和二次桥架，而部分老旧站点的二次桥架中敷设有二次设备线缆、各类信号及控制线缆、各级电力通信线路等，情况相对复杂且敷设效果未能趋于整齐。而通信线路运维作为电力通信运维的重要组成部分之一，其高效运行、快速反应是电力通信稳定运行的基础。因此，我们引入了通信光缆桥架敷设辅助工具，在便于光缆敷设的基础上实现了对各类、各级光缆线路的区分和有效保护的目的。

　　该敷设辅助工具着重优化了站内桥架敷设通信线路的以下问题：

　　（1）在新光缆敷设或其他专业二次线路敷设时均存在牵拉原有通信线路的可能。特别是长距离跨屏位的通信尾纤相对自身保护能力较弱但又承载着重要的通信业务，若被无故牵拉甚至可能导致传输业务中断，引发通信事故。

　　（2）部分老旧站点及用户设施内的二次桥架中敷设有二次设备线缆；各类信号及控制线缆；各级、各类电力通信线路等。种类繁复且外观、型制相似，不便于电力通信线路运维快速、灵活、高效的实际需求。

　　（3）站内二次桥架空间有限，若采用普通材质套管，由于材料限制不可随桥架内线缆情况随意变形、弯曲、折叠，占用桥架内空间较大。

　　（4）站内二次桥架基本进行统一考量设计，一般同一平面桥架基本贯穿所有需进行线缆敷设的屏柜位置。由于传统套管基本完全封闭，整束光缆或尾纤若需单独抽头势必需进行套管打孔等复杂、费时的操作。

　　（5）市区公司所辖各站点运行年限不一，大量站点二次桥架中均已敷设大量通信线缆，在进行站内已有线缆整理的过程中，传统密封管式的套管无法完成对原有已敷设线路的梳理、保护工作。

二、主要做法

该敷设辅助工具整体改善电力通信线路在二次桥架中的运行环境及可靠性要求，解决了传统二次桥架电力通信光缆粗放式敷设的技术难题，攻克了传统套管保护的结构性硬伤。

（1）桥架线缆及尾纤整体保护。为解决光缆线路及尾纤在桥架中自身保护能力较弱，避免长距离跨屏位的通信尾纤被无故牵拉导致传输业务中断，引发通信事故。我们借鉴保护通信线路可靠运行的理念，提出将缠绕管从外部包裹线路，隔绝线体，有效保护在其他二次线路敷设时对重要线缆、尾纤受牵拉造成的不必要故障。

（2）以套管颜色区分各类通信线路。为了有效区分各类信号及控制线缆，各级、各类电力通信线路等，种类繁复且外观、型制相似的电力通信线路，我们引入了套管颜色区分方式，将同类型光缆通过套管颜色进行有效区分。以达到站内电力通信线路运维快速、灵活、高效的实际需求。

（3）提升套管材质，保证所需强度及必要的灵活性。采用 PE 聚乙烯材料，该材料强度适中，既有效地保护了线缆运行安全，又能在一定范围内随所包裹线缆变形，起到保护目的的同时有效节约了敷设空间。

（4）单独抽头灵活、便捷。我们采用缠绕管方式，使其以可分离、不局限为设计理念，达到整洁、保护、简单、区分、灵活的最终目的。解决了站内二次桥架整束光缆或尾纤得以单独、灵活抽头（见图1）。

（5）采用开口环抱设计，满足已敷设线缆需求。在考虑到大量站点内已有线缆整理的过程中也需得到有效的梳理和保护，采取开口环抱的设计方式（见图2），使用专有工具可快速、便捷地完成已有线路的保护、梳理工作，且该套管尺寸型号丰富，足以满足对已敷设线缆的保护需求。

图1　缠绕管方式　　　　　　图2　开口环抱设计

三、创新点

市区公司通过对基建、住宅配套、业扩等工程通信部分的随工及竣工验收，以及对光缆备用纤芯性能，重点承载业务检查、故障高发光缆线路的日常巡视巡检中发现总结了桥架敷设光缆线路在建设、运维和检修工作中的各类不便亟待解决的问题。由此，我们将辅助工具和新材料与光缆桥架敷设灵活结合，实现了区分各类、各级光缆线路和有效保护站内通信线路的同时又兼具了灵活性和便捷性。

## 四、应用效果

### 1. 成果推广应用及转化情况

目前，该辅助工具仅在市区公司部分住宅配套及业扩工程中进行试点使用，用于检验成果的功能以及作用（见图2）。

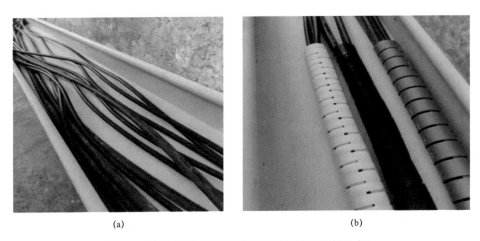

(a)                     (b)

图2　光缆桥架敷设辅助工具套管安装完成前后对比

（a）使用光缆桥架敷设辅助工具前；（b）使用光缆桥架敷设辅助工具后

### 2. 应用前景展望

该辅助工具将在变（配）电站、用户站及用户低压配电间光缆线路敷设中发挥作用，通过统一并精益化工艺，实现运维质效的显著提升。经过进一步试点应用，再逐渐推广使用。

### 3. 成果价值

使用该方式敷设的光缆线路故障率明显下降，桥架段光缆线路运维响应速度显著提高。传统保护套管方式敷设仅可完成部分线缆尾纤的保护作用，相较之前，该辅助工具在通信线路敷设过程中更为高效、便捷，同时节约了极为珍贵的敷设空间资源。

# 尾纤盘纤装置

完 成 单 位　国网四川省电力公司巴中供电公司

主要参与人　周　聪　李发均　张晓勇　朱宪章　郑凌月　陈俊良　吴生赞　粟秋成

　　　　　　何　耀　孙小淋

---

## 一、背景

随着电力通信网络规模增长，光纤配线屏内尾纤数量逐年增多，盘纤柱上所盘绕的尾纤越来越密集，这使得采用传统盘纤柱作为尾纤余线收纳存在以下两个问题：

（1）盘纤柱每一圈盘绕尾纤的长度相对固定，而每条尾纤余线长度不一，无法使每条尾纤余线实现整齐有序地盘绕，存在光纤扭曲缠绕的现象，维护时无法准确识别尾纤并快速更换，导致业务中断时间较长。

（2）同一个盘纤柱上盘绕多根尾纤必然导致尾纤堆叠，使得在检修时尾纤腾退不够灵活，需要将运行中尾纤暂时从盘纤柱上拆除下来，存在较大的中断运行业务的风险。

基于此，我们研制了储物格式尾纤盘纤装置，该装置由收纳箱和盘纤盒构成，每一对尾纤存放于一个单独的盘纤盒，而每个盘纤盒又通过专用的收纳箱固定，在检修时能够精准识别、快速腾退尾纤，显著缩短尾纤检修时长，提高工作效率。

---

## 二、主要做法

### 1. 制作前开口式冷轧钢材质收纳箱

为满足现有运行机柜使用要求（标准通信机柜宽60cm）和充分利用机柜空间资源，小组成员设计箱体长度为60cm，箱体高度为12cm，深度为20cm。便于在机柜在空间资源严重不足的情况下通过背靠背方式安装提高屏柜空间利用率。

### 2. 制作导轨式盒体固定单元

为满足盘纤盒的有效固定，同时便于盘纤盒的抽取，采用导轨方式设计，结合上一步收纳箱体尺寸，确定导轨的设计思路及具体尺寸。按照尾纤的承载业务情况，可分为光传输网、数据通信网、继电保护及其他业务。为便于尾纤检修时快速定位尾纤，小组成员利用盒体固定单元，将箱体内部分割成三部分，再将每部分分成四层结构，形成 3×4 的单元格形式，为满足收纳箱尺寸要求，导轨尺寸长 18cm，单元格宽度 12.5cm，高度 2.5cm。

3. 制作缠绕式树脂盘纤盒

结合光纤最小曲率半径的特性，确定绕纤轴半径，常用尾纤中，G.652 光纤使用频率最高，因此按照其光纤最小曲率半径要求，将绕纤轴半径 $R$ 定为 30mm。同时兼顾盘纤盒盘纤时的可操作性，将绕纤轴设计为中空结构；按照使用频次较高的尾纤（规格：10m）进行设

图 1 尾纤盘纤装置组装图

计，完成全部长度的收纳，结合之前导轨的厚度数据，为实现盘纤盒与导轨的完美契合，设计上下挡板间的距离为 2.5cm，外壳的直径则为 12cm，且对外壳外边沿进行圆弧化处理。

4. 整体组装测试

完成上述各组件制作后，对收纳箱及盘纤盒进行组装。尾纤盘纤装置组装如图 1 所示。

## 三、创新点

本课题将通信检修时传统"盘纤柱"对识别、腾退尾纤作业不友好的难点问题转化为创新需求，结合科学的管理与创新活动，完成了尾纤盘纤装置的研制工作，将逐步推广应用到各通信站点光纤配线屏柜，实现检修时的精准识别、快速腾退，解决了长期以来尾纤管理混乱的难点问题。

## 四、应用效果

1. 成果应用

目前，该装置已试点应用于国网巴中供电公司本部机房。采用新的尾纤盘纤装置进行尾纤余线收纳，对该装置进行运行状态下的模拟试验，统计了 20 次试验情况，发现在检修作业时确能显著缩短检修时长，识别并腾退尾纤平均耗时 8.3min，相较于传统盘纤柱的 30min 以上，大大提升了检修效率。新旧尾纤盘纤装置应用对比图如图 2 所示。

图 2 新旧尾纤盘纤装置应用对比图

2. 成果价值

（1）提高了通信系统可用率。尾纤盘纤装置的应用能显著缩短尾纤检修工作时长，经查阅历年检修记录，发现每年此类检修任务近 15 条次，通过该装置的应用，可节约该类检修时长 600 余分钟，大幅缩短尾纤故障检修时长，提高通信系统可用率。

（2）降低了作业过程中误碰误动风险。尾纤盘纤装置实现运行尾纤余线分别收纳，在对指定尾纤进行更换时，不需拆除其他运行中的尾纤，大大降低了检修作业过程中误碰误动运行光纤风险。

（3）极具推广应用价值。尾纤盘纤装置具有结构简单、稳固、美观和使用方便等优势，是电力通信领域尾纤余线盘绕方式实现标准化作业和规范化管理的坚实基础，极具推广和应用价值。

# 通信机房彩色固线装置

**完 成 单 位** 国网山西省电力公司信息通信分公司

**主要参与人** 王 栋 李 健 张永强 罗 江 张 峰 王美丽 闫蕾芳 杨飞翔

## 一、背景

电力通信机房缆沟内线缆固定问题一直是通信机房布线施工和线缆运维的难点，传统的扎带绑线法存在以下两个问题：

（1）传统的扎带在绑扎线缆过程中，存在过于密集、杂乱，且绑扎松紧力度的把控困难，年久扎带容易崩开等劣势。

（2）通信机房缆沟内所有线缆在施工时做统一绑扎，不单独区分。在日常运维过程中，如果进行单根线缆运维或增加线缆敷设时，查线、寻线和布线都会十分耗时费力。

对此，我们设计了一种彩色固线装置，解决传统扎带绑线法的弊端，实现线缆布放整齐有序、松紧有度，又便于日常线缆运维。

## 二、主要做法

彩色固线装置利用特制的不同颜色的分层固线装置对通信机房不同设备各型号、各规格线缆分类、分功能进行固线，蓝色固线装置用于紧固动环设备所用网线、信号线、电源线等，红色固线装置用于紧固电源系统所用缆线、信号线等，黄色固线装置用于紧固光端机、光放设备所用尾纤、2M 线等，其他颜色诸如绿色、黑色、灰色等均可定义不同设备业务线缆。

彩色固线装置的特点及组装方法：

（1）装置采用的分层夹片是以优质阻燃塑料为原材料，在保证硬度的同时大大减少了固线器的自重，减轻桥架的载重负荷。

（2）装置每一层都有两颗单独的字母螺丝，与上下层之间固定连接，非常牢固。

（3）装置设计了独立的安装底座，可以满足更多场景安装，简易方便。

（4）装置底座与第一片夹片之间不放线，从第一片夹片与第二片夹片之间开始放线，也就是一层线需要"1个底座 +2 片夹片"，两层线需要"1个底座 +3 片夹片"，以此类推。

（5）装置底座安装到卡博菲网格桥架上时，需要单独增加一个金属压片，从网格桥架外侧与桥架内侧的底座连接，夹住桥架的钢丝紧固。

## 三、创新点

此装置兼具美观性和功能性，整体改善电力通信机房缆沟内线缆布放工艺，攻克了传统扎带绑线法杂乱无序的硬伤，同时解决了后期查线和敷线的线缆运维难题。

### 1. 分层固线

此装置通过分层夹片隔离不同线缆，多个分层夹片通过字母螺丝连接固定，既保证线缆整齐有序、层次分明、弧度自然、松紧有度，又能起到较好的防潮散热效果。

### 2. 分色运维

特制不同颜色分层固线装置，并制定分类准则，根据设备设施的不同类别和功能，将通信机房内不同设备各型号、各规格线缆分类、分功能进行固线。在日常运维中方便查线和寻线，拓展设备或业务功能需增加敷设线缆时，也便于快速识别缆沟内各线缆的作用，仅需在原有夹片上继续进行敷设固定即可，实现运维质效的显著提升。

## 四、应用效果

### 1. 成果推广应用及转化情况

目前，此装置已在山西公司 500kV 稷山变电站扩建通信机房进行试点投放使用，用于检验成果的功能以及作用，如图 1 和图 2 所示。500kV 稷山变电站扩建机房作为陕北—湖北±800 特高压直流输电工程系统通信的一个重要枢纽中继节点，此固线工艺应用于机房，得到了国网信通公司中期验收组人员的一致认可，并提倡大力推广。

### 2. 成果价值

在经济效益方面，此装置在日常运维中降低运维人员工作难度，节约人工成本。经测算，可将相关运维工作整体耗时平均缩短 50min，成效显著。

在社会效益方面，使用此装置可以极大地提升通信运维质效，保证电网安全稳定运行。由于通信系统在电力系统中具有举足轻重的支撑作用，承载着调度自动化、保护安控、调度电话、数据通信网等重要电网业务，因此，在精益化运维的大趋势下，全面提升在网运行通信业务的安全可靠性，为电网安全稳定运行保驾护航。

### 3. 应用前景展望

此课题将在变电站涉及的所有缆沟内发挥作用，可进行试点应用，再逐渐推广使用，应用场景为变电站通信机房、变电站设备区、独立通信站点等缆沟内，实现规范固线，提升运维质效等效果。通过汲取通信机房布线工艺和施工经验，推广到更多的工程中。

图 1  500kV 稷山变电站扩建通信机房彩色
固线装置走线实物图

图 2  500kV 稷山变电站扩建通信机房
彩色固线装置实物图

# 通信机柜综合理线系统

**完 成 单 位** 国网陕西省电力公司延安供电公司

**主要参与人** 董　昭　任永青　周　杰　李国伟　常军喜　侯克峰　杨秉奇　强晓华

　　　　　　　王　彬　李　明　郑喜军

## 一、背景

随着科技不断进步，电力通信设施不断完善，对电力系统通信运维与检修方面的需求也在不断增大。而通信机柜运维作为电力通信运维的重要组成部分之一，其高效运行、快速反应是电力通信稳定运行的基础。目前，通信机柜现场运维存在两个问题：

（1）通信光纤运维方面，绝大多数光纤配线架（ODF）上的光纤均为粗放式布线，所有方向的进站光纤都盘绕在同一个绕线柱上。如果进行单根光纤运维，则查线和寻线会十分耗时费力，甚至可能导致传输业务中断，引发通信事故。

（2）在机柜封堵隔离方面，封堵的工艺参差不齐，无统一标准（见图1）。且老旧站所机柜常见金属材质和石膏浇制的底板，需要动用钳子和切割机等工具破拆，以致工作难度较大，存在安全隐患，导致运维时间长、运维效率降低。对此，创新团队首先借鉴交通轨道的运行理念，提出了分组理线思路。其次，借鉴办公桌穿线孔结构，通过隔离底板，预设适配线缆尺寸的穿线孔，分隔上下空间，实现分离规整各类线缆走线的目的。孵化通信机柜综合理线系统，该系统由两个基础创新模块组成，分别是分组理线装置和封堵隔离装置。理线装置减少运维人员查线、寻线时间，封堵装置高效隔离机柜上下空间，二者相相辅相成，构成通信设备安全网络，实现通信设备健康精益化管理。

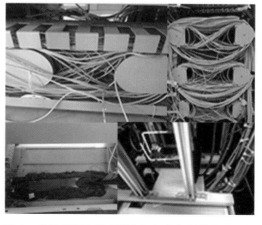

图1　传统机柜光缆理线和机柜底部封堵走线现状

该系统能整体改善通信机柜内作业环境和作业工艺，攻克了传统盘纤盒绕线无逻辑的结构性硬伤以及传统机柜底板不可逆式的封堵方式和粗放式的放线工艺难题。

1. 分组理线

该系统通过改造传统的盘纤装置（见图2），设计相互独立的光纤布放沟道，将不同方向进站的光纤盘绕于相应沟道，便于梳理和查找。

2. 封堵隔离

该系统采用防火板面切割穿线圆孔，并用特殊材质的"工字形"圆盘进行隔离引线。设置走线槽道，便于在运行中的线缆走线，并在槽道上加盖卡扣，进行空间隔离和理线。

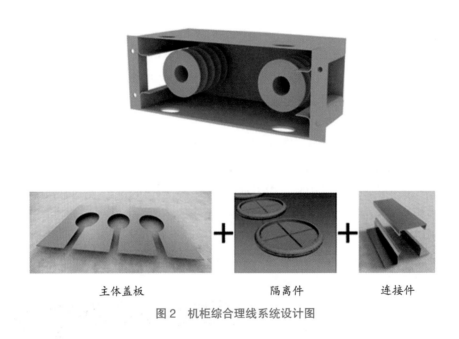

主体盖板　　　　　　隔离件　　　　　　连接件

图2　机柜综合理线系统设计图

三、创新点

该通信机柜综合理线系统的创新点主要有两个：

（1）对传统光纤配线模块进行改进创新，以铁路轨道交通的轨道独立运行模式为基础思路，通过归纳整理分组规整的理念，重新设计光纤配线架理线结构，将不同方向的光纤独立缠绕于相应沟道，这将会大大减少光纤运维时长。

（2）对传统机柜底部盖板进行重新设计，将传统整块盖板分解为多个模块，辅以穿线孔洞和橡胶密封装置，在有效防火防尘的同时提高穿线速度。两个创新点相辅相成，共同构成了通信机柜综合理线系统。

## 四、应用效果

### 1. 成果推广应用及转化情况

目前，该系统仅在延安公司本部机房进行试点投放使用，用于检验成果的功能以及作用，投放效果如图3所示。

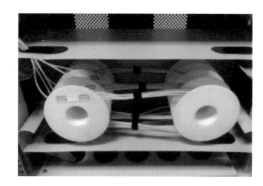

图3　分组离线装置与封堵隔离装置的应用

### 2. 应用前景展望

该创新成果将在变电站（所）机房内发挥作用，通过统一并精益化工艺，实现运维质效的显著提升。可进行新建站点试点应用，老旧站点整改提升，逐渐推广大范围使用。应用场景为变电站所主控室、供电营业站所机房、独立通信站点等机柜内部，实现规分类整理线，统一走径，规范封堵等效果。

### 3. 成果价值

在经济效益方面，新型机柜系统在光纤理线方面节省了部分光纤，底部封堵节省了大量堵泥，每年约能减少数万元经费开支。

工作效率方面，此装置的运用将大幅提高通信作业质效，并降低运维人员工作难度。经测算，可将相关运维工作整体耗时平均缩短100min，成效显著。

# 大芯数 OPGW 光缆接续装置及站内引下防雷接地装置

完 成 单 位　国家电网有限公司信息通信分公司

主要参与人　邓　黎　陈　佟　卢　贺　李伯中　高金京　夏小萌　杨　悦　王　谦

白夫文　吴广哲　张乐丰　金　炜　李　扬　马　超　刘　源　陈剑涛

## 一、背景

随着电力通信系统的不断发展，对 OPGW 光缆接续及站内引下的安全性、可靠性和稳定性也提出了更高的要求。因此，我们分析目前存在的问题，在此基础上提出了一种新型大芯数 OPGW 光缆接续及站内引下防雷接地装置，一方面对接头盒密封性能、熔纤盘大小和结构、部分材料进行改善，另一方面改进了光缆引下的绝缘工艺，并将绝缘余缆架和接地刀闸集成为一体。这种工艺既能增加线路 OPGW 光缆熔接芯数，又能增强站内 OPGW 光缆的防雷接地作用，有利于方便准确地测量变电站接地网电阻，从而减轻线路与变电站安全隐患并提升电网安全水平。

这种新型工艺作为整套解决方案，着重解决了当前 OPGW 光缆接续及站内引下接地的几个问题：

（1）通过增加熔纤盘的数量、扩大熔纤盘的体积来满足了大芯数的要求，通过优化熔纤盘结构布置给后期运维提供便利。

（2）部分工程熔接时采用了过量的 AB 胶，胶水固定后挤压造成光缆断裂。对此，提出采用有弹性的 PE 材质的卡槽加装盖板的形式来解决。

（3）接头盒进水的问题在部分强降雨、多潮湿地区暴露特别明显，许多接头盒因为内部进水结冰挤压光缆，造成通信系统中断。对此，在光缆进口处和接头盒底座处优化了设计。

（4）OPGW 引下缆烧蚀断股。OPGW 光缆引下过程中与门型构架杆之间应保持一定绝缘距离且牢靠固定。对此，提出了选用一种"10kV 针式复合绝缘子 + 工程抱箍"作为 OPGW 引下缆紧固件，适用寿命长且绝缘距离安全可靠。

（5）OPGW 余缆匝间电腐蚀。在 OPGW 余缆架方面，OPGW 余缆与金属余缆架易发生匝间电腐蚀，造成 OPGW 光缆断股。对此，提出了一种非金属缆叉的新型余缆架，并将余缆架、接头盒和接地刀闸集成为一体。

（6）导引护管封堵问题。目前导引护管主要采用防火泥进行管口封堵，防火泥在室外环境使用易干裂脱落，密封失效易造成雨水进护管，尤其在冬天造成护管内水结冰，导致光纤受力引起断纤故障。对此，设计了导引护管专用封堵盒，可以满足各种尺寸管口的防水封堵。

## 二、主要做法

该套装置能完整精细化地解决当前 OPGW 光缆接续及站内引下防雷接地方面的安全隐患，提高了线路及变电站 OPGW 安全运行率，促进了电网安全生产，降低了电网运维成本。

### 1. 芯数增容

为满足电力通信发展对纤芯资源扩大的需求，在新型接头盒设计上，不仅单纯增加盘纤盒的数量，扩大盘纤盒的体积，还创新性地提出盘纤盒新型布置结构，从 1.0 版本的三角形结构布置（见图 1），改善至更利于后期运维的 T 形结构布置（见图 2），既满足最大存放纤芯数量从 72 芯到 192 芯的飞跃，又给施工和后期检修提供便利。

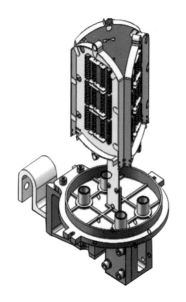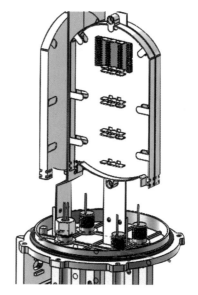

图 1　三角形结构布置　　　　　　图 2　T 形结构布置

### 2. 光纤固定

在光纤固定打胶问题上，我们提出采用弹性 PE 材质卡槽加装盖板，既增加光纤固定的牢固性，又有效避免人为打胶操作的差异化带来的不确定性。

### 3. 盒体密封

在接头盒进水问题上，经过分析，水主要从光缆进口处和底座处渗入，在此处创新性采用多钢管结构机械密封件，极大地增强了光缆进口处的密封性，并且可以重复开启、再次封装，便于运维。同时，我们将盒体密封由传统的钢带紧锁的形式优化为八边形螺栓紧固加密封圈的形式，增强了盒体的密封性。

**4. "10kV 针式复合绝缘子 + 工程抱箍"组合**

OPGW 引下光缆采用"10kV 针式复合绝缘子 + 工程抱箍"组合紧固件，根据需要选择两端端部的连接方式。光缆引下时保证顺直，如遇杆塔构架连接处，可在法兰盘或横梁平台处采用卡式绝缘紧固件固定，保证引下缆与杆塔构架任何金属部分间距不小于 100mm。

**5. 非金属缆叉新型余缆架**

非金属余缆架叉盘模块采用玻纤增强复合树脂材料，将余缆架、接头盒和接地开关集成为一体，余缆架与杆塔构架间采用镀锌抱箍进行固定，安装在离地 2~2.55m 处，方便人员安装和操作。余缆固定使用限缆栓，替代铁丝和不锈钢带的捆绑功能。OPGW 末端应通过接地开关与变电站接地网连接，正常运行时接地开关闭合，保证可靠接地；需测量变电站接地网电阻时将接地开关断开。

**6. 导引护管专用封堵盒**

导引护管口密封装置采用哈弗式结构，它由工程塑料（ABS 材料）壳体 + 硅胶密封内衬等组成。该产品密封性、绝缘性、阻燃性、耐候性优良。可以满足各种尺寸管口的防水封堵。

## 三、创新点

（1）稳定可靠性。在接头盒光缆进口采用了多金属钢管结构机械密封件；接头盒盒体密封由传统的钢带紧锁的形式优化为八边形螺栓紧固加密封圈的形式；盘纤盒采用有弹性的 PE 材质开槽加装盖板的形式。

（2）芯数增容方面。增加盘纤盒数量、扩大盘纤盒体积；设计了盘纤盒布置方案，并经过两次设计迭代，由 1.0 版本的三角形布置方案改善至更便于后期运维的 T 形结构布置方案。

（3）采用 10kV 针式复合绝缘子与抱箍作为 OPGW 引下缆紧固件，适用寿命长，固定更牢固，绝缘距离安全可靠。

（4）采用非金属余缆叉盘及限缆栓对余缆进行盘缆固定，替代铁丝和不锈钢带的捆绑功能，固定更加可靠并且可以有效减少匝间电腐蚀。

（5）OPGW 末端应通过接地开关与变电站接地网连接，正常运行时接地开关闭合，保证可靠接地；需测量变电站接地网电阻时将接地开关断开。

## 四、应用效果

**1. 成果推广应用及转化情况**

大芯数 OPGW 接续装置已通过中国电力科学研究院有限公司等第三方检测，将在白鹤滩—浙江 ±800kV 特高压直流输电工程等工程中示范应用。站内一体式余缆架等防雷接地装置在国网十几个省多处变电站已投入使用，电压等级从 110～1000kV 均有试点应用，效果显著。

2. 应用前景展望

应用场景为各电压等级输电线路及变电站，通过统一并精益化工艺，实现运维质效的显著提升，并补充和完善国内 OPGW 光缆施工安装工艺标准。

3. 成果价值

本装置的运用，一方面可以解决接头盒芯数增容、密封不严密、纤芯固定不稳定问题，另一方面可以解决站内 OPGW 引下缆因接地、固定不可靠造成的断股、脱缆问题以及导引护管封堵不严密造成光缆断纤故障问题。

# 普通架空光缆防鼠害外破装置

**完成单位** 国网安徽省电力有限公司铜陵供电公司

**主要参与人** 陈秀国 樊欣欣 王韬 佘世洲 胡业红 汪建 徐斌 王建宾

## 一、背景

电力光缆是电网运行数据的"高速公路"，承载着线路继电保护信号、安全控制、自动化、调度数据网等电网主要业务（见图1），一旦主干光缆出现双方向外破中断，造成后果不堪设想。

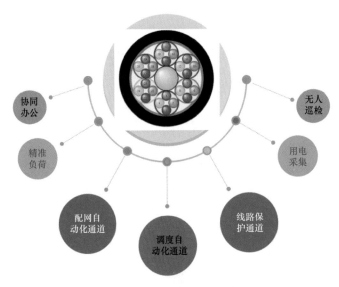

图1 通信光缆承载电网业务图

我国丘陵地区的电力光缆多位于山林茂盛的地区，极易遭受鼠类动物的侵害造成光缆外破现象频繁发生（见图2），据不完全统计，每年因鼠害造成光缆的中断次数高达1600多起，占光缆故障总数的76%。对于电网行业来说，有效避免普通架空光缆免受鼠害侵咬，已成为电力线路安全运行的保障。

传统的普通架空光缆防外破方法有三种：①提升光缆挂点，受到光缆上方高压电力线路电场强度长期影响，光缆表面极易产生电腐蚀，加剧光缆外破故障的发生；②清理光缆沿线树障，这将破坏了沿线的生态植被环境；③采用物理防外破方法，即在光缆的本体上引入金属铠甲外套，远距离敷设时由于铠甲光缆较重，对架空光缆杆塔自身的承受力带来严峻考验，而且对光缆防鼠的安装带来不便。

图2　丘陵地区普通架空光缆鼠害图

为此研发了两款适用于不同场景的架空光缆防鼠装置，在很大程度上避免了普通架空光缆免受鼠害侵咬。

## 二、主要做法

丘陵地区普通非金属架空光缆主要应用在两种场景，一种是随一次电力线路同步架设，架空光缆主要承载在电力铁塔上；另一种主要是电力通信运维部门根据电网需求自身架设的光缆线路，主要承载在通信专用铁塔上。

针对以上两种情景，分别设计了两种不同的架空光缆防鼠装置，以满足不同应用场景的多元化需求。

### 1. 电力铁塔笼式防鼠装置

电力铁塔笼式防鼠装置的骨架采用0.25%的碳素钢低温萃取工艺（具有防腐蚀、轻盈的特点）并以镀锌刀片刺网为原材料（刀片刺网通常用于特种防护隔离用途）。设计一种具有双螺旋结构、形变伸缩功能的防鼠腔体机构，可以实现360°防鼠无死角，其结构如图3所示。

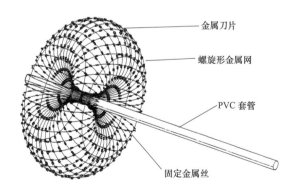

金属刀片

螺旋形金属网

PVC套管

固定金属丝

图3　笼式防鼠装置结构

2. ADSS 专用塔组合式矩阵防鼠平台

　　丘陵地区电力铁塔之间的档距较大，ADSS 光缆拉力在不满足档距要求的情况下，通常会搭建锥形结构的专用塔作为光缆敷设的受力点，由于承载 ADSS 光缆的专用塔往往比较矮小，很容易遭受鼠类动物的侵害，为此可以在距离锥形塔塔尖 1~2m 处组建矩阵式防鼠平台（见图4），防鼠平台采用长短矩形交叉重叠构成，主框架采用不锈钢丝网组成长矩形方阵，靠近塔身的两侧采用短矩形矩阵组成细网孔，塔心的位置采用柱件小网组成网孔密集型矩阵，整体骨架上采用均匀分布的电镀锌，当热镀的锌层厚度大于 250g/m 时，能够增加其抗腐蚀能力、柔韧性与弹性，削弱风、雪、雨、冰的外界极端天气对光缆的影响。

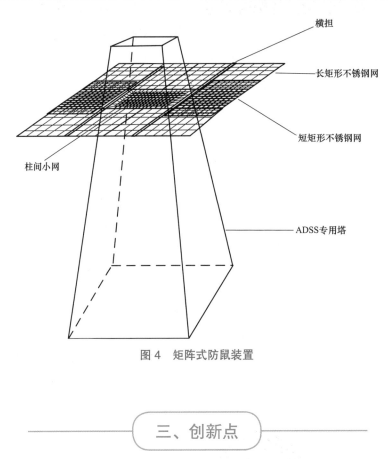

横担

长矩形不锈钢网

短矩形不锈钢网

柱间小网

ADSS专用塔

图 4　矩阵式防鼠装置

## 三、创新点

　　本技术发明所研发的两种防鼠装置均具有成本低廉、安装方便等优势，可以应用于丘陵地区架空光缆的不同敷设场景，使用时只需要安装在电力杆塔两侧，便可轻松阻断松鼠等锯齿类动物对光缆的侵害，克服了传统依赖人工"守线待鼠"的局限性，填补了国内丘陵地区普通架空光缆防鼠技术空白，解决了普通架空光缆领域的防鼠难题，并荣获 2021 年度安徽省优秀专利奖。

　　相比传统的防鼠害外破方法而言，本技术发明装置的应用改变了传统的防鼠运维模式。不需要过度提高挂点，避免了电力通信光缆易受高压电路电腐蚀的风险，同时又无需过度破坏架空光缆沿线的生态植被，保障了沿线植被的持续生长，由于研制的防鼠网轻盈便携，这对光缆防鼠安装施工减轻了压力，提高了防鼠工程的效率，并且防鼠网的研发成本极低，这有利于防鼠网的大规模普及，适应市场日益增长的需求。

## 四、应用效果

本技术发明所研发的防鼠害外破保护装置，适用于包括 ADSS 光缆、普通光缆以及其他非金属铠甲的光缆等高空防鼠的场合。

### 1. 实施应用成效

自应用 5 年以来，累计安装装置 786 套，防鼠害外破装置已先后在芜湖、宣城、安庆等地区成功"上线"（见图 5 和图 6），应用行业涉及电力、电信等诸多领域。为了进一步推动产学研相结合，铜陵电力通信部门深入多家企业开展合作，并与相关高等院校开展建模，共同推进防鼠装置推广。

(a)                                   (b)

图 5　电力铁塔笼式防鼠装置实施效果图

（a）通信铁塔防鼠装置应用图；（b）电力铁塔防鼠装置应用图

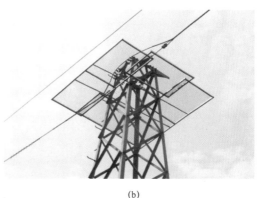

(a)                                   (b)

图 6　ADSS 专用塔组合式防鼠装置效果图

（a）专用塔防鼠装置组合图；（b）专用塔防鼠平台应用图

2. 实施经济成效

自防鼠害外破装置实施应用以来，其经济成效显著，主要体现在以下两个方面：

（1）人力投入的节省。铜陵供电公司在定期巡视管理模式下全年需 2190 个人工日，开展状态巡视之后需 730 个工日，节省了 1/3 人力和财力成本。

（2）规避的风险损失。安装架空光缆防鼠网后，铜陵地区境内由于鼠害造成的光缆保护线路中断率 2018 年为从 6 次 / 年降到 0 次 / 年、2019 年从 9 次 / 年降为 1 次 / 年，截止到 2020 年 9 月，从 10 次 / 年降为 0 次 / 年。

此外避免了通信中断保护无法动作所造成的人员、设备所受损失，隐形经济效果甚至无法估量。

# 高寒区域光缆接头盒

**完成单位** 国网东北分部调度控制中心

**主要参与人** 王晓峰 安 宁 罗 真 张之栋

## 一、背景

随着我国光通信网络的快速发展,光纤光缆及其附件的种类越来越多。根据光缆种类的不同,目前的光缆接头盒分为室外光缆接头盒、OPGW光缆接头盒、浅海光缆接头盒及微型光缆接头盒等。随着光缆种类的增加,还将出现更多与新型光缆相适应的接头盒。目前电力系统线路上使用的多为OPGW光缆接头盒,即为把光纤放置在架空高压输电线的地线中,用以构成输电线路上的光纤通信网,这种结构形式兼具地线与通信双重功能。在OPGW光缆接头盒中容易出现冷凝水,进而导致OPGW光缆接头盒内部空气湿度增大,影响光缆的传输效果。另外,现有的24芯光缆在光纤熔接盒上是堆叠式结构,拆装及维护都需要将外层12芯单元拆下,在拆装维修时很不方便,拆卸过程中有可能造成纤芯断裂,从而影响业务。东北地处高寒地区,光缆接头盒冬季密封易被损坏导致,使得光缆纤芯受损,致使通信电路故障。

多年以来,每到二三月份,东北区域内OPGW光缆接头盒经常出现进水结冰光缆受损、业务中断现象,给电网安全稳定生产带来安全隐患。为了克服上述问题,对现有OPGW光缆接头盒做了深入研究,设计出一种能够解决上述问题的新的OPGW光缆接头盒。

## 二、主要做法

首先选择适合的500kV变电站安装试验用接头盒及温湿度测试装置,进行现场环境测试,记录OPWG光缆接头盒在冬季温度湿度昼夜温差等气象资料,统计分析易发生光缆接头盒进水结冰的气象条件,并根据测试结果进行分析提出接头盒结构修改方案,组织人员设计、生产,改进后接头盒,并将改进后接头盒小面积试用,根据试用结果对光缆接头盒进水结冰现象进行总结分析。

新型 OPGW 光缆接头盒（见图 1）包括接头盒主体，接头盒主体底部开设通孔，在通孔下方设置有外接干燥盒；外接干燥盒中盛装有干燥剂；当干燥剂吸收水分后会变色，能够通过外接干燥盒透明观察窗直接观测到干燥剂是否失效，从而便于检修作业。另外，还在所述接头盒主体内部设置有一对光纤熔接盒，用以在每个光纤熔接盒上承载光缆的一半线芯，进而在检修维护其中一半线芯时，另一半线芯能够正常工作。

图 1　新型 OPGW 光缆接头盒示意图

---

三、创新点

1. 新增可视化观察窗口

改造后第一代实验新增玻璃试管型观察窗，观察窗内放置吸水变蓝的干燥剂。通过望远镜观察可判断接头盒内湿度情况，干燥剂完全透明时进行更换。

2. 优化结构提升精准度

第一代设计为玻璃透明观察窗旋转式可拆卸结构。试验中发现密封性能不佳，材料加工难度大，材质达不到强度等问题，在原有的基础上，开发出第二代产品，第二代吸湿器型产品增加底部倾角并对密封胶圈进行升级改良，设计为外部不锈钢螺丝固定方式，固定强度达到设计要求，材质抗老化性能优良。

3. 独立熔接盒保障业务安全

老式光纤布纤 24 芯为堆叠式结构，拆装及维护需将外层 12 芯单元拆下，可能造成纤芯断裂而影响业务。新式为 12 芯独立式熔接盒，故障时可只针对 12 芯进操作，同时保证另外 12 芯光缆的稳定使用。

## 四、应用效果

　　该项成果符合国家关于技术规定，适用于东北电网电力特种光缆的连接保护，适用于架空杆、塔。该项成果的使用能够减少东北区域因光缆故障导致继电保护、安全稳定装置退出运行的现象发生，提高电网运行安全稳定性。同时可推广应用到中国北方其他网省级电力系统。目前，本项目在共获得奖项 4 个，获得专利 2 个。新型 OPGW 光缆接头盒已在内蒙古自治区、黑龙江省等地小规模推广应用，效果显著。

# 新型蓄电池测试仪器采集线

**完 成 单 位**　国网冀北电力有限公司秦皇岛供电公司

**主要参与人**　王云逸　刘立岭　周庆波　徐广超　蔡立坤

## 一、背景

蓄电池充放电测试是通信专业的常规检修工作之一，检修班组每年需要开展几十乃至上百次测试工作。目前，在蓄电池充放电测试工作中，一般使用 25 芯采集线，通过鳄鱼夹夹在蓄电池正极或负极极柱上，并汇集接入仪器。实际工作中，存在以下问题：部分蓄电池组安装空间狭小，检修人员不便操作鳄鱼夹；一些蓄电池极柱螺栓规格较大，鳄鱼夹需要张开到极限才可夹住，增加了工作难度，而且鳄鱼夹长时间处于过度张开状态，容易产生金属疲劳，降低使用寿命；采集线间极易互相缠绕，使用前需要先一一解开再识别编号，工作效率较低；绷紧的鳄鱼夹与螺栓连接不牢固、易脱离，可能导致测试异常中止，且存在一定的安全风险。

为解决以上问题，小组使用永磁体替代鳄鱼夹提供可靠连接，开发出一款新型蓄电池测试仪器采集线，有效解决了蓄电池充放电测试过程中存在的操作不便、效率较低、连接不可靠和采集线使用寿命过短等问题。

## 二、主要做法

以钕铁硼为代表的永磁体具有较强的磁性，两块永磁体可以在 2cm 甚至更远的距离发生作用。若将两块永磁体放置在蓄电池极柱的六边形螺栓两侧，异性相对，二者便会借助磁力牢牢夹紧。

根据上述原理，新型蓄电池测试仪器采集线利用永磁体之间的磁力替代鳄鱼夹张开后施加的压力，其中一块永磁体内侧粘接铜片，使采集线末端与蓄电池极柱螺栓可靠接触。其主体是由两块长方体永磁体组成的复合装置，其中一块永磁体粘接一片铜片，铜片与采集线焊接。

小组制作了一套 25 个接头的新型蓄电池测试仪器采集线，并将其应用在蓄电池充放电测试工作中。蓄电池组由 1~24 节蓄电池组成，对应标号依次为 1~24 号。测试过程中，前 24 根采集线分别与 1~24 号蓄电池正极固定，第 25 根采集线与 24 号蓄电池负极固定。

本成果在蓄电池充放电测试工作中的实际应用如图 1 所示。

图 1　新型蓄电池测试仪器采集线实际工作应用图

工作结束后，将各采集线的接头按编号顺序依次吸合在一起，再进行收纳，可有效避免采集线互相缠绕；在下次工作时同样按顺序逐个取用，无需梳理采集线编号，大大提升工作效率。本成果收纳后如图 2 所示。

图 2　新型蓄电池测试仪器采集线收纳效果图

三、创新点

（1）在思路上，使用永磁体的磁力替代鳄鱼夹的压力。永磁体及铜片不易损耗，大大提升了采集线的使用寿命；永磁体靠近即可产生磁力作用，不需要人力开合；磁力均匀作用于螺栓侧面，接头不会出现因受力面小、受力不均而脱离接触的情况。

（2）在设计上，使用了永磁体与铜片的有机组合。永磁体具有磁力，但是导电性较差；铜片具有良好的导电性，但是自身无法与极柱可靠连接。将二者组合成一个整体，由此满足了采集线的功能需求。

（3）在应用上，结合现场实际情况变通使用方法。大多数蓄电池极柱不含铁或者含铁量较低，需要永磁体 A 和永磁体 B 组合使用，通过两者间的磁力固定接头；部分蓄电池极柱含铁，只需要永磁体 B 直接吸附在极柱螺栓上，即可完成连接；测试工作结束后，可将各接头按编号顺序吸合在一起，整齐收纳，为下次工作做好铺垫。

四、应用效果

1. 应用成效

目前，本成果已经投入到通信蓄电池充放电实际工作中，应用效果良好。体现在以下方面：

（1）工作效率显著提高。已在 6 组蓄电池充放电测试工作中进行了应用，将采集线与极柱连接操作平均用时从 25min 缩短至 10min。

（2）使用成本有效降低。主要使用永磁体和铜片制作，成本低廉，且避免了老式采集线由于更换损坏的鳄鱼夹而产生的额外成本。

（3）工作状态可靠。磁力作用稳定，接触面受力均匀，使用中未出现采集中断或接触脱离的情况，工作目标完成率 100%。

2. 成果价值

经济效益方面，本成果低成本、无损耗，有效降低了蓄电池充放电测试工作的物料成本；通过缩减工作时间、降低工作强度，单次测试工作可减少使用 1 名工作班成员，对人力成本控制也有积极的作用。

社会效益方面，本成果的应用提高了通信蓄电池监视、测试工作的可靠性和有效性，从而提高了通信蓄电池运行维护工作整体效能，对电力通信网络稳定可靠运行提供了有力支撑。

# 线缆插卡式标签装置

**完成单位** 国网湖南省电力有限公司湘西供电分公司

**主要参与人** 章　娜　伍小平　周　舟　章　理　肖世锋　包　飞　赵　云　罗博园
闫成超　侯丽娟　彭　英　符亚欣

## 一、背景

随着各种通信线路的复杂程度越来越高，在运行机房中或一个线路系统中有着数量众多的线缆。现行的线缆标识标准为维护安装提供了简易的识别标识，但在现场运维过程中，发现目前的线缆标识存在以下两个问题。

（1）野外线缆腐蚀严重。现有线缆标识在经沟道、竖井穿插或管道地埋建设时没有考虑防腐防锈问题，经日晒雨淋，已变得模糊不清。造成线缆标识不易辨识、不完整或缺失，为运维工作带来了诸多不便。

（2）站内线缆标识不一。站内线缆标识有缠裹标识、PVC套管标识、标签标识等，标识各式各样，参差不齐，在检修时标识脱落、丢失的现象时有发生。遇到多根线缆已经固定在一起，更换标签的难度会大大增加，存在造成线缆中断的风险。

因此要改变现有的技术和工艺，从标签标识的便捷性、持久性等方面，对标签标识加以规范和统一，确保标签标识工作的齐全准确无误。

## 二、主要做法

通过标识标签管理流程的制定及标签标识的改进，进一步规范了标识标签管理，为检修运行人员的日常维护和异常事故处理提供保证。通过标识装置的功能优化，避免因标识缺失造成误动误碰运行设备，引起业务中断，大大缩短了故障应急处置时间，满足设备安全运行要求。

### 1. 规范标识管理流程

为了避免以往工作现场容易出现较多的临时标识或者无标识情况，制定《资源异动管理规定》，完善《资源异动管控流程图》及《标识管理规范化流程图》，严格按照流程图的各个流程环节执行闭环管理，建立设备档案库。

2. 创新标识装置设计

完善线缆标识标准及工艺标准，创新使用了插卡式标识装置。筛选确定采用 PA6+ 玻纤材料注塑成形，采用卡扣方式，可以快捷卡到不同线径的线缆上，并具有拉力，使其不脱落。在标识装置设有标签卡，可以便捷地插入和取出标识卡，方便更换标识卡。并根据不同电压等级来规范标识牌的颜色，使其醒目、直观。

## 三、创新点

解决了现有标识施工难度大、更换不方便、标识不醒目、防腐性能差等问题。

（1）运维更快捷，更换更安全。插卡式标识装置采用卡扣方式，能够快捷地卡到不同线径的线缆上，解决在机柜底部、地下通道等狭窄空间施工的便捷问题。同时设有标签卡，可以便捷地插入和取出标识卡，如图 1 所示。

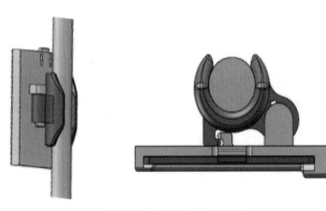

图 1　插卡式标识装置 3D 效果图

（2）警示更醒目，工艺更美观。插卡式标识装置设计了三个方面的功能优化：

1）完成施工后，当有很多线缆在一起时，相邻标识牌之间有很大程度的重叠是传统标识牌很难避免的问题，这对快速查找和辨识标识牌内容增加了工作量，改变标识牌的排列角度能减少标识牌的重叠部分。插卡式装置使用后可设置翻转角度，解决相邻标识牌重叠问题，工艺上更美观，达到最佳视觉效果。

2）标识装置设有标签卡功能，可以便捷地插入和取出标识卡，传统标识卡的更换是将原来的剪除，如果遇到多根线缆已经固定在一起，二次作业的难度会大大增加，且易造成线缆中断的风险。现有标识卡座无需更换，只需抽出原有的标识牌，把新标识牌插入即可，很大程度节省了作业时间。

3）标识装置可以采用不同颜色，定制标准化规范线缆规格，使其醒目、直观，标识卡字体打印采用现有的标签打印机打印即可，如图 2 所示。

图 2　插卡式标识装置实物图

（3）材质更可靠，使用更长久。插卡式标识装置材质充分考虑了不同的运行环境，甄选采用了 PA6+ 玻纤材料注塑成形，采用卡扣方式，快捷地卡到不同线径的线缆上，使其不脱落，并具有拉力，使用寿命长，可以二次使用，便于追溯线缆路径、规格、铺设年限等。

四、应用效果

目前该装置在国网湘西供电公司广泛应用，并取得了良好效果。

1. 成果推广应用及转化情况

通过该成果的实施，不仅规范化标识管理，大大提升了应急处置的效率。经过测算，应急故障处置从 115min 缩短至 25min，大大缩短了故障处理时间，提高了运维效率，如表 1 所示。

表 1　　　　　　　　　　　应急处置流程时间统计表

| 序号 | 工序 | 现有标识所耗时间（min） | 插卡式标识装置所耗时间（min） |
|---|---|---|---|
| 1 | 无标识，需重新核对现场运行情况 | 60 | 0 |
| 2 | 故障点查找确认 | 30 | 10 |
| 3 | 信息汇报、通知抢修人员 | 5 | 5 |
| 4 | 方式迂回 | 20 | 10 |
| | 应急处置总时间 | 115 | 25 |

2. 应用前景展望

线缆标识是现场安装及之后维护时使用的一种识别标识，主要是为了保证安装时的条理化、正确化及以后维护检查时的方便，通过本次规范标识标签，缩短故障应急处置时间的活动研究，并应用于通信运维工作中，避免因标识缺失造成误动误碰运行设备，引起业务中断，造成通信系统停运及影响电网生产的事件，降低了故障应急处置的时间。

3. 成果价值

在经济效益方面，现有标识牌在材质、工艺、环保以及标识内容不规范等因素造成可靠性低，标识规范的不统一，也会造成成本居高不下，不同的工艺使用不同的标识标准，增加了现有工艺标准下的标识及与之配套的耗材的需求，因此在材料方面成本也随之增加。通过规范标识标签，缩短故障应急处置时间，完善和统一线缆标识标准及工艺标准可以节省多道工序，降低了人力成本，同时可以降低材料成本，提高了工作效率，经济效益明显。

在社会效益方面，规范标识标签，缩短故障应急处置时间，在通信生产中涉及安全生产的无标识的线缆，针对突出问题和薄弱环节，开展隐患排查治理专项行动，通过规范的标识管理，建立设备台账库，提高突发事件应急处置能力，保证应急通信指挥调度工作迅速、高效、有序地进行，满足突发情况下通信保障和恢复的工作需要，确保通信业务的安全可靠，促进通信专业安全生产形势稳步提升，为实现全年安全生产目标提供了保障。

方法和装置类

# 电力 5G 切片可编程网关

完成单位　国网北京市电力公司
主要参与人　温明时　赵广怀　郝佳恺　海天翔　金　明

## 一、背景

随着我国能源互联网的建设发展，电网的数字化转型已经成为不可逆转的发展趋势，对电力业务的需求呈现爆发式增长，原有的以光纤为主的电力通信专网已经不能满足能源互联网的发展需求。5G 超高带宽、超低时延、超大连接的特性以及网络切片等技术特点可以满足电网业务的安全性、可靠性和灵活性需求，与能源互联网业务需求有天然的契合性。因此，电网业务与 5G 融合发展已经成为能源互联网建设的迫切需求。截至 2019 年，覆盖接入智能电表等各类终端 5.4 亿台（套），接入充电桩超过 28 万余个，这些装置已经具有了各类通信模块，全部进行 5G 化改造，无论在时间上还是在成本上都是难以承受的。因此，需要研制一种 5G 接入设备，该设备需具有适配现有大多数电力终端设备接口、支持电网侧 +5G 公网侧的端到端切片能力、且满足可编程、远程可管理的要求、能够实现电力设备快速的 5G 化接入、降低 5G 接入改造成本的要求。

为此，国网北京市电力公司自主研发"电力 5G 切片可编程网关"，实现上述要求，以满足能源互联网建设快速发展的需要，推动 5G 产业链建设。

## 二、主要做法

国网北京市电力公司自主研发支持切片的网关，具有双物理 SIM 卡的 5G 接入，支持 485、232、LAN、WAN、USB、Zigbee、WIFI 等多种类型接口具有边缘计算能力，可满足大部分电力业务终端接入需求，并支持 5G 软切片配置，可实现安全隔离。

每个网关可以至少连接 36 个业务终端（有线方式 4 个，无线方式至少 32 个），支持至少 64 路业务，具有独立切片能力，实现了不同电力业务的综合安全接入，相对其他 5G 网关，成本降低 70%，相对所有电力终端的 5G 化改造，成本减低 99% 以上。

总体上，终端采用 SDN 体系架构和资源虚拟化能力开放平台，实现基于多业务切片式安全可信接入终端体系结构，支持通信接入能力、边缘计算能力、安全策略动态配置等功能，技术设计思路如图 1 所示。

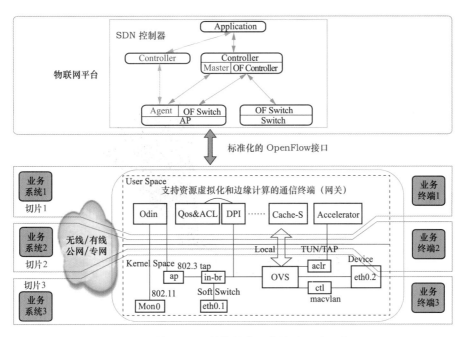

图 1　基于 SDN 的软件虚拟化终端设计思路

利用虚拟化技术在多业务终端通过 5G 进行泛在接入下实现逻辑上的隔离，基于终端、虚拟 5G 接入点、VLAN 的不同对应关系形成网络切片，切片间相互隔离。同一物理 5G 通信终端上可虚拟出多个接入点，不同的业务终端可以接入不同的虚拟接入点。虚拟接入点之间可以任意组合，形成逻辑服务链，共同提供业务接入能力。

终端针对多业务切片式隔离逻辑隔离技术，主要采用：物理隔离和逻辑隔离两种方式。物理隔离是指不同业务占用不同信道或不同的网络通道，提供多业务切片式业务隔离能力。逻辑隔离是多种业务共享同一信道或同一网络通道，主要采用两种方式：采用时分频分空分多址复用 5G 无线信道方式，呈现不同的 MAC/VLAN。终端根据业务类型进行切片式隔离，切片内基于可信网络连接，在终端接入过程中，当终端发出访问请求后，需对其进行身份认证和平台完整性度量，当终端满足网络预设的安全策略时被允许接入，否则被进制接入或进行隔离修复。同时可针对能源互联网 5G 通信终端配置端到端安全控制策略，例如阻隔策略，即当发生异常时，则阻断对应切片，保护其他业务切片不受影响，不同切片可部署不同网络功能和安全服务，隔离不同终端在网络上的资源，通过访问权限的控制，更好的保证不同业务的安全性和终端业务的安全性。

在硬件方面，设备具有支持485、232、LAN、WAN、USB、Zigbee、WIFI等多种类型接口具有边缘计算能力，采用工业级应用的模组，在 –40 ～ +85℃范围内正常工作。整机在 –40 ～ +55℃范围内正常工作。经受随机震动、冲击、盐雾及沙尘环境。

<hr>

## 四、应用效果

电力5G切片可编辑网关（见图2）研制成功后，开展了多项电力业务融合测试，包括DTU、TTU、虚拟量测平台、巡检机器人、安防机器人等。

图2　电力5G切片可编辑网关

电力5G切片可编辑网关是可在全行业极具实用价值和产品转化的创新产品，通过产品的产业化推广销售获得经济收益。这项产品可以极大地提升电力终端接入5G网络的速度，彻底解决了存量电力终端接入5G网络的问题。为5G网络与电力通信专网融合推进奠定了终端侧基础，充分响应了能源互联网终端海量、高速、安全接入的业务需求。切片功能为电力业务实现5G端到端切片提供了有力支撑，为电力行业的5G全连接工厂的实现打下基础。避免了电力终端的通信模块的全面5G化改造，节省了大量的改造资金。

本项产品不仅能满足电力行业的业务5G化网络化改造需求，也能满足铁路、广电、石油、银行等有通信专网的行业需求，具有全面推广应用价值。

# 基于人工智能的电源表计监控装置

完 成 单 位　国网上海市电力公司信息通信公司
主要参与人　陈毅龙　夏仕俊　肖云杰　邱继芸　郭　苏

## 一、背景

　　随着智能电网建设速度的不断增快，高速、大容量业务需求的不断增多，通信系统在电网建设中的地位越来越重要。而通信电源作为通信系统的心脏，直接影响着电网的安全稳定运行。

　　目前由于通信站和通信机房的数量多、地理分布分散，更广泛地采用无人值守模式，亟需丰富的通信电源监控手段，以确保提高电源系统运行管理的高可靠性，提升生产运行人员在日常巡视、隐患预防，故障识别、分析和修复等方面的能力。而传统的电源监控技术存在以下主要问题：

　　（1）在支线通信光缆中断或单点设备故障时，难以准确判断电源的故障点。现有通信电源告警信息均采用"站内子站系统—电力骨干传输网—电力通信光缆—主站服务器监控平台"的模式，然而在支线接入的通信站光缆中断或单点设备故障时，由于全站无任何通信信息可以送出，无法第一时间判断是光缆故障、通信设备故障还是电源故障。

　　（2）告警信号存在误报、漏报的可能，无法验证真实性。传统的电源监控系统中，时有因为系统、传感器、采集器、外界环境等因素引起系统对电源发出误报、漏报的情况，运维人员无法对报警信息真实性进行核对，基本上每次告警信号发出后，运维人员都首先赶往现场核实，凭借经验预先准备备件，严重浪费了人力、物力资源，降低了工作效率。

## 二、主要做法

　　创新地将人工智能、物联网和移动互联等技术融合，设计了一种电源表计监控产品，在核心通信站内可以作为原有通信电源监控技术的补充，在一般通信站内可以简单部署作为监控手段。

　　（1）硬件方面。采用微型电脑主板，外接摄像头模块、电源模块。摄像头采用 CSI 接口，通过通信直流电源供电，并支持 POE 接口供电方式（见图 1）。网络采用 4G 模块，配置小规模锂电池后备供电。同时设计了活动支架，将表计监控设备作为机柜的一个重要组成部分，支架导管可伸缩旋转，便于摄像头取景范围调整，设备安装后的效果图如图 2 所示。

 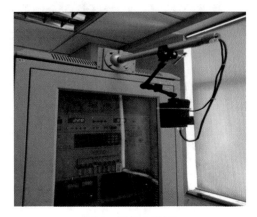

图 1　智能电源监控设备图　　　　图 2　设备安装图

（2）软件系统方面。采用了谷歌的开源平台 tensorflow 框架上搭建卷积神经网络模型，用于进行手写和表计数字的识别，包含以下五大模块：

1）图像采集模块，通过外接摄像头采集视频数据，并周期性提取图像数据。

2）图像处理模块，对提取的数据帧图像进行灰度、二值化、去噪、分割、旋转等基本图像处理。

3）图像分析模块，通过卷积神经网络构建数字图像识别模型，对图像处理模块后的图像进行预测处理。

4）告警模块，对识别的数字信息按照既定告警规则输出告警信息。

5）通知模块，特定等级的告警信息，通过邮件、短信等形式点对点将告警信息及图片发送给相关管理人员。

## 三、创新点

（1）谷歌的 tensorflow 框架为目前最广泛使用的人工智能架构，并且在不断演进，除表计读数外，后续通过简单的开发工作，可以实现红外照片识别、液体流动识别等高级应用。

（2）随着 ARM 架构在功耗和稳定性上优势的体现，类似树莓派的硬件产品层出不穷，为后续采用更廉价、更多功能硬件产品选择提供可能性。

（3）无误告警的风险。当监控人员收到告警数值后，可以调取现场图片，第一时间进行简单判断。

（4）简易支架设计很好地与现有机柜整合，有效支撑了电源监控装置的安装及推广。

（5）通信电源专业与外部专业在开展沟通协调的过程中，有实时照片作为依据。

1.实用效果

电源智能监控设备直接拍摄通信电源屏的显示读数,并且通过人工智能技术分析为数值型,将照片、数字和时间保存,正常状态下定时发送至运维人员手机,在发生异常时,直接推送告警,并附加现场照片和表计数字。处于电网安全防护的底层位置,即在发生全站停电、出站光缆全断、通信电源故障时,还能发送最后的现场图像信息,以便生产运行和抢修人员做好充分应对的准备工作。图3为通信电源故障及恢复后的告警通知,识别数字与现场照片一致。

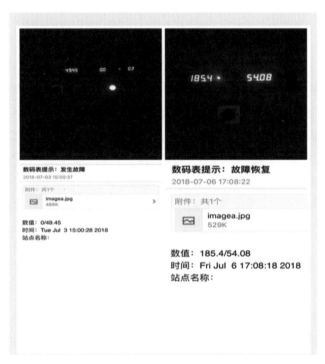

图3　故障与恢复监控告警图

2.经济效果

目前智能电源表计监控产品已在26个核心站点完成部署,运行期间发现电源故障5次,在实现100%辅助识别判断的基础上,提早完成故障的判断。采用低价质优的硬件产品,节约成本66.6%,大大降低了动环监控建设成本,该智能产品可大规模部署。

# 保护专网运行方式智能管理

**完成单位** 国网江苏省电力有限公司苏州供电分公司

**主要参与人** 潘裕庆 程晓翀 褚 鸣 周 堃 姜 彤

## 一、背景

电网 220kV 线路一般设置两套光纤差动保护装置，每套保护装置具有主、备两个传输通道进行信号传输。这四条传输通道原先均承载于站点间的一条或两条直达光缆上。为进一步提高继电保护信号传输的可靠性，我们建设了保护专用 SDH 传输网（下文简称保护专网），用于为 220kV 线路继电保护装置提供绕开直达光缆的迂回传输通道，进一步丰富保护装置的传输路由。由于保护专网是网状传输网，可提供多种迂回路由，因此保护通道信息的准确整理与汇总，为后续检修工作提供必需的业务信息，并直接影响继电保护装置的可靠运行。目前这些信息登记在传输网管上，台账资料一般使用 Excel 等进行登记汇总。此种方式在查询时不仅耗时费力，还容易出现遗漏或者信息错误等问题，这给检修工作带来了很大的困难，也存在着隐患。

目前检修工作存在以下 3 个问题：

（1）光缆检修时，需要准确获取此光缆上承载的所有业务，从而确定检修工作的业务影响范围。光缆上承载的继电保护业务关系着输电线路的安全运行，在检修前必须清楚准确获取被检修光缆上承载的继电保护业务信息，从而及时采取相应措施，保证继电保护通道可靠运行。在获取光缆上承载的保护通道信息时，一般只能查询到直接承载于光缆的保护 A 通道信息，却无法直接查询保护专网光路中承载的保护 B 通道信息。保护 B 通道信息因通过传输网逻辑链路传输，无法与物理光缆实现直接映射关系，必须进一步查询专业网管才能获得，效率较低，难以快速准确地获得业务影响范围。

（2）保护专网上承载的保护通道的路由并非直达，而是采用迂回路由，以保证保护装置双通道的运行可靠性。而一般在光缆上查询到继电保护 A 通道业务信息时，无法同时获取该保护装置承载于保护专网设备的保护 B 通道的路由信息。这些信息仍然需要进一步查询传输网管才能获取，耗时较长且容易出错。

（3）保护专网承载的保护通道新增或变更时，需要预先规划通道路由并制定通道运行方式单。而规划通道路由后，还需对所经的保护专网主备用光路所在的光缆进行逐一查询，并按照方式单的格式规范归一化光缆信息。此项工作所涉信息较多，且容易出错，查找耗时，效率较低。

---

## 二、主要做法

该保护专网运行方式管理模块针对以上问题，提供了相应的解决方案。

（1）针对光缆检修时难以快速查询业务影响范围的问题，我们在光纤资源管理软件中对继电保护业务进行模块化管理，通过软件对光纤资源使用情况和传输网资源使用情况的综合查询，实现了继电保护光纤通道业务和2M复用通道业务的快速查询，保证了查询结果的完整性和实时性。

（2）针对根据光缆上承载的保护A通道无法直接获取其B通道迂回路由的问题，保护专网运行方式管理模块中开发了"导出业务经过的光缆"功能，同样通过对光纤资源使用情况和传输网资源使用情况的综合查询，实现了保护B通道经过的光缆路由的完整、规范化展示，如图1所示。

图1 查询保护A（B）通道及相关的B（A）通道的完整路由

（3）针对保护通道路由规划及方式单制作效率较低的问题，保护专网运行方式管理模块中开发了"预方式规划"功能，通过简单选定路由途经的站点，便能利用特定算法实现保护

B 通道路由的快速规划及所经光缆标准化方式单的自动生成，如图 2 所示。

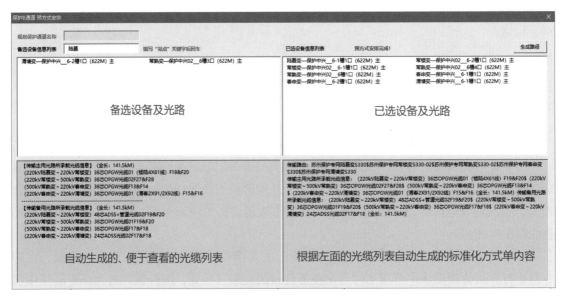

图 2　保护通道路由规划及方式单编制

光纤资源管理和传输网资源管理属于两个不同层级的资源信息管理。光纤资源管理是对光缆纤芯资源使用情况的管理，属于物理层面；传输网资源管理则是对传输网光路中承载的电路资源使用情况的管理，属于逻辑层面。这两个资源管理软件相互独立，之间并无严格的对应关系。

本次开发过程中对光纤资源管理软件中的光路信息与传输网资源管理软件中的光路信息进行了严格的关联。同时，通过开发特定算法，在读取物理（逻辑）层面信息的同时，联合查询相关的逻辑（物理）层面电路信息，从而实现了所有相关信息的一键式快速查询和展示。

1. 检修票编制

目前此软件已经应用于日常工作中。在检修工作开展前，填写检修票时，对于业务影响范围的查询更加方便快捷，并且不会出现遗漏现象。检修票编制的工作效率显著提高。经实际使用对比，平均每张检修票可以节约 10~15min。

## 2. 保护专网承载的保护 B 通道路由的查询

当光缆发生故障或计划检修，其承载的继电保护 A（B）通道受影响时，还需要快速了解这些保护 A（B）通道对应的 B（A）通道的光缆路由情况。使用软件开发的功能便可在实时数据中快速查询到此 A（B）通道对应的 B（A）通道的光缆路由，方便快速分析 B（A）通道是否有其他影响，从而保证检修工作顺利开展。使用软件查询所有相关的保护 B（A）通道的光缆信息，不超过 1min。

## 3. 路由规划及方式单

在规划保护 B 通道的迁回路由时，原先需要运方专职手动逐一查找保护专网光路所经光缆的信息，并按方式单标准格式进行填写。现在只需在预方式规划模块中选择相应的站点，便可快速生成方式单的标准格式以及途经的全部光缆信息。此项工作的效率明显得到了提高，平均每次规划路由及编制方式单时间可以节约 5~15min 不等。

# "小、快、灵"的定制化闭环监控电路

完 成 单 位　国家电网有限公司华北分部

主要参与人　张　维　冷中林　蔡立波　王宇鹏　何天玲　何冰洋　钟　睿　胡　满

## 一、背景

近几年，华北电网进入建设发展高峰期，交流特高压、张北柔性直流、新能源送出以及常规 500kV 网架高速发展，通信网络规模和业务承载量随之激增。而与此同时，华北二级骨干通信网络正进入整体转型改造的过渡期，网络正由以国外品牌设备为主改造为自主可控品牌设备，整个网络设备改造和业务切改将持续较长一段时期。

在这个网络整体转型的过渡期，通信系统的运行监视和风险管控是华北通信系统运行中的难点，而难点中首当其冲的就是通信调度值班员对全网运行情况的及时、准确的掌握。面对范围日益扩大的二级通信网和业务激增的通信业务，如何及时、有效地做好通信系统监控，是一个大的挑战，摆在面前的问题主要有：

（1）网络范围大，承载业务多，每日开展的检修工作、方式执行工作数量大，由检修原因、方式执行原因、业务侧原因等等产生的告警数量多，故障产生的告警有可能"淹没"其中，未被及时发现。

（2）华北区域保电任务频次多，保障区域和范围每次有所不同，如何有效开展针对性强的通信网络重点监控，将重点监控范围从整网监控中突显出来，是一个难点。

（3）现有的专业网管或综合网管无法在保障全网监控的同时，灵活定制某个或多个特定监控区域或进行特定监控区域的快速切换。

## 二、主要做法

### 1. 监控子区划分

将通信网管监控范围划分为若干个监控子区，每个监控子区各自规划一条闭环 2M 通道，如图 1 所示。确保各监控 2M 通道之间"不重不漏"，覆盖整个监控范围，尤其需要注意网络末端节点与其他外部网络互连的光路，确保监控范围覆盖"无死角"。

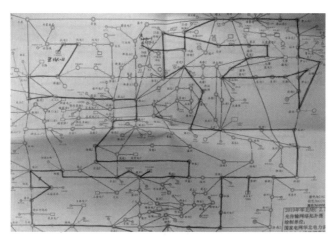

图 1　区域划分示意图

## 2.监控"落地"

每个闭环监控 2M 电路"落地点"均设置于分部本部传输设备 2M 板,与独立的声响告警器相连,声响告警器安装于通信调度值班室,通过不同指示灯的告警灯光显示和声响报警,如图 2 所示,迅速定位告警区域。

图 2　声光告警器

## 3.定制化监控

根据特殊保障范围,灵活定制监控电路覆盖的范围、路径,甚至是特定区段光路、设备等,在保障期内,重点关注该特定监控电路运行性能(告警、误码率等),切实做到有的放矢的重点监控。

## 三、创新点

提出一种针对性强、可灵活定制监控区域的网络告警监控新方法。例如周一需要针对极端雨雪天气加强北部区域网络监控,周二需要按照会议保障要求开展北京地区网络监控,或者同时需要开展多个区域的特巡,将其监控等级提升。这时即可应用此监控方法,即不需要对专业网管或综合网管进行二次开发,也可快速便捷的灵活切换重点监控区域,"聚焦"某个或多个重点监控区域的告警信息。

　　该成果目前应用于华北通信调度值班员网管监控，帮助值班员快速定位故障，尤其是重点保障区域的故障，及时开展故障处置。适用于以下两个场景。

　　场景1：应用于需要对大规模网络集中监控的值班场，通过有针对性的监控区域划分，实现故障区域快速定位。

　　场景2：实现"个性化"定制监控区域的设定，在各个特定保障时段，根据保障范围定制监控范围。

　　应用成果价值充分体现在了"小、快、灵"三个方面：

　　（1）"小"，也就是在经济效益方面。成本低，无需对专业网管或综合监控系统进行二次开发。

　　（2）"快"，也就是在工作效率方面。通过监控区域的合理划分和电路闭环管控，大大提升监控效率和应急响应速度。

　　（3）"灵"，也就是在社会效益方面。通过灵活定制监控电路的路径，来实现特殊保障范围的灵活高效监控：①解决了整体监控系统在重点保障工作期间针对性不强的问题；②可以有效适应重点保障工作频次高、保障范围变化大的特点。

# 便携式应急通信电源

完 成 单 位　国网山东省电力公司信息通信公司

主要参与人　朱国朋　吕新荃　朱尤祥　刘　磊　于秋生　魏永静

## 一、背景

随着运行年限增加，变电站内通信电源的运行可靠性逐年下降，运维过程中需做好应急抢修准备，容量不足或超过运行年限需更换改造。通信电源承载的继电保护接口装置负载为单电源供电，为避免通信电源更换改造、应急抢修时继电保护业务发生中断，需要一台临时电源带电并接至直流分配屏母排或直接承载继电保护接口装置负载。

若临时电源使用正式高频开关电源及蓄电池组，安装、拆卸需耗费大量人力物力，且现有机房空间难以满足安装条件，导致该类作业费时费力，且风险较高。故需要研制一种便携式应急通信电源，具备功率大、功能全、自带后备电池、可平滑接入和退出站内电源系统的功能，满足通信电源更换、应急抢修时作为临时电源的需求，且体积小、安装方便，能够大大提高检修效率。

## 二、主要做法

研制一种便携式应急通信电源，包括整流电源、后备蓄电池两部分，电源整流容量150A（3 个 50A 整流模块），配备 20 个直流输出空气开关，后备蓄电池容量 100Ah（磷酸铁锂电池），可实现与在运通信电源、直流分配屏间的平滑接入、退出。电源部分内置电源监控模块，支持本地或远程动环监控信息，蓄电池具有 2C 放电能力，支持防反灌、反接保护、短路保护、过电流过电压保护。

便携式应急通信电源能够实现负载在通信电源非常规时期的不间断正常运行，大幅提高通信电源更换、应急抢修效率。

（1）分体式结构，便于搬运。该便携式应急通信电源采用分体式结构，分为电源部分和蓄电池部分，如图1所示，两部分可通过四角的橡胶垫与凹槽堆叠放置，橡胶垫的形变一方面能够保证两部分组装的稳固性，另一方面能够缓冲两者组合时的撞击力。

图1　便携式应急通信电源分体式结构示意图

通过对机箱箱体材料进行对比选择，放弃传统冷轧钢板，采用铝合金板作为机壳材料，重量只有冷轧钢板的1/3，同时具有散热好、刚性优等特点。

整流电源部分重量20kg、蓄电池部分重量40kg，如图2所示。经实地测试，2名运维人员将两部分从1楼到搬运2楼并组装完成，总时间不足4min，能够为通信电源改造、应急抢修节省大量时间。

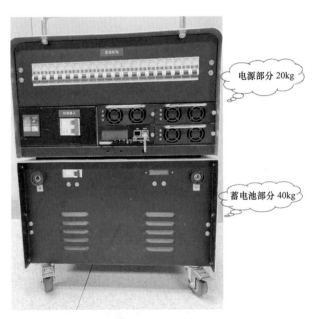

图2　便携式应急通信电源重量示意图

（2）采用铁锂电池，能量密度大。蓄电池部分是便携式后备通信电源的后备保障，在站内交流故障或应急抢修时，能够为负载提供不间断供电，为了达到足够的能力密度及便携式的要求，选用 100Ah 磷酸铁锂蓄电池，其能量密度大于 142Wh/kg，具备 2C 放电能力，重量仅 40kg，能够快速充电且性能稳定，常温放置下自放电率低，容量不足 80% 时通过内置短信模块告警提示，便于及时充电维护。

（3）蓄电池快速扩容。不同变电站负载电流差异较大，故对蓄电池容量的需求不一，该便携式应急通信电源的蓄电池组能够通过级联端子快速扩容，将蓄电池容量由 100Ah 扩容至 200Ah 或 300Ah。

## 四、应用效果

### 1. 成果应用情况

截至 2021 年底，该设备在国网山东省电力公司已应用超过两年，一是作为临时电源，完成了 1000kV 泉城特、500kV 油城站、大泽站、闻韶站等 11 个站点 19 台通信电源负载"不停电"更换检修，实现了检修过程中"负载无感"迁移，最大程度降低检修风险；二是蓄电池组部分作为临时蓄电池，完成了 500kV 大泽站等 13 个站点 26 组蓄电池的更换，既避免了蓄电池更换期间交流故障引发的单电源设备停电风险，又节省了传统临时蓄电池组搬运的人力、物力。

### 2. 课题应用前景展望

目前各网省均面临通信电源更换改造、应急抢修等工作场景，便携式应急通信电源体积小、重量轻、功能全，适用于通信电源及蓄电池更换、应急抢修等多种工作场景，能够大大提高工作效率，该成果具有在各网省推广应用的广阔前景。

### 3. 成果价值

（1）安全效益。便携式通信电源应用于通信电源更换检修、应急抢修等工作中，能够有效降低检修风险、缩短检修时间，极大提高工作效率和通信设备、继电保护接口设备供电可靠性，具有极大的安全效益。

（2）经济效益。通过缩短通信电源更换时前期准备时间，节省了大量的人力物力，通过成本核算，每个站点的两套通信电源更换能够节省 8000 余元，包括槽钢制作、搬运费、线缆材料费、人工费等。

# 基于窄带物联网技术的光缆反外破装置

完成单位　国网上海市电力公司信息通信公司

主要参与人　陈毅龙　肖云杰　郭　苏　陈为召

## 一、背景

随着城市规模的不断发展、市内大量基建项目的进行，越来越多的集卡车辆来往于市区，伴随而来的是大量光缆拉断现象的发生。根据上海公司过往两年的光缆线路抢修统计，由外力因素引起的光缆线路故障次数在不断攀升，且所占比例呈现逐年上升的趋势，因此如何避免架空线光缆外破成为亟须解决的问题。

而传统的架空光缆维护管理，多采用人工巡检方式，巡检成本高、隐患排查效率低、时间长且无法实现危险点的主动预警。同时现有的光缆在线监测装置存在价格高，占用光纤资源、屏位等问题，难以大规模推广。

## 二、主要做法

基于窄带物联网技术的架空光缆反外破装置（见图 1），可实现对架空光缆悬高状态监控预警、外损风险智能分析等功能，调度人员能够监控架空光缆健康运行状态，运维检修人员可通过手机终端实时接收告警信息并开展紧急消缺。

（1）利用激光传感技术对架空光缆进行状态实时检测，并采用 NB-IOT 窄带物联网技术作为回传通道，有效解决了通信模块发射功耗问题。

（2）监控装置采用扩展小型化模块设计，体积小、重量轻，单节点重量仅 60g，外壳采用 IP65 防水材料，适应架空光缆的悬挂安装及户外恶劣环境。

（3）采用 NB-IOT 的增强型非连续接收技术，配置锂电池作为备用电源可支撑 2~3 年，同时可根据户外条件配装太阳能电池板，彻底解决电池更换问题，做到设备免维护。

建立光缆外损风险分析与预警平台（见图 2），通过设置后端管理平台，实时监控架空线缆状态，并且设置告警模式与误告警排除机制，如架空光缆下如果存在车辆通行情况，需要判断连续三次的高度采集数据，若均低于设定的预警高度时发出预警，优化算法从而减少误告警。

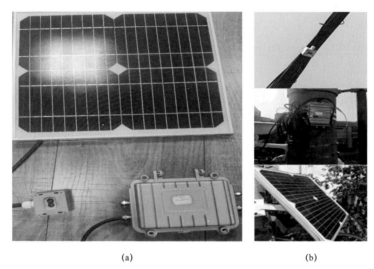

图1　架空光缆反外破装置

（a）装置整体图；（b）装置安装图

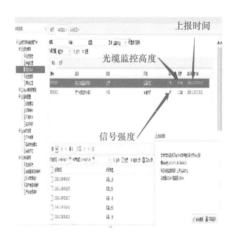

图2　架空光缆外损风险分析与预警平台

三、创新点

（1）使用NB-IoT取代GSM或4G等传统的通信技术，作为传感器采集数据的回传传输通道。

（2）利用激光测距技术对光缆进行检测，实现自动实时的远程监控光缆状态，对存在外损风险的光缆发出预警。

（3）在研制监控装置时，引入太阳能电池板方案，使装置后期监控运维更便捷。

（4）采集模块重量轻、更能适应架空光缆的悬挂安装，运行稳定安全。

四、应用效果

成果已在上海地区户外架空光缆开展试点应用，实现了光缆状态、远程监控和异常告警的集中管理，能有效协助运维队伍及时发现隐患，快速处理光缆故障。

（1）经济效益。假设部署 300 个重要路段，平均每千米布置 10 个设备，预计使用周期为 5 年，扣除安装成本 500 元 / 个，相较于传统人工巡检模式，累计可产生直接经济效益600 万元。

（2）管理效益。光缆事故平均需检修人员、事故追责人员、任务管理人员等直接参与人员 4 人，平均消耗 5h，日常巡视需运维人员 2 人，平均消耗 3h，运用架空光缆线路监测后，根据测算，每年可节省约 2240 工时。

（3）社会效益。进一步避免光缆坠落、砸伤与绊倒行人，减少光缆拉断造成的电力系统生产中断、继电保护通道故障不可修复造成的停电事件等，提高电网安全管理水平，持续提升电力企业形象和社会责任。

# 基于大数据的通信检修计划管控及策略优化工具

**完成单位** 国网湖南省电力有限公司娄底供电公司
**主要参与人** 李 娜 伍 颖 曾 瑶 胡躲华 黄志坚 黄静漪

## 一、背景

随着电网建设的飞速发展，各类基建、大修技改等工程项目正如火如荼进行，伴随电力通信网建设同步改造及独立通信网建设也相应增加，加之电力通信网承载业务类型的多样化与复杂化，给通信网检修计划管控、检修影响业务分析等带来了巨大的挑战。

目前在四级通信骨干网 OMS 系统与 TMS 系统暂未互通，一次停电检修对通信网的影响及通信网检修对电网一次系统的影响，均需通过人工进行分析，工作效率不高。通信检修计划管理方式较为简单，业务影响范围不能自动分析，有时甚至存在分析遗漏、分析错误的情况。在当前一次电网建设任务重、通信独立检修较多的情况下，工作效率和准确性不高，无法应对一次停电检修计划的频繁调整。

本项目基于电网 OMS 系统和通信 TMS 系统关联关系及逻辑关系数据，开发一套通信检修计划管控及策略优化工具，提升通信检修计划管控的智能化、自动化程度，为电网坚强稳定运行及公司经营管理提供了有效支撑。

## 二、主要做法

基于电网 OMS 系统年度、月度、周停电检修计划信息以及通信 TMS 系统通信设备、光缆、业务通道、路由，业务资源及各类资源之间的关联和承载关系，通过国网湖南省电力有限公司阿里云平台提取项目所需全量数据，并对数据进行加工、清洗和标准化转换处理，构建检修计划管理应用模型、检修影响业务分析模型，实现通信检修计划时序安排，通信检修任务自动生成，检修影响业务、光路自动分析，检修事前提醒、检修影响重要业务提醒，重要业务中断后迂回路由自动分析功能，保障通信检修的计划管控，提升通信应急检修能力，保障通信网络安全。

## 1. 数据获取

目前 OMS 系统、TMS 系统中数据均已接入国网湖南省电力有限公司大数据平台，通过大数据平台 DataWorks 组件创建数据源、进行数据同步、完成 API 接口开发，应用端调用 API 接口获取通信检修计划时序安排，自动生成通信检修任务，自动分析检修影响光路和业务，根据实际业务需求，在应用端进行数据筛选、过滤和分级展示检修事前提醒、检修影响重要业务提醒功能所需数据。

## 2. 数据加工

对 OMS 系统、TMS 系统存储的数据进行数据溯源和加工，一是根据源端系统业务功能并结合实际运维数据分析，将字符编码标识的字段翻译成可识别信息，并梳理出表格之间的关联关系、字段关联关系；二是在源端业务系统建立统一表结构的数据视图，编制 SQL 代码，将项目所需数据编入视图；三是在大数据平台完成源端业务系统至云端数据库的数据同步。

## 3. 模型构建

（1）检修计划管理应用模型构建。在获取 OMS 系统相关停电计划信息后，自动对配套的通信检修计划进行时序安排，并自动生成检修计划任务。

（2）检修影响业务分析模型构建。在明确检修对象后，自动分析出检修影响的光路及业务，对检修可能中断的业务进行预警，并对重要业务中断后迂回路径进行自动分析与计算。

## 4. 应用展示

技术层面，应用端采用 J2EE 平台进行架构设计，实现企业级 Web 应用服务。业务层面，以表格的形式呈现 OMS 系统停电检修计划，自动安排对应的通信检修计划，并生成检修任务；检修影响分析，分层分级展示中断光路、业务的名称、业务类型、调度等级、调度单位、业务状态等属性信息；检修事前提醒、检修影响重要业务提醒等在首页集中展示，并对重要检修、业务进行红色标记或动态提示，所有应用模块的访问基于统一的用户及权限管理。

---

## 三、创新点

（1）通过融合电网 OMS 系统年度、月度、周停电检修计划信息，经模型分析后，自动进行通信检修计划时序安排，并生成通信检修计划任务，显著提高检修计划管控智能化程度，消除线下人工分析的低效模式。

（2）基于 OMS 系统，提取检修计划中杆迁、站用变压器停电等关键信息，并对单母线、单主变压器站点进行分类，综合判断站用电停电造成通信设备断电的情况，构建通信业务中断模型，对可能中断的业务进行实时预警，并自动分析计算业务中断后可应急迂回的路径，减少通信业务和设备意外中断次数，提升业务保障水平。

（3）突破通信检修影响业务分析难、平衡难的专业性难题，实现在线自动分析、校核，通过对 TMS 系统通信设备、光缆物理资源与业务通道、路由、业务等逻辑资源之间的关联、承载关系分析，构建影响分析模型，实现检修影响业务自动分析，解放人力、提高工作效率。

## 四、应用效果

（1）通信检修计划管理准确性提升。通信检修计划可视化展示，其中待开工检修中断重要业务预警功能通过表格滚动的方式展示待开工通信检修中断电网重要生产业务情况，包括业务名称、业务类型、调度等级、影响来源、影响程度、采取措施等，调度等级为省网、影响程度为中断，以醒目红色标记，提高重要业务运行的可靠性。通信检修计划可视化展示如图 1 所示。

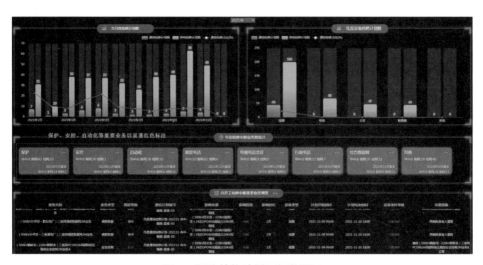

图 1　通信检修计划可视化展示

（2）电网一次检修计划协同性提高。停电检修计划自动生成通信检修计划功能，为预测通信网运行分析提供了智能化的辅助工具，减少了人工手动报送漏报、误报的差错，提高了通信检修与一次停电检修计划的一致性和完整性。检修计划自动生成功能如图 2 所示。

图 2　停电检修计划自动生成通信检修计划功能图

（3）业务核对人力成本大幅度减少。以往填报月度检修计划及业务核对至少需要 2 天的时间，若县公司停电检修计划晚报送，还会出现漏报，未及时关联通信检修计划，导致开工前又重新核对业务、发布预警的情况。通过大数据分析，可以自动及时生成通信检修计划，无需通过人工核对停电检修计划来录入通信检修计划，工时缩短至半天，极大地提升了工作效率。计划性的工作提前预判，尽早做出完整的检修方案，同时也减少了召开各种协调会议的时间，人工和出差成本相应减少。

# 利用 VR 技术实现电力通信网基础资源信息场景化管理

**完 成 单 位** 国网内蒙古东部电力有限公司呼伦贝尔供电公司
**主要参与人** 徐洪伟　李　鑫　索晶浩

一、背景

### 1. 运维现状

通信专业执行属地化地市信通分公司运维模式，地市公司信通分公司运维整个地市区域内一、二、三级骨干通信网，普遍存在运维半径大、站址距离远、交通不便等问题，且通信系统重复的进站检修、现场勘查、信息核实等工作，运维成本高、效率低；特别是推进"新兴产业升级"实现电力通信网基础资源商业化运营工作中，存在网络资源推销难，基础信息介绍不直观等难题。

### 2. 存在问题

传统的通信基础资源信息收集方式多为表格加平面照片等方式，无法满足运维过程中对站内设备、空间、配线等的信息需求。特别是疫情管控期间，技改工程可研、初设评审无法召开现场会，导致评审汇报不直观。

### 3. 预期目标

VR 技术应用于电力通信网基础资源信息管理开启通信专业运维新模式，让信息核实身临其境，让调度指挥运筹帷幄，让资源推销决胜千里。解决运维站址地域广、距离远、交通难等问题，实现技改工程可研、初设远程评审，使设计方案介绍更直观。从基础资源信息收集方面落实国家电网公司发展战略、促进数字化电网转型、推进新兴产业升级。

二、主要做法

以一座 220kV 变电站独立通信机房为试点，使用 720°全景照相机采集每一个机柜内设备全景照片，合成整个机房虚拟现实场景，如图 1 所示（图片为平面效果，实际为 720°虚拟现实场景）；采集每条引入光缆按路由走向、沟道环境全景照片，合成引入光缆虚拟现实场景。将收集到的全部场景，通过虚拟现实处理软件渲染后形成整座变电站通信系统各设备、配线方式、线缆路由等全部虚拟现实环境，如图2所示（图片为平面效果，实际为720°虚拟现实场景），运维人员通过VR终端穿戴设备虚拟进入全站通信系统环境中，实现远程进站。

图 1　通信机房场景画面

图 2　变电站通信系统全场景画面

三、创新点

　　VR 虚拟现实技术是仿真技术与计算机图形学人机接口技术、多媒体技术、传感技术、网络技术等多种技术的集合。本创新点参考房地产行业 VR 远程看房、汽车销售行业全景看车等技术手段，建立电力通信站点机房基础环境、空间位置、屏柜信息、设备运行状态、系统配线图等虚拟现实画面，实现电力通信网基础资源信息场景化管理。为电力通信网改造、扩容等工程设计收资提供精准信息，为通信调度指挥提供可视化支撑，最简单、最直接、有效地提升工作效率。

四、应用效果

VR技术应用于电力通信系统基础资料信息收集开启了运维新模式，相比传统原理图纸、数据表格、文字介绍、平面照片、视频片段等信息收集方式，利用VR技术进行虚拟现实全景资料收集更直观、更准确、更详细，基本可达到身临其境的效果。

利用VR技术进行虚拟现实全景资料收集投资成本低，目前一部全景照相机市场价3000元左右，虚拟场景处理软件授权5000元/年，且全景照片场景渲染已实现界面化编辑，普通员工完全可独立完成全景照片拍摄及后期虚拟场景处理，与现有日常资料收集工作基本一致，可推广至变电专业、二次专业、输电专业等其他专业所有信息收集工作，为各专业资料整理、故障指挥、运维管控、工作汇报、现状展示等提供可视化、场景化辅助支撑。

# 一种可切换的多接口存储设备连接器

**完成单位** 国网天津市电力公司信息通信公司
**主要参与人** 王 林 郭延凯 王梓蒴 程 凯 杨 鹏 李伶研 刘沛林 刘 赫

## 一、背景

### 1. 现状及存在问题

在设备运行及日常运维工作中，常需要在机房内通过专用存储设备（通常为 USB 口）对设备进行连接，来进行数据的导入导出。在使用专用存储设备进行数据导入及导出操作时，需要运维人员进入机房对设备反复进行存储设备插入、拔出以及数据导入导出操作。通信机房内设备较多、物理位置分散，操作复杂，效率不高；人员移动、频繁插拔存储设备等易造成误碰的情况发生，同时接口分散不易集中管控，存在安全隐患。

### 2. 目的

为解决运维中使用专用存储设备进行数据获取时的问题，设计一种可切换的多接口存储设备连接器，能够以实体设备部署，实现远距离对机房内设备的数据导入导出等相关操作，提高工作效率，消除工作中存在的安全隐患。

## 二、主要做法

本设计研究了一种可切换的多接口存储设备连接器，能够以实体设备的形式部署在运维终端附近，通过与现有运维终端远程设备操作相结合，实现较远距离对机房内设备的数据导入导出等相关操作。

### 1. 设备组成

设备分为 A 端和 B 端两部分。

A 端具有 16 个 USB 连接口（编号为 1~16），可连接至各个服务器设备，并通过 RJ45 接口以超五类网线与 B 端连接。

B 端具有两个 USB 口，可供专用存储设备接入，并通过 RJ45 接口以超五类网线与 A 端连接。B 端设备同时具有内部切换模块，以实体按键 1~16 的形式，通过按键实现将 B 端插入的存储设备与 A 端编号为 1~16 的 USB 端口连接。

设备连接及使用示意图如图 1 所示。

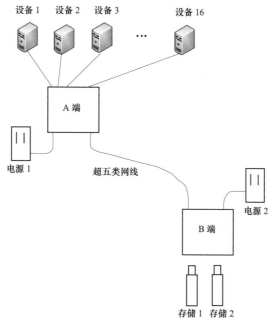

图 1　设备连接及使用示意图

2. 设备原理

如图 2 所示，A 端与 B 端通过超五类网线连接，两设备具有信号放大功能，保证传输中信号不失真。

通过在 B 端按键，可将 B 端插入的优盘连接至 A 端对应编号 USB 接口所连接的设备。

A 端和 B 端主要由 5 部分模块组成，二者组成模块相同，只是各模块之间功能略有不同。

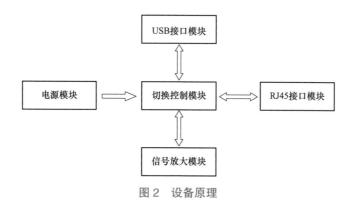

图 2　设备原理

（1）A 端（设备端）。

1）USB 接口模块，有 16 个 USB 接口，实现设备的 USB 接入，该模块连接至切换控制模块。

2）RJ45 接口模块，通过 1 个 RJ45 接口以超五类网线与 B 端连接，该模块连接至切换控制模块。

3）信号放大模块，A 端和 B 端之间通过 RJ45 接口，以超五类网线连接，为了避免距离过长而形成信号衰减，通过信号放大模块对 A 端和 B 端之间的收发信号进行放大，使得二者之间能够在适当的距离内正常通信。

4）电源模块，实现可靠供电。

5）切换控制模块，设备的核心模块，对其他模块起到控制作用。此外，A 端的切换控制模块，接收 B 端发来的切换信号，并按照 B 端的信号指示，将连接的通道切换至对应的设备。

（2）B 端（操作端）。

1）USB 接口模块，有 2 个 USB 接口，实现存储设备的 USB 接入，可同时使用两个 USB 接口存储设备，该模块连接至切换控制模块。

2）RJ45 接口模块，通过 1 个 RJ45 接口以超五类网线与 A 端连接，该模块连接至切换控制模块。

3）信号放大模块，A 端和 B 端之间通过 RJ45 接口，以超五类网线连接，为了避免距离过长而形成信号衰减，通过信号放大模块对 A 端和 B 端之间的收发信号进行放大，使得二者之间能够在适当的距离内正常通信。

4）电源模块，实现可靠供电。

5）切换控制模块，设备的核心模块，对其他模块起到控制作用。此外，B 端的切换控制模块，具有选择功能，通过按下 B 端上背板相应通道按键，可向 A 端发送切换信号，将连接通道切换至对应编号的设备，实现将优盘连接至对应设备。

三、创新点

（1）部署便捷，使用方便。本设计设备的 A、B 两部分，两端连接通过网线即可实现，符合现有机房及运维实际，使用部署方便快捷。

（2）经济节约，实用性强。通过本设计的部署与现有远程运维终端的结合，即可实现设备远程运维与数据导入导出操作，不需要对现有运维终端及远程登录方式（如 KVM、远程登录软件等）进行升级改造，经济节约，实用性强。

（3）使用安全，减小隐患。通过本设计的部署，可减少人员进出机房插拔存储设备等操作，减少了误碰的概率，并可实现数据接口集中管理，减小安全隐患。

## 四、应用效果

　　该设计已获得实用新型专利，能够以实体设备的形式部署在远程运维终端附近，通过与现有远程运维终端设备（多不具备 USB 远程传输功能）结合使用，实现较远距离的异地对机房内设备的数据获取、导入及运维等相关操作。一方面，可以简化运维人员进入机房对设备进行存储设备接入、拔出以及数据获取、导入等操作，提高了工作效率；另一方面，消除了人员进入机房移动及插拔存储设备等操作易造成误碰、设备接口分散不易集中管控等安全隐患。

# 运用 PAD 提升变电站通信定检管理效率

完 成 单 位　国网江西省电力有限公司赣州供电公司
主要参与人　董伟明　邱达铨　易雪松　田　晖　魏　翔　殷　芳　唐　路

## 一、背景

随着电力通信网络的飞速发展，通信运维管理已成为电力通信系统可靠运行的基础。通信定检是整个通信系统基础运维管理的一项关键环节，直接关系到通信系统的安全运行。定检内容主要包括通信设备、通信光缆、通信电源、配线设备等。2018 年赣州公司定检运维管理存在三个方面的问题：①地域广，站点多，110kV 及以上变电站 101 座，定检消耗大量人力物力；②通信设备台账的准确性不能保证，定检资料都是手工录入，存在漏检和误检的可能；③通信光缆线路的巡视质量无法有效控制。

针对以上问题，运用 PAD 建立现场标准化定检系统，对各变电站数据进行了统一录入，并借助国家电网公司通信管理系统（SG-TMS），将设备台账、端口业务、光缆资源等图形数据进行集中化管理，有效提高现场通信运维质量。

## 二、主要做法

（1）编制定检工作流程图，优化工作流程，如图 1 所示。

（2）制定基于 PAD 通信现场的标准化定检系统。

1）依照省公司定检要求和 TMS 资源信息管理要求制定适用于 PAD 的定检标准化作业指导书。随着变电站的不断增加，日常维护数据与日俱增，加上 TMS 系统在全省范围内的推广运用，赣州公司组织班组骨干人员，依照 TMS 资源管理的要求，制定了变电站通信定检标准化作业指导书。指导书严格按照 TMS 资源图形管理、资源信息管理等要求进行编制，主要包括设备信息、配线信息等，同时也适用县公司站点，在各变电站定检完毕后，将定检数据录入至定检作业指导书，如图 2 所示。

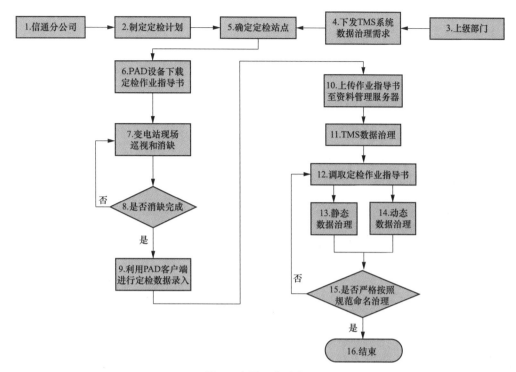

图 1  定检工作流程图

220kV变电站通信设备巡检作业指导书

编制：_____  审核：_____

批准：_____

巡检类别：秋季定检    巡检时间：2014 年 11 月 13 日

巡检地点：五光 220kV 变电站

工作负责人：_____

**1 适用范围**

　　本作业指导书适用于国网江西赣州供电分公司 220kV 变电所通信站以及所属通信设备巡检消缺工作。

**2 引用标准**

　　本作业指导书的编制主要参考了如下标准及技术资料：

DL/T 544-1994 电力管理规程

DL/T 544-1994 电力系统光纤通信运行管理规程

电力通信标准化作业指导书

国家电网公司十八项电网重大反事故措施（修改版）及编制说

奥普泰 ME2050 说明书

奥普泰 ME3050 说明书

华为 OSN2500 说明书

华为 OSN3500 说明书

**3 巡检周期**

　　按照《国家电网公司十八项电网重点反事故措施及编制说明》中第 16.2.3.10 条款要求开展季度通信巡检工作。本作业指导书适用于 220kV 变电站通信设备及运行环境的季度巡检。

**4 本次巡检的重点**

　　1、按照国网江西省电力公司信息通信分公司所下的赣电信运检[2014]1号文：国网江西省电力公司信息通信分公司关于清洁设备防尘网、开展光缆性能测试及隐患排查专项工作的通知的要求，本次安全性检查的重点工作为：通信设备的防尘网的清洁以及光缆性能的测试，检查设备的运行健康状态。

　　2、2014 年根据每年通信定检工作特点，开展科技项目《基于 PAD 的电力通信设备及线路定检系统的应用研究》。研究如何应用 PAD 终端完成标准化设备定检工作，提高定检效果及效率，实现无纸化办公。应用 PAD 的《标准化变电站通信设备定检卡》、《光缆线路测试卡》、《现场运维图纸》等资料，在后期向县市供电公司推广应用，全面提高通信运行维护及管理水平。

　　3、应用 PAD 完成通信运维资料的电子化改造。

**1、通信设备巡视记录**

**1.1 省网 1#光端机（设备型号： 北电 6500 ）**

| 序号 | 巡视内容 | 巡视结果 |
|---|---|---|
| 1 | 光板告警指示灯（记录告警光板） | √ |
| 2 | 电源板指示灯（1/2 路电源指示） | √ |
| 3 | 以太网指示灯 | S10 告警 |
| 4 | 交叉板告警指示灯 | √ |
| 5 | 设备温度（手触摸感不会发手） | √ |
| 6 | 设备风扇情况（粗示灯正常、出风正常） | √ |
| 7 | 擦拭防尘网 | √擦拭一次 |
| 8 | 2#主板告警指示灯 | √ |

备注：1、巡视结果中，正常打"√"异常打"×"，并在存在问题栏中详细过明；2、对设备正面电照保存档。

1. 擦拭完防尘网     2. 设备正面

**1.2 省网 2#光端机（设备型号： 华为 OSN2500 ）**

| 序号 | 巡视内容 | 巡视结果 |
|---|---|---|
| 1 | 光板告警指示灯（记录告警光板） | √ |
| 2 | 电源板指示灯（1/2 路电源指示） | √ |
| 3 | 以太网指示灯 | √ |
| 4 | 交叉板告警指示灯 | √ |
| 5 | 设备温度（手触摸感不会发手） | √ |
| 6 | 设备风扇情况（粗示灯正常、出风正常） | √ |
| 7 | 擦拭防尘网 | √擦拭一次 |
| 8 | 2#主板告警指示灯 | √ |

备注：1、巡视结果中，正常打"√"异常打"×"，并在存在问题栏中详细过明；2、对设备正面电照保存档。

1. 擦拭完防尘网     2. 设备正面

图 2  定检标准化作业指导书

2）开发 PAD 设备定检管理软件。在编制完符合通信管理系统要求的定检标准化作业指导书后，公司进一步研发了标准化的通信定检资料管理系统，采用 PAD 设备进行变电站现场定检，通过 PAD 设备将定检数据录入至定检作业指导书中，并设有资料管理服务器，通过上传和下载的操作可实现定检资料的同步，同时推广至县公司使用，统一市县定检管理模式，进一步实现市县站点资料的一体化管理。

通信定检资料管理终端应用在资料管理服务器和 PAD 终端上，展示通信定检的总体情况，实现服务器和终端之间定检标准化作业指导书的上传和下载，以及通信定检记录的保存，终端运用界面如图 3 所示。

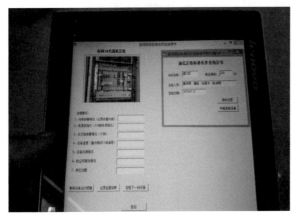

图 3　PAD 标准化定检现场

### 三、创新点

（1）摒弃传统的纸质定检资料，运用 PAD 移动终端构建运维定检系统。

（2）相较于纸质定检资料，将设备运行状况与现场设备图片一一对应，更加直观地记录设备运行状况。

（3）通过定检资料服务器，统一管理市县公司基础设备台账，构建市县一体的标准化定检系统，做到资源共享。

### 四、应用效果

（1）经济效益。运用 PAD 提升变电站通信定检管理效率，实现了市县公司通信运行维护的集中管理。一方面，提高了通信资料管理的规范性及准确性，避免了反复前往同一现场的重复性定检工作，大大降低了通信运维的人工成本及差旅成本；另一方面，通过 PAD 的运用实现了通信运维定检工作无纸化，摒弃了运维资料的重复打印，节约运维工作的办公开支。

（2）社会效益。基于 PAD 的通信运维管理系统，可完成电子版标准化设备巡视检查报告（卡）、光缆线路测试报告、现场运行图纸绘画核对等工作，大大减少了办公纸质的消耗，节约能源、绿色环保。此外，该项运用有效提高了通信运维的工作效率，真正做到了"精运维、少抢修"，为电网稳定运行提供更有力的支撑，从而为人民提供更加优质更加可靠的供电服务。

# 继电保护重载预警图

**完成单位** 国网湖北省电力有限公司襄阳供电公司

**主要参与人** 翟丹丹 盛丹红 吴 强 李 伟 申明武 王 燕

## 一、背景

### 1. 当前现状

继电保护和安全稳定控制装置作为电网的第一、二道防线，对电网安全稳定运行起着至关重要的作用。随着电网的快速发展，保护、安控等生产业务对通信系统的需求不断增加，导致通信系统存在过度承载电网生产业务的情况。根据国家电网安监〔2020〕820号《国家电网公司安全事故调查规程》，"220 kV以上系统中，一条通信光缆或者同一厂站通信设备（设施）故障，导致8条以上线路出现一套主保护的通信通道全部不可用"将造成六级设备事件。同一光缆、通信设备承载8条及以上保护（安控）业务就导致了重载。由于保护（安控）重载治理工作涉及部门及资料较多，往往存在"前治后增""反复治理"等问题，为确保电网的安全稳定运行，筑牢电网安全防线，我们通过构建继电保护重载预警图有效助力于重载治理工作的"去存量"和"零增量"。

### 2. 存在的问题及课题目的

在保护（安控）重载治理工作中，存在以下几个问题：

（1）保护（安控）重载治理不仅需要知道保护（安控）路由，还需知道每条光缆、设备所承载保护（安控）业务的具体情况，因此在进行治理时往往需要在光缆拓扑图、多张传输拓扑图、保护路由表间逐条查看、统计，不仅效率低，同时易遗漏、不直观，存在顾此失彼、反复治理的问题。

（2）对于新增的保护（安控）业务在方式安排时，亦需重复上述资料的核查，无直观预警，存在"前治后增"的情况。

因此，通过构建继电保护重载预警图，实现台账"一张图"即在一张图上即可查看光缆（设备）与其所承载的保护详细信息及重载情况，避免原来图表间反复查看、易遗漏、不全面的弊端，直观高效；同时不同的颜色预警，便于方式配置、方案设计审查等相关人员实时动态掌握重载情况，为方式调整和规划设计时提供配置预警，把好安全关，避免原来无预警模式下的"拍脑袋"式反复重载、反复治理。

（1）绘制光缆拓扑图和光传输拓扑图。

（2）通过将光缆拓扑图、传输拓扑图分别与校核后的保护路由表信息进行关联，通过右键点击光缆拓扑图（传输拓扑图）上的光缆段（传输设备），即可查看此条光缆上所承载的保护数量及保护详细台账信息。通过将保护信息图示化，打破数据壁垒，实现在一张图上即可查看光缆线路信息、传输设备信息及其承载的保护详情，从而简化排查重载设备和重载光缆时多图表间反复查询的操作，直观高效。方便各级人员查询保护（安控）业务承载现状。

（3）使用不同的颜色对单一通信设备或单一通信光缆上所承载的线路保护数量进行区分，形成风险预警图。程度由低至高分三个等级，分别用蓝色、黄色、红色表示，如图1所示。

1）红色风险预警：当设备或光缆所承载的保护数量大于等于8条时，用红色表示。

2）黄色风险预警：当设备或光缆所承载的保护数量小于8条大于等于5条时，用黄色表示。

3）蓝色风险预警：当设备或光缆所承载保护数量小于5条时，用蓝色表示。

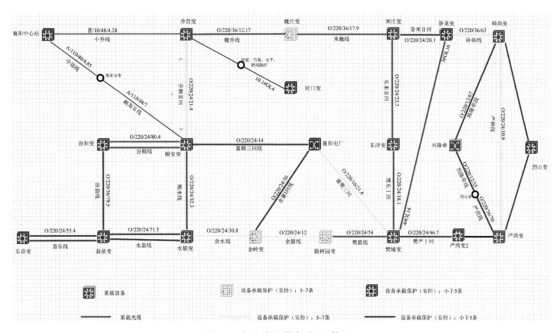

图1　治理前重载颜色预警图

继电保护预警图可在各种系统及载体上查阅。如图2所示，既可看到总体光缆连接关系，也可以查看保护所经设备、路由及其他台账信息；同时，用不同的颜色区分光缆（设备）上所承载的保护数量，为未来的方式安排提供了充分可靠的依据。

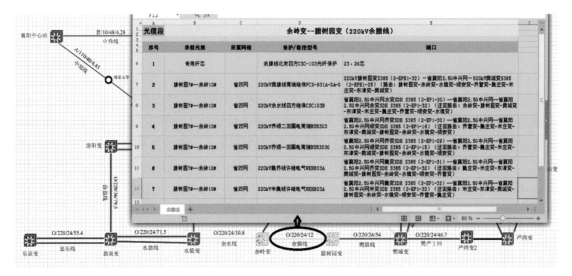

图 2 光缆承载继电保护业务查询图

## 三、创新点

此工具着重解决了继电保护日常运维的三大痛点：

（1）打破了保护业务台账与通信网各类拓扑图间的相互隔离壁垒。

（2）解决了在调整或安排新的保护（安控）方式时无法快速、直观查看的问题，并通过预警，加强设计环节把关、优化方式安排和加快开通 B 通道等有效措施，严控新增重载隐患产生。

（3）通过继电保护重载预警图，使得设备或光缆上承载保护重载情况、发展态势一目了然，提醒各级部门在各种通信网建设改造项目中需重点考虑和补强，同时避免了反复治理情况的发生。

## 四、应用效果

襄阳供电公司三级网及以上保护（安控）通道（设备）原重载 15 条，治理工作中应用预警图后，治理率达到了 100%，有效落实"去存量"；同时新增 14 条保护（安控）业务的接入，且未增加保护（安控）重载压力，切实做到"零增量"。

通过预警图切实全面掌握继电保护台账资料及通信通道重载情况，为保护重载治理及新保护（安控）业务接入提供直观可靠的方式配置预警，提高保护通道运行的稳定性，提升电网资源利用率和规划投资精准性。

# "一芯多用"的新型融合光路设备

完成单位　国网甘肃省电力公司酒泉供电公司　国网甘肃省电力公司电力调度中心
主要参与人　宋　曦　涂　超　赵　凯　王　璐　邵　冲　李文辉　石　刚　王继仪
　　　　　　张丽文　刘　洁

一、背景

1. 项目背景

随着数字经济和能源互联网的加速发展，光纤资源无法满足各类应用井喷式增长的需求，尤其在西北地区部分电力通信站点已无光纤可用，同时各业务对光网络高可靠、智能化应用提出了更高要求。本项目立足生产一线，为解决现场无光纤可用问题，克服了现有方案存在的诸多缺点、难点，创新攻克多项技术难关，助力提升电力通信网资源配置，为能源互联网业务智能化应用提供充足、可靠的光纤资源保障。

2. 目前痛点

（1）光纤资源紧张，光缆建设困难。已建光缆纤芯数量有限，资源紧缺；新建光缆停电难、投资大、耗时长，无法满足对资源持续性需求。

（2）设备功能单一，灵活可靠受限。市场上光设备功能普遍单一，远距离高可靠传输需不同设备串接使用，灵活性、可靠性不高。

（3）网管配置繁杂，动态适应不足。光路动态适应力弱且无法弹性调节，各设备网管独立且配置繁杂，不具备全链路监测、故障研判、智能配置及光路自愈功能。

二、主要做法

为有针对性、高效地解决电力通信光纤资源不足的问题，项目团队设计研发了"'智'在'纤'里——打造'一芯多用'的新型融合光路设备"，实现仅使用一根纤芯完成多路业务双向长距离稳定传输，通过软件定义光网络（software defined optical network，SDON），自主研发光联网管理系统（optical link-network management system，OLMS）进行各模块的统一可视化管理与控制，并基于自适应算法实现产品模块参数的自动调整，面对故障时也能根据实际故障信息实时给出解决策略，适用于解决各种不同批次、不同距离、不同运行年限、不同运行环境的光缆纤芯资源不足的问题。"'智'在'纤'里新型融合光路设备"立足生产一线亟须解决的迫切问题，并克服了现有解决方案存在的诸多缺点，助力提升电力通信网资源配置，促进互联网技术与能源电力融合，为能源互联网业务智能化应用提供充足的光纤资源保障。如图1所示，在不新建光缆情况下，用1芯完成32芯光纤业务双向传输，用低成本解决光纤资源及带宽不足的问题。

图1　新型融合光路设备

## 三、创新点

（1）"密集波分＋红蓝带"节省纤芯资源。以多路由高可靠为前提，设备接入越多，节省纤芯越多，在密集波分复用基础上首次创新应用红蓝带技术，实现低资源占用情况下光路信号长距离可靠传输，最大节省96%的光纤资源。

（2）自主研发新型融合光路设备。拥有自主知识产权，将光路分波合波、光路保护、可调色散补偿、光路放大等功能高可靠集成，设备可接入所有光纤传输设备，降低设备间连接复杂性。首创单芯自动切换，比现有光切设备故障自愈时间缩短50%。突破一台色散、光放设备只能单方向调整光路性能的技术瓶颈，实现单模块双向放大。自主设计光联网管理系统（OLMS），对各项功能模块集中管控，解决因设备和品牌多样带来的数据不互通、配置繁杂、无法统一管理的问题。

（3）首创基于自适应算法的智能运维全新模式。自主开发软件自适应算法，实时动态调整光信号强度和色散指标性能，解决适应性调整线路侧光衰及信号劣化问题，自动选择光路最优传输路由。开创光纤网络运维由"被动人工"转变为"主动智能"的全新运维模式。涵盖全链路监控、参数自适应配置、智能光路自愈等全周期运维管理，在光路故障或检修状态下智能配置最优路由策略，提升运维实时性、可靠性，降本增效。

## 四、应用效果

1. 试点成效

在酒泉供电公司所辖最远的35kV盐池湾变电站试点，站内需部署两套光传输设备，至

176

少需要 4 根光纤才可开通业务，目前站内光缆仅剩 1 根纤芯，以前只能通过租用运营商光纤进行数据传输，租用 4 芯光纤费用一年高达 30 万元。本产品将利用仅剩的 1 根光缆纤芯将 2 套传输设备上联至 116km 外的 110kV 肃北变电站传输设备，如图 2 所示，仅用新建光缆费用的 10% 解决了盐池湾变电站无自建光缆通道的问题，满足了各类业务的传输带宽及可靠性需求，节省现有光纤资源的 96%，带宽提升 32 倍，节约电网同等投资的 90%。改变现有网络架构，从设备独立串行到设备集约化并行，使网络架构简单高效可靠，运维模式转变，极大地节省了人、财、物。

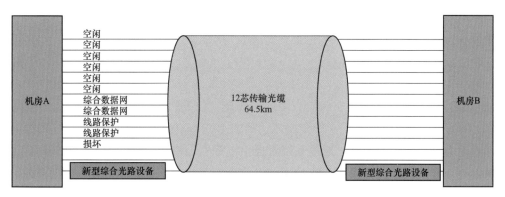

图 2　业务开通场景系统应用后现状

2. 推广成效

将试点成果推广应用到甘肃其他地市公司，打造"省纤芯、大带宽、全业务、高可靠、易运维"的全新智简光网络，预计未来 3 年将节省投资 3000 万元。

3. 规模应用成效

通过新型融合光路设备部署，大幅增加现有光缆（尤其是超长距光缆）资源传输容量。将项目成果应用到光纤资源不足的其他行业，满足其业务的多样性、动态性和突发性变化，培育跨行业的新业态。同时将节省的光纤资源进行精益化资源配置，减少重复投资，增强偏远地区网络覆盖能力，助力数字中国建设。未来对光纤网络安全性、稳定性要求愈发严格，因此要求系统具有较高的可靠性能，同时设备及管理软件做到易于操作维护。

# 通信电源负载不断电切改

完 成 单 位　国网河北省电力有限公司超高压分公司
主要参与人　黄　振　段志勇　李志伟　姚　鑫　梁雪峰　赵晓阳

## 一、背景

随着电力通信的逐步发展，通信系统对通信电源安全稳定运行的要求不断提高。通信电源设备的更新换代及扩容升级逐步成为通信专业现场工作的重要组成部分。如何高效、安全地完成通信电源切改工作，也成为保障通信系统安全稳定运行的重要课题。

常规通信电源切改作业，是在完成新通信电源设备安装调试后，将原通信电源上承载的设备负载逐路切改至新通信电源承载，该过程主要存在以下三个问题：

（1）切改工期较长，进度受影响。通信电源设备承载的保护光电转换装置设备为单路供电，需将继电保护业务退出运行后才能切改对应装置。500kV 及以上变电站一般有 30~40 条保护业务，以电力调度允许单站每日投退保护 2~4 条计算，无外界因素影响尚需两周左右才能完成切改。

（2）切改工作量大、施工人员多。常规切改方案需对所有接入设备的负载电缆进行更换操作，现场施工人员多，且切改保护等专业的设备时，需相关专业人员现场配合。按常规切改作业计算，现场需要 8 名施工人员，及 2~3 名相关专业人员配合。

（3）切改工序繁杂，安全风险高。常规切改方案需对所有负载逐路进行切改，每条负载都需按断—拆—转—合的过程进行切改。作业人员需在继电保护、通信专业的重要运行设备屏柜内对供电电缆和空开进行操作，工序繁杂，操作空间有限，工作过程中误碰、误断其他运行线缆的风险增加，易造成运行设备损坏、负载非计划断电等通信系统事件发生。

为解决以上常规切改所面临的问题，根据现场实际情况，制定出通信电源负载不断电切改方案，不再逐个切改负载，只对通信电源系统中的交流控制以及高频整流部分进行更换。安全、精准、高效地完成通信电源切改工作，实现通信现场作业精益化管理。

## 二、主要做法

通信电源负载不断电切改施工方案，不对直流配电屏负载直流空气开关及下游负载电缆进行切改，只对通信电源系统中的交流控制以及高频整流部分进行更换。操作步骤如下：

（1）检测通信电源内的两组蓄电池组单体电压及内阻，并对其进行核对性充放电试验，确保切改期间通信蓄电池组能够可靠供电。

（2）新装 1 套临时整流电源设备并加电调试，将第一组蓄电池组割接至临时整流电源，并进行验证，确保蓄电池正确接入。

（3）停用原通信电源。按照 Q/GDW 11442—2020《通信电源技术、验收及运行维护规程》中的要求，两套通信电源在正常运行时严禁并联，所以需先将原电源停电后，临时电源才能接入，在新老电源交替瞬间，由蓄电池组向负载供电。

（4）将临时整流电源设备加电，负载及蓄电池组转由临时整流电源设备承载，拆除原通信电源屏。此时配线状态如图 1 所示。

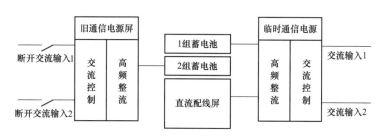

图 1　临时电源屏承载负载状态

（5）安装调试新通信电源设备，将第二组蓄电池组割接至新通信电源设备后，将新通信电源断电。

（6）敷设并连接新通信电源至直流配电屏的直流供电线缆，将临时整流电源设备断电，此时所有负载由通信蓄电池组供电。立即将新通信电源设备加电，全部负载及蓄电池组由新通信电源设备承载。

（7）将第一组蓄电池组割接至新通信电源，拆除临时电源至直流配线屏设备连线，检查新通信电源设备及全部负载运行状态，接线状态如图 2 所示。

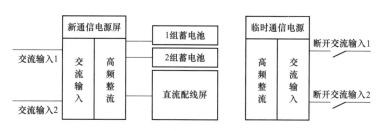

图 2　切改完成状态

此时第一套通信电源完成切改，重复上述步骤完成第二套通信电源切改后，全站通信电源扩容改造工作结束。

## 三、创新点

为改变常规通信电源切改的一系列弊病，将如何对通信电源设备进行更换，转变为如何对负载业务进行合理切改，最后确定以直流配电屏整体切改为主、辅以通信蓄电池组短暂供电的方式，实现了将所有负载不停电切改至新通信电源设备运行，相较于常规通信电源切改，具有以下创新点：

（1）无需退出保护操作，提高电网运行可靠性。通信电源负载不断电切改前，无需进行继电保护业务退出操作，减少切改期间对电网运行的影响，提高电网运行的可靠性。

（2）临时电源进行转带，切改操作灵活可控。通信电源负载不停电切改采用临时电源设备对负载业务进行转带，可以达到不改变机房内原有设备布局和不占用机房空间资源的效果。亦可采取先安装新电源设备、再直接进行业务切改的方式进行，切改过程可根据不同情况进行调整。

（3）合理规划切改流程，实现负载带电切改。合理规划切改作业工序工法，从前期准备、现场作业、总结提升三方面着手，制定 10 项流程、15 道工序、30 个工作项目的通信电源负载不停电切改操作流程，实现在负载业务不停电的情况下安全高效地完成通信电源切改作业。

（4）编制作业操作卡，管控高风险作业环节。针对通信电源负载不停电切改作业中的负载切改、蓄电池切改等高风险作业项目，以标准化、流程化、数据量化的形式编制标准化操作卡 3 份共涉及 47 步操作，明确每步操作的风险和防范措施，并设专人唱票及监护，实现对作业现场的全过程精准管控。

## 四、应用效果

（1）成果推广应用及转化情况。截至 2021 年底，已在河北南网 20 座 500kV 变电站及 1 座 1000kV 特高压变电站进行通信电源负载不停电切改作业，切改电源 42 套。有效提升现场施工管控，降低现场作业风险，提高工作效率，圆满达到了预期目标。同时，已推广至河北省各地市信通公司。

（2）成果价值。在经济效益方面，由于新方案保留原有通信电源直流配电设备以及负载线缆，仅更换高频开关整流设备，对通信电源切改工程进行测算，单站施工从设备、材料、人工方面可节约费用约 10 万余元，节省幅度 80%，工期缩短 70%，成效显著。

（3）电网运行。通信电源负载不断电切改，无需进行继电保护业务投退操作，减少切改期间对电网运行的影响，提高电网运行的可靠性。

# 基于 SIP 中继的 SBC 双跨会议融合装置

**完成单位** 国网河南省电力公司信息通信公司
**主要参与人** 许东蛟　张　勇　张丹丹　梁　畅　魏向欣　崔志强

## 一、背景

　　国网河南信通公司承担着调度管辖范围内 330kV 及以上共计 50 个通信站点电力通信网的管理职能，针对故障现场复杂的工作环境、涉及的资源信息、大量的联动场景以及电力通信特殊的安全性要求，亟需一种有效的远程全媒体会商工具，以适应各种故障处置场景。目前市场常用的会商工具有微信、QQ、电话等，存在以下不足：①无法实现内网与公网的安全互联；②无法实现数据资料实时共享；③无法满足多场景联动的需求；④支持终端类型单一。

　　基于以上问题，通过技术攻关，首次提出基于 SIP 中继的 SBC 双跨融合会议系统，组建新型 IMS 融合视频会议系统，实现融合多种会议业务，达到远程参会、指挥应急抢修的目的。

## 二、主要做法

### 1. 技术方案

　　通过开通 100M 数据专线，将视讯 SBC 接入移动 eSBC，采用 SIP 协议和 HTTP DIGEST 算法实现电力专网与移动公网终端双平台互通。每个用户均有公网和相对应的专网认证用户名和密码，通过公网 eSBC 和专网 SBC 进行号码变换和双向认证，实现公网用户安全接入专网会议系统内。

　　云视讯系统、IMS 行政交换网、公网 IMS 系统均基于标准的 SIP 协议（由 IETF 制定），SIP 协议的灵活性和标准化的开放接口，为支持广泛业务提供可能。

### 2. 实施步骤

　　（1）基础平台搭建。视频会议系统主要包括核心设备和会议终端设备，其中核心设备由会控平台、会议资源池两部分组成，采取省集中部署；会议硬/软终端设备部署在信息内网，便于会议终端接入和组会入会。系统采取 SIP 协议，支持 1080P/720P 高清会议，具备支持 2400 方会议同时召开能力，与现有行政高清视频会议系统实现互联，形成"两层四区"视频会议系统架构，不仅具备省、市、县三级使用原系统对基层单位和驻站班组召开视频会议的能力，同时也具备基层单位和驻站班组自助召开会议的能力，支持桌面会议模式和会议室会议模式。

（2）行政电话与会议系统互通。IMS 行政交换网和会议电视系统采用 SBC 中继对接互联互通，通过会管系统、MCU、核心交换机、会议终端及存储阵列等设备，实现与现有系统、新增基层驻站班组、IMS 行政交换系统互联互通。该系统还融合了 18 个地市应急、行政以及省公司应急、行政会议系统。

（3）公网终端接入会议系统。通过将第三方会议系统终端与云视讯会议终端采用背靠背互联的方式相连接实现两者硬件上的连接，将移动公司使用的云视讯会议系统作为公网系统，通过将第三方会议系统中注册在公网系统中，公网系统的终端与云视讯会议系统的终端进行连接，从而实现移动终端接入到云视讯系统中，解决了第三方会议系统用户无法参与会议的问题，通过在公网系统中设置白名单过滤规则，避免了非参会人员错误拨打会议号而进入会议室的现象。

───── 三、创新点 ─────

（1）互联互通，终端接入无关性。基于视频会议系统与 IMS 行政交换系统进行 SIP 中继对接，实现 IMS 网络中 SIP 终端、普通话机、视频会议终端，扩大对终端接入的兼容性，在电力通信安全性要求的前提下，满足各种及时协商沟通需求。

（2）实现多层次 QoS 及安全保障机制。根据业务不同要求划分为多个 QoS 等级，定义不同等级的相关 QoS 指标参数，产生相应网络容灾机制进行安全保障。同时，将移动公网服务器接入安全隔离网闸，经过解码封装，摆渡，重新编码后，接入电力专网会议系统，实现公网移动终端安全接入公司的会议系统。

（3）用户接入的便捷性。通过 IP 数据网统计复用的带宽优势充分利用的方法，支持视频会议、音频会议、数据会议、电话会议、Web 会议等多种融合的会议业务类型的接入。新增了自助式会议模式，避免了繁琐的会议申请流程，办公效率大大提高。

───── 四、应用效果 ─────

本成果自 2020 年 1 月在国网河南电力公司信息通信公司、国网山东省电力公司信息通信公司投入应用（见图 1 和图 2），运行情况良好。在此期间，在应急检修、运行监视等方面也发挥了良好的作用。通过该装置，降低了通信抢修的人工成本。本成果实现行政电话与会议电视对接互通的同时，还缩短了检修人员的故障抢修时间，提高电网的供电可靠性，提高了电网企业安全生产的水平。

本成果获得通过河南省科学技术信息研究院的科技查新，并获得授权发明专利 2 项，受理发明专利 1 项，授权实用新型专利 6 项，发表国内期刊论文 1 篇。本成果技术含量高，实施方便，应用后取得较好的经济效益和社会效益，具有较好的推广应用价值，同时极大地缩短了检修人员的故障抢修时间，提升了通信网运行维护水平，提高了电网的供电可靠性和安全生产水平。

图 1　对接平台互联场景融合展示效果图

图 2　现场检修会商示意图

# 基于通信调度的二次联合会商新模式

完成单位　国家电网有限公司西南分部

主要参与人　卿　泉　徐珂航　陈　愚　李　源　白　江　谭媛媛　张　磊　王昊宇
　　　　　　谢俊虎　江弘洋

## 一、背景

（1）现有二次系统值班管理模式，要求通信调度指挥作用进一步增强。目前，网调自动化、通信专业独立设置运行值班机构，值班人员仅具备本专业故障处置能力，保护、安控业务未纳入常态化值班监视管理，不能实现二次系统全业务、全过程一体化实时监视、信息共享和故障联合处置。而各二次专业中仅通信调度有调度指挥职能，这就要求通信调度进一步发挥调度指挥作用，居中协调，提升二次系统联合会商与分析判断能力。

（2）新型电力系统的发展，要求通信调度精益化水平进一步提升。在构建清洁能源为主体的新型电力系统背景下，电网安全稳定运行高度依赖于由电力通信网串联成的大范围、高交互、多层级广域二次系统，这对通信系统可靠性提出越来越高的要求。作为二次系统的枢纽，通信系统将二次系统构建为有机统一整体，通信系统检修、故障将影响保护、安控、自动化等多个二次系统，牵一发而动全身。通信系统的独立调度已难以满足电网发展的需要，这就要求通信专业提高政治站位，主动作为，通过组织开展二次联合会商，提升通信调度管理精益化水平，增强通信调度跨专业协调处置能力。

（3）电网数字化转型，要求通信调度率先实现数字化通信系统建设。公司运营着全球电压等级最高、能源配置能力最强、并网新能源规模最大的特大型电网，迫切需要以数字化、现代化手段推进管理变革，实现经营管理全过程实时感知、可视可控、精益高效，促进发展质量、效率和效益全面提升。通信系统作为数字化电网信息传递的大动脉，这就要求通信调度必须率先实现数字化通信网的建设，而通信系统的多二次专业关联属性，要求通信调度必须强化二次专业会商，探明二次系统对通信网的需求，以促进数字化通信网的建设满足各二次系统及电网数字化转型的需要。

## 二、主要做法

（1）建立事前会商模式，实现风险预控。

1）月度检修平衡会。通过月度检修平衡会强化二次系统间以及一、二次系统间月度检修耦合风险分析，排除交叉耦合风险，制定涵盖保护、安控、自动化和通信等二次专业统一月度检修计划。

2）日前风险预控。当值通信值长依据检修专责反馈的日前班前会会议部署，针对重大检修制定细化的检修风险分析，制定通信系统检修时序、重点保障、风险预控等措施，提升通信调度对重大检修的总体掌控能力和风险预控能力。

（2）建立事中会商模式，实现风险在控。

1）班前安全交底。制定交接班规范，统一交接班内容，将当日二次运行情况及重大检修风险分析情况纳入值班日报并与下值做好交接，实现检修执行风险在控，保障检修顺利进行。

2）事中联合会商。针对二次系统通道故障及检修中调度咨询，组织二次联合会商，将原本需要各专业反复联系沟通协调的工作，优化为一个集中会商流程，快速形成统一意见和建议，实现二次系统故障联合研判和精准定位，形成通道故障抢修精准调度指令，提升故障处置效率，实现风险在控。

（3）建立事后会商模式，实现风险可控。

1）日报告。每日编制运行日报，记录值班期间二次系统运行状况、重要事项及联合会商情况，记录心得体会和问题建议，便于后续统计分析和总结讨论。

2）周分析。每周五组织调度运行、保护、自动化、通信专业召开周分析会，对一周的二次工作、会商情况进行再回顾、再分析，交流值班感受和经验，共同商讨问题的解决方法，不断完善二次联合会商模式，同时完善相应数字化支撑系统。

3）月总结。总结二次会商月度心得体会，汇总分析制度流程和数字化支撑系统，对制度进行优化修编和数字化支撑系统。

## 三、创新点

通过建立事前、事中、事后会商新模式，实现通信专业检修风险预控、二次系统通道类故障风险在控和事后二次系统风险可控。特别是事中针对二次系统通道故障及检修中调度咨询，组织二次联合会商，将原本需要各专业反复联系沟通协调的工作，优化为一个集中会商流程，快速形成统一意见和建议，实现二次系统通道类故障联合研判和精准定位，形成通道故障抢修精准调度指令，供电网调度参考，显著提升故障处置效率，保障电网安全稳定运行。

## 四、应用效果

（1）事前计划统筹，优化二次系统检修。通过月度检修平衡了会强化二次系统间以及一、二次系统间检修耦合风险分析，有效排除了交叉耦合风险，制定了涵盖保护、安控、自动化和通信等二次专业的统一检修计划，统筹开展二次系统检修。截至 2021 年底，通信系统结合一次停电计划、二次检修计划，累计优化通信检修安排 34 项，减少设备停运时长 127h，有效提升设备利用率和网络架构可靠性。

（2）组织二次班前会，加强事前风险预控。当值值长每日组织二次专业召开二次班前会，依据调度班前会会议部署，针对明日二次系统重大检修制定日前检修风险分析，优化二次系统检修执行时序，落实重点保障、风险预控等措施，并纳入值班日报与下值值长做好交接，提升值长对重大检修的总体掌控能力，并计划明年初尝试代表各二次专业参加调度班前会。截至 2021 年底，已编制完成事前风险分析报告 90 份，组织二次班前会 10 次，顺利保障保护、通信、自动化专业 432 项检修有序开展。

（3）事中联合会商，提高故障处置效率。针对二次系统故障及检修期间的协调事宜，值长通过组织事中二次联合会商，将原本需要各专业反复联系沟通协调的工作，优化为一个集中会商流程，快速形成统一意见和建议。通过二次联合事中会商，二次系统故障处置效率显著提升，累计开展事中会商 47 次，二次系统故障情况下故障分析时长由平均 1.2h 缩短至 0.4h，平均缩短 66.7%；电网调度员与二次专业业务电话联系量由平均 7.6 次减少为 3.2 次，平均减少 57.9%，大幅提升了调度员的工作效率。

（4）数字化电网支撑系统建设需求响应能力显著增强。以二次联合会商周分析会为平台，快速响应电网调度、二次专业相关业务需求，组织各二次专业分析讨论，明确解决方案，落实责任部门，持续提升支撑保障能力。收集解决 OMS 系统通信检修名称缺少、安控装置告警反复推送等 6 项问题。深度参与辅助系统研发工作，多次对 SMS 系统集中展示界面、值长使用场景、系统功能与开发厂家进行深入讨论，并根据实际工作经验，共计提出 10 项修改建议、5 项功能需求，持续提升辅助系统对二次值班运行保障、电网调度协同处置的支撑能力。

# 基于光纤振动传感的电力光缆防外破监测预警工具

完成单位  国网河南省电力公司信息通信公司
主要参与人  申 京  王 正  戚晓勇  李功明  郑 升  赵豫京

## 一、背景

随着城市改造的不断加快，城区电力管线内电缆及光缆等设施常因市政施工而被挖断，造成电网事故。目前，电力管线内电缆及光缆等设施的外破仅依靠事后修补的办法，在外破前暂无行之有效的事前预警措施。为此，提出利用光纤振动传感技术防止电力光缆的外力破坏，利用电力通信光缆作为传感器，通过监测光缆附近的振动，提前发现工程机械、人工破坏等行为，达到电力光缆防外破的目的。

## 二、主要做法

### 1.技术方案

基于光纤振动传感的电力管线防外破监测系统利用光纤作为感应体，通过发送预定重复率的光脉冲进入光纤，利用相干检测技术，检测光纤里的反向瑞利散射光，从而探测发生在光纤上的信号变化。当光缆附近有振动发生时，反射的光信号相位会发生相应的变化，相位变化的大小提示扰动的强弱。由于光在光纤里的行进速度是固定的，根据光脉冲发送后接收到散射光的时间，可以计算出扰动发生的位置，技术原理如图1所示。

基于光纤振动传感的电力管线防外破监测系统应用最先进的光纤振动传感技术，原理如图2所示。其工作原理为：激光模块发射出一系列的激光，经过耦合器后分成两路，其中一路为探测光，另一路为参考光。探测光通过脉冲化，输入被测光纤中。反射回来的信号光就携带有待测光纤的相关信息（外界对光纤某点产生的振动信息），另一路的参考光作为本地光，通过本地光与瑞利散射回波进行相干耦合，相干后的光进入光电检测模块，光电转换后的信号通过采集系统进行采集处理，最后通过上位机完成时域、频域波形显示，以及实现模式识别等相关功能。

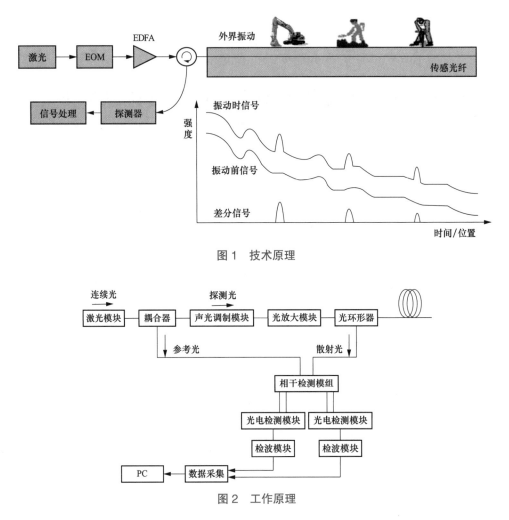

图1　技术原理

图2　工作原理

2. 实施步骤

（1）定标。线路转弯处选择点位定标，直线部分选择头尾位置，中间根据实际条件选择性定标。采用手机定标，定标人员在现场定位、敲击光缆，同时通过软件，远程登录监测仪，远程观察，完成定标工作。

（2）环境参数采集。不同的土质对振动的传导不一样，不同的埋深也将影响光缆对振动信号的接受。为此，需要采集光缆沿线的环境参数，以便设置每一段振动信号的阈值。环境参数的采集方法为使用可以产生振动的工具，每隔一段距离制造一次振动，观察系统的响应幅度，记录下其位置及幅值，一直至光缆末端。

（3）周边环境参数建设。获取通信光缆周边公路、河流、树林、农田等环境参数，光缆铺设对象参数录入数据库。

（4）信号预处理。将现场采集到的原始信号数据，使用多种数字信号处理方法，降低原始信号中的噪声，提取大量数据中的有用信息，降低原始信号的维度。

（5）信号识别与分类。系统能够及时检测到各种典型的振动信号，对各种振动信号进行快速地分析和识别，根据信号的识别结果，并充分考虑事件的时间演化特性，给出引起该信号的类别。

（6）报警信息的生成与发送。事件的发生时间、地点、报警级别等一系列信息才能完整描述一次破坏事件，是安全监测人员做出判断和决策的主要依据。系统产生的报警结果要通过通信协议发送到监控中心，被监控人员所感知。

（7）人机交互。报警信息最终要以易于接受的方式显现出来。本项目设计的报警系统提供文字、声音等报警方式，确保报警信号第一时间被监控人员感知。

三、创新点

（1）模式识别处理。本系统通过信号片段切分、特征提取和分类以及强度和可信度计算，极大地提高了事件分类的准确度。建立机械施工、人工开挖等32种振源模式识别库，可智能识别挖掘机、铲车等多种施工机械，智能滤除河流、公路等环境振动。

（2）超长距离监测。本系统采用高功率超窄线宽激光器和光相干检测的技术，极大地提高了系统的动态范围，在保持全程10m的空间分辨率条件下，实现了单通道超长监测距离（不小于50km），大幅地降低了单位光缆的监测成本。

（3）高精度定位。本系统采用超窄脉冲实现高定位精度，解决了脉冲畸变及能量小的条件下实现全程10m定位精度的难题。

四、应用效果

本成果实施极为方便，可通过连接光缆中的1根光纤实现所有监测功能。目前，已在国网河南电力层面应用，实时监测河南省电力公司至220kV环翠变电站的电力管线，监测里程28km，实现直埋、隧道、架空等各类监测场景的全覆盖。

成效1：有效预警施工外破10次，预警准确率达95%。自2019年12月装置试运行以来，该电力光缆未发生中断事件。

成效2：智能识别挖掘机、铲车等多种施工机械，智能滤除河流、公路等环境振动。建立机械施工、人工开挖等32种振源模式识别库。

# 基于电力载波的 5G 智能通信系统在配电网的应用

完成单位　国网甘肃省电力公司庆阳供电公司
主要参与人　张明栋　李明洋　王　蔚　毛媛媛　谢伟栋

## 一、背景

作为与用户连接的用电网络，配电网在电能质量方面要求相对较高。并且随着分布式电源的应用，配电网已经逐渐朝着主动配电、主动控制、主动管理的方向发展。与此同时，其物联网技术的应用可以在电力传输过程中对用户用电功率需求进行分析，掌握用户用电的实际需求，对电力传输实时调整，进而达到电能资源合理配置、减少浪费的目的。

智能电网是物联网典型应用之一，其通信终端因地而异，城区和郊区的电力信息采集器布局情况差异很大，而且配电自动化中的通信及控制安全性尤为重要，如何选择一个合适的网络一直是国内外研究热点。5G 技术未来的发展不仅满足了移动通信基本业务，而且拓展了面向物联网业务，解决了传统移动通信无法更好支持物联网应用需求的问题。

对于此系统，应用目标有以下三个方面：

（1）实现电力信息采集基本业务无死角覆盖。利用电力载波通信技术解决 5G 基站与节点铺设过程中带来的空间、时间、资源的占用等问题。通过现行完备的电力网络，在提供电力的同时，可实现电力企业对地下建筑、变电站、封闭作业现场、工业现场、偏远地区和城市边缘地区的设备接入，实现电网运行状态、配电线路、发电厂、变电站、用户等节点的实时监测，并进行信息互联、全息感知、智能控制，促进电力系统的稳定运行。

（2）解决现有无线通信系统的技术问题。现有的无线系统，由于面向的通信业务不同，或者传输带宽的限制，很难直接引入作为电力无线专网。如目前使用的 230 数传电台、GPRS/CDMA 公网、Mobitex 专网等，通信方式及体系杂乱，不能满足坚强智能电网通信网络建设的要求。基于电力载波的 5G 智能通信技术，能解决当前电力无线通信面临的下列问题和挑战：

1）缺少可用频谱：专网频谱紧张，申请新频谱困难。

2）宽带传输问题：智能电网业务多，宽带业务需求大。

3）大容量接入问题：海量终端，分布广泛。

4）高上行吞吐量问题：业务以上行业务为主。

5）高可靠性问题：电力用户数据重要，一旦传输错误，影响严重。

6）高标准业务环境：电力业务需满足低时延、大带宽、数据不上公网的业务环境。

7）可扩展性问题：便于系统的升级和维护。

（3）低成本提高电力通信网络效率。可根据现场实际情况选择最优的网络运行资源，在保证用户通信质量的前提下，尽可能地提高网络运行效率，从而降低运营成本提高经济效益。

## 二、主要做法

本项目借助电力载波通信技术，在解决5G通信基站或节点供能的同时，以功率线缆代替网络线缆，实现5G基站或节点的网络接入。因此提出基于电力载波通信技术的5G智能通信延伸方案，拟解决5G基站大规模铺设与边缘地区覆盖问题。基于电力载波的5G智能通信设备如图1所示，是将接收到的5G网络信号通过电力载波芯片转换为数字信号，再利用现有电线进行信号传输，无需网络二次布线，解决5G穿透力弱及封闭空间（如电力沟道、市政管沟、地下室等）5G网络信号无法覆盖问题，实现电力载波助力5G通信最后100m，助力5G业务在配电接入网系统的应用。

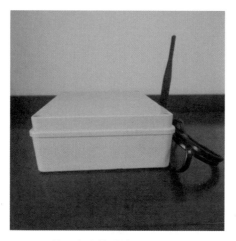

图1　基于电力载波的5G智能通信设备

## 三、创新点

（1）本项目利用电网优势技术——电力载波通信技术解决5G信号穿透能力弱的问题，并结合5G通信的高可靠性、低时延、高速率、广连接的特点，实现优势技术结合，实现对电网各环节的实时监测，促进电力系统的稳定运行。

（2）本项目将 5G+PLC 技术集成，传输高效、具备路由功能，安全性高，节约成本、免布线、操作简便、传输稳定，实施便捷、实现 5G 网络末端节点的信号全覆盖。

四、应用效果

本项目成果自 2021 年 4 月份在庆阳公司推广应用以来，取得了较高的经济效益和管理成效，得到使用单位的一致认可和好评，此外，在保证用户通信质量的同时还尽可能地提高了网络运行效率，从而降低运营成本提高经济效益。

（1）经济效益。在系统内，可通过 5G 智能通信终端设备快捷完成变电站、供电所、营业厅或其他区域 5G 信号的接入，实现有线或无线方式局域网组网，可免去边缘路由器安装配置、网络布线、设备管理、终端运维等产生运维成本。

（2）社会效益。实现了电力信息采集基本业务无死角覆盖，为配电网的精细化管理提供了保障；解决了当前电力无线通信面临的可用频谱少、宽带传输问题、大容量接入问题、高上行吞吐量问题、高可靠性问题、高标准业务环境、可扩展性等问题，促使资源合理配置，降低闲置资产运行损耗，共同推进资源节约型社会建设。

# 基于"远端热备"的调度交换网业务运行方式优化

完成单位 国网辽宁省电力有限公司信息通信公司
主要参与人 齐 霁 李 威 宁 亮 刘效禹 王东东

## 一、背景

（1）结构存在运行隐患。辽宁电力调度交换网组网方式总图如图1所示。终端设备多采用"双机同组""异地备份"接入两台调度交换机，然而500kV变电站考虑经济性指标，当前站内仅配备单一调度交换机，下联站内全部终端设备，上联两路中继采用两种方式接入不同层级调度交换网。双路2M中继上联可实现"双路由"保障，但站内调度机单点停用将造成全部下联终端失效，进而造成站内调度电话业务中断。据国家电网安监〔2020〕820号《国家电网有限公司安全事故调查规程》规定："500kV或±400kV以上系统中，一个厂站的调度电话业务、调度数据网业务全部中断，最高将构成六级设备事件"。

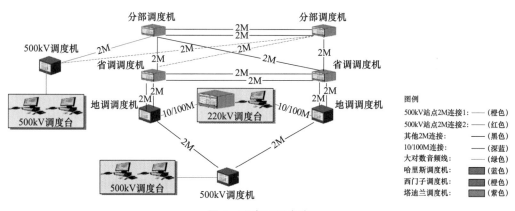

图1 现有组网方式

（2）设备老化产生安全风险。辽宁运维范围内500kV变电站共计34座，设备老化严重且部分型号已停产，导致设备运行故障频发及备品备件匮乏。同时，由于缺乏远端网管接入设备，降低了故障定位及处置速度，给检修工作带来极大的不便。

（3）动力环境影响业务性能。调度电话业务由于其运维与使用界面的分离，使其同时存在于两种不同的动力环境中。通常情况下，部署于主控室内的终端设备需交流供电，由 UPS 设备提供动力可靠性支撑。但通信机房若出现直流失电将导致部署于其内的调度交换机下电；同时，交流失电时，将导致组网交换机及相关服务器下电。由此，动力环境的变化将直接影响到调度电话业务性能。

综上，针对 500kV 变电站调度交换机故障或检修导致调度电话业务中断安全隐患情况可知，对 500kV 变电站调度交换业务方式进行优化革新势在必行。

二、主要做法

在调度交换网业务运行方式优化革新过程中，突破现网安全瓶颈的核心问题主要体现为以下两个方面：①如何经济、有效的解决因设备老化造成的原方式不满足设备 $N$–1 可靠性保障；②如何通过新方式实现动力环境对调度电话业务的 $N$–1 可靠性保障。

（1）分析网络资源现状。通过对辽宁公司运维范围内各站点现网资源及业务承载情况统计分析，提出在各 500kV 变电站内各新增备用 IP 调度电话一部，通过远端注册实现业务容灾。"远端注册"方案首要选取业务接入方式，由此对现有调度机资源分析必不可少。目前省中心站、各地市公司中心站及第二汇聚点各具有一台调度交换机，设备配置软、硬件冗余度较高，IP 电话授权预留充足，具备承接辽宁运维范围内全部 34 个 500kV 站点新增 1~2 部 IP 调度电话能力。

（2）选择数据可用通道。以方式可靠、运维便利、管理清晰为出发点，辽宁公司提出将新增备用 IP 调度电话业务注册于省中心站西门子调度交换总机设备。站内业务通过组网交换机或协议转换器接入省（三）级数据通信网，通过数据网资源将备用业务接入调度交换网。在此过程中，由于组网交换机及协转设备的存在，可实现信号在不同介质中的可靠传输。

（3）提出业务革新方式。根据各 500kV 站内是否承载一级骨干网光路及业务，考量站内通信资源现网综合能力，保留业务原方式前提下，提出如下两种新增备用接入方式。

1）备用方式经由站内通道直接接入调度交换网。该方式主要针对不承载一级骨干网光路及业务站内、根据通信机房与主控室距离及现有线缆资源情况，综合选择网线或光纤资源连接本地主控室内终端至通信机房内数据通信网设备相应端口，借由本地数据网资源媒介进行接入，完成备用调度电话业务的承载，具体组网方式如图 2 所示。当 500kV 站内调度交换机故障时，由于原方式设备终端全部注册于站内调度交换机，进而造成原方式调度电话业务通道全部中断。此时，省中心站西门子调度机只需对原键位首选号码进行切换，即可实现主、备用调度电话无缝割接。

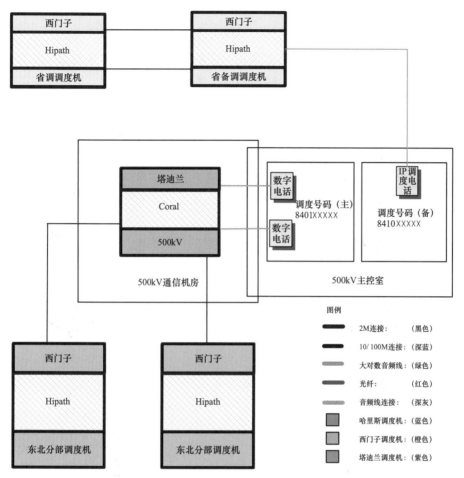

图2　站内通道直接接入方式

2）备用方式经由光纤直连异地接入调度交换网。该方式主要针对承载一、二级骨干通信网重要光路及业务站点，采用光纤连接通信机房内 ODF 配线架与主控室内终端设备，并通过光纤资源将业务上传至就近地市中心站或变电站，再经由就近站点内数据通信网设备与省中心站进行业务信息交互。具体组网方式如图 3 所示。该接入方式除具备方式一的全部优势外，由于各 500kV 站内 IP 电话终端取用主控室 UPS 不间断电源供电，通信机房内仅通过光缆进行信息传送，无需有源器件进行数据处理，可实现当通信机房意外失电时，该方式仍可保障站内调度电话业务可用。

三、创新点

（1）安全可靠，建立多路由立体网络。优化后的业务运行方式通过远端注册，减少了各业务通道关联，使原有交换网变得立体化，提高了调度交换网的容灾性。

（2）革新优化，实现主备方式无缝割接。优化后的业务运行方式解决了设备重启、通信机房断电等引发的调度电话业务中断问题，实现业务主备方式无缝割接。

（3）独辟蹊径，完成多动力支撑方式优化。优化后的业务运行方式利用调度交换机"远端热备"实现业务方式优化，多动力支撑的安全热备份业务运行方式。

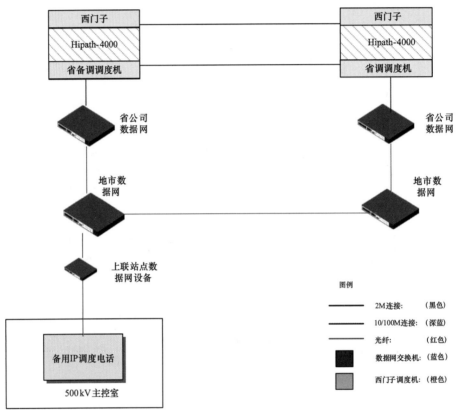

图 3　光纤直连异地接入方式

四、应用效果

应用案例 1：2020 年 10 月，某变电站通信机房电源失电，造成站内各通信业务全部中断；辽宁公司及时切换调度电话业务主备用方式，调度电话业务瞬断后恢复正常，保障了电力调度指挥的及时性，降低了事件等级。

应用案例 2：2021 年 4~6 月，3 个 500kV 变电站调度交换机故障处置中，辽宁公司及时启用备用调度电话，增加了检修工作的灵活性。

随着调度交换业务的不断发展，对业务安全性、经济性均提出更高的需求。该方式投资少、可操作性强，可作为调度交换网业务方式有益补充。

# 光纤信息自动识别装置

完成单位　国网四川省电力公司南充供电公司

主要参与人　刘　静　龙　伟　杜　涛　赵俊南　向维杰　吴金辉　刘嘉豪　余　杰
　　　　　　石　磊

## 一、背景

目前电力通信网运行所使用光配架（ODF）为传统光配，因其无源特性，光纤配线信息管理主要依靠人工使用纸质标签对光配端口标识，通过人工抄写和手工录入方式来管理光纤配线信息，只能采取定期更新光纤配线资料，以便运维检修。随着运行时间越长，还存在光纤配线资料与现场不符、现场标识不清楚、不规范问题，不利于光缆资源数据的运行维护。

1. 运维现状及存在问题

运维现状主要存在以下问题：

（1）光纤配线信息更新滞后，依靠现场勘查，后期集中手工录入，错误率较高。

（2）光纤配线资源现场支撑不够。调配光纤配线资源时候，不能直接对现场进行引导，容易引起现场与台账不一致，影响故障处理。

（3）标签展示信息不统一、不规范。部分纸质配线标签粘贴杂乱。

（4）光纤配线端口运行状态不能实时监控。光纤配线端口上尾纤脱落、光纤配线端口错误，无法及时发现。

（5）ODF改造直接更换法兰盘影响范围大。现有ODF接续的光纤上运行有大量业务，直接改造ODF法兰盘，影响业务运行，改造成本大。

2. 管理现状及存在问题

（1）逻辑通道与光纤关联关系确定难度大。光路、专纤通道与光纤资源对应关系需人工进行绑定，运维压力大、易出错。

（2）光纤资源利用率不高，整体统筹管理困难。因光缆的特殊性，ODF配线不能自动感知，没有统一的网管平台，成为"哑资源"，故难以实现高效的管理，造成资源利用率低（比如缺乏资源对外运营管理手段）。

综上所述，现有光纤配线设备已无法满足电力物联网的通信运行要求，面对海量光缆纤芯资源，传统的OTDR、手工管理台账已经捉襟见肘。因此，亟需改变光缆运维管理模式，主动"感知"光缆状态，节约维护成本、提高服务质量。

二、主要做法

1. 总体方案

不影响业务运行（不动尾纤，不动托盘），采取在 ODF 法兰盘上方加装智能光纤单元和 EID 电子标签（FC），实现光纤配线端口自动感知，由智能框控制单元汇聚端口信息至智能主控单元，通过传输网将数据传送至中心站服务器（ODN 管理系统），实现光纤资源信息管理，如图 1 所示。

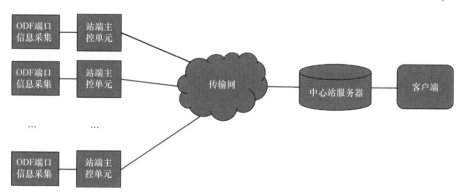

图 1　光纤信息采集组网方式

2. 硬件部署

在光配单元上部署智能光纤单元箱，加装光纤适配器和 EID 电子标签，与尾纤相连，实现光配接口信息采集、亮灯指示指引现场操作；在光纤配线机柜部署智能框控制单元，管理纤缆上所有业务，接受主控单元指令，指引光配单元检修工作开展；在站端机房部署智能主控单元，接受网管或管理终端的指令，控制站端光配单元进行相关操作；站端主控单元设备接入传输网，将采集的光配信息通过传输网传回中心站，实现光配资源信息统一管理。硬件配置如图 2 所示。

3. 软件部署

中心机房部署一套智能 ODN 管理软件，通过 SDH 光传输网与站端的智能 ODN 设备通信（专用通道组网），完成智能 ODN 功能架构模型中管理层内容，实现直接管理智能ODN 设备，主要功能包括：①管理智能 ODN 设备，存储、导入和导出智能 ODN 设备信息；②与智能 ODN 设备直接进行通信；③提供可视化的端口信息管理；④支持光纤资源数据信息化。

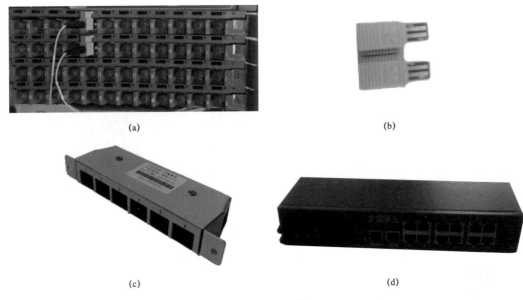

图 2    硬件配置情况

（a）智能光纤单元箱；（b）EID 电子标签；（c）光配控制框单元；（d）光配主控单元

## 三、创新点

该成果创新点在于不中断业务、不拆法兰盘的情况下，实现无纸化管理、主动感知光纤资源信息，并基于传输网管理全站光纤资源，数据安全性高、数据管理质量高、作业现场检修效率高、数据容错率低。

## 四、应用效果

（1）全面管理光纤配线端口信息，包括承载的光路及对应系统、相连设备及槽位号 / 端口号 / 端口类型 / 端口状态 / 光缆信息 / 光缆芯号等。

（2）自动采集光纤端口接、插状态能，保证现场状况与网管平台完全一致。若网管系统与现场信息一致，可由网管端修改端口信息，实现远程下发至站端。

（3）通过端口搜索，准确定位与查找端口；通过业务搜索，模糊匹配定位端口。

（4）实时统计分析资源，直接生成及导出各种资源报表，包括机架端口利用率报表，光缆端口利用率报表，随时查看，合理扩容，滚动通信规划建设。

（5）自动监控资源，当资源利用率超过自由设定的阈值，实现自动预警。

（6）亮灯指引现场工作，支持多条跳纤同时跳接，保证每条跳纤的跳接正确（LED 灯 3

种颜色，红色：未接入；黄色：空闲；绿色：占用）。

（7）准确管理光路由拓扑，由光缆可查看纤芯所承载业务情况及其光缆拓扑信息，形成光路光缆一张网，便于资源合理调配。

（8）实时监控机框、托盘、端子告警、ODF 中断告警、资源使用率告警等，支持条件查询、过滤告警及按需导出功能，包括实时告警、历史告警、告警统计，便于检修故障分析。

（9）管理运维日志，自动记录所有纤缆相关操作，做到所有操作有迹可循。

该成果相比较传统的手工录入和手工贴签，能实现自动感知、光纤资源规范管理及承载业务路由展示等功能，节省了大量数据运维时间，提高了运维检修效率。

# 光缆纤芯智能运维系统

**完成单位**　国网辽宁省电力有限公司电力科学研究院
**主要参与人**　李　欢　孙　茜　刘劲松　宋进良　何立帅　佟昊松

一、背景

据统计，每年我国发生超过 2000 次的光缆阻断，造成超过 10 亿元的巨大直接损失。光缆网络质量及线路的保护和恢复问题严重影响了电力通信的可靠性、安全性。光缆智能运维的三个痛点如下：

（1）人工跳纤法延长检修时间，工作效率低下。光网络的节点分散于各个变电站，而变电站地理位置分布广泛，逐一排查故障的工作量巨大。即使能较快确定故障点，检修人员到光缆故障现场将路由倒换至其他链路式的人工跳纤法，也大大延长了故障恢复的时间，这将带来不可估量的损失。

（2）光纤线路测试程序繁复，故障处理耗时耗力。在决定倒换光缆纤芯链路之前，现场维修人员要进行通道性能的参数测试，确保备用路由的通道性能在正常范围之内。这项工作非常繁琐，一般光缆路由经过 3~6 个站点，由此需要两组线路人员在每段光缆两端进行对光测试，既耗时又耗力。

（3）光缆配置信息庞大，全面掌握信息难度较大。为了实现光缆网络的检修和维护，通信调度人员在故障处理或日常工作中需要详细了解大量的光缆配置情况，配置信息的数据量与纤芯节点的数量有关。随着新业务的不断涌现、新节点的不断增加，通过人工方式来全面掌握这些信息几乎是不可能实现的。

二、主要做法

光缆纤芯智能运维系统能够显著提高光缆智能运维的工作效率，保障光缆资源数据收集的准确性、及时性和完整性。

1. 光缆网络自配终端样机

光缆网络自配终端样机核心部件包括对接板、光纤纤芯对接连接器以及机械手，可以完成接入设备光缆纤芯的任意两芯远程自动对接。图1为光缆网络自配终端样机的外观图。

2. 光缆纤芯远程管理控制系统

光缆纤芯远程管理控制系统能够对光纤网络进行智能化平台式管理，实现光纤资源使用情况的查询、冗余光纤的定期巡检、光纤电力通信线路规划、光衰耗等参数的远程测试、光缆纤芯运行状态的维护等功能。图2是系统组网示意图。

图1 光缆网络自配终端外观图

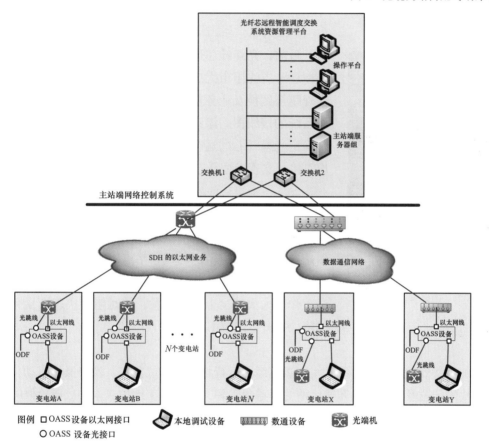

图2 光缆纤芯远程管理控制系统示意图

三、创新点

（1）研制了一种大容量光交换矩阵光缆网络自配终端样机，实现了大容量纤芯的接入、纤芯全交换功能，远程实现故障纤芯和备用纤芯之间的可控切换。

（2）研发了一种光缆纤芯远程管理控制系统，实现了自动进行光纤测试、自动完成光缆性能评估、自动生成应急通道路由信息等功能。

（3）通过大容量光交换矩阵光缆网络自配终端样机和光缆纤芯远程管理控制系统的结合，更新光缆运维工作模式，实现了远程光纤通道切换及运维管理，为建立电力光通信网络的新型管理模式提供了技术支持和保障。

## 四、应用效果

### 1. 成果推广应用及转化情况

目前，光缆纤芯远程控制系统、光缆网络自配终端等成果在辽宁省沈阳市大成变电站、于洪变电站进行了光缆纤芯远程跳接倒换及业务能力应用。图3展示了光缆纤芯智能运维系统的接线图。该系统能够在光缆纤芯故障时，及时查询并确定光缆纤芯的运行状态，远程控制终端利用剩余纤芯完成对接，实现光缆纤芯的远程调度功能。

### 2. 课题应用前景展望

目前，光缆纤芯智能运维系统已在辽宁省电网进行示范应用，下一步将逐步推广使用，应用场景为无运维人员的通信站点、运维力量薄弱的偏远站点以及多次出现光缆中断的站点等。该系统能够帮助通信运维人员远程完成日常光缆测试工作，大大减少上站工作量；同时能够快速恢复突发光缆故障，提升运维效率。

图3　现场接线图

### 3. 成果价值

（1）经济效益。该系统可以实现光缆纤芯运行状态全方位监控、检修操作自动化、无需上站的故障定位及处置，提升通信站的精益化管理，减少人工维护成本和故障抢修时长，缩短光缆故障时的业务恢复时间，免去不必要的人工运行维护成本约150万元/年、车辆费用80万元/年以及设备检修维护所需的备品备件、工程施工等260万元/年。上述合计，约可节约费用490万元/年。

（2）社会效益。通过运用本系统，远程控制切换纤芯20min内即可完成空余纤芯业务能力测试、业务纤芯倒换恢复业务，提高业务恢复历时83%。同时，本系统在运维上实现了智能化，大大提升了管理和运维的效率，在工程部署层面具有化繁为简的快速部署优势。

# 光缆中断故障快速定位和业务恢复

完 成 单 位　国家电网有限公司华东分部
主要参与人　刘勇超　徐　刚

## 一、背景

电力通信网主要依赖于光缆网架组网，随着电网不断建设发展，光缆承载的各级骨干网光路数量及重要生产业务数量也在不断增加，而日常运维面临最主要的风险就来自光缆故障，往往会对承载的多个传输系统的光路以及大量的业务造成影响，通信调度员在处置光缆故障时常遇到以下两个难题：

（1）OPGW光缆发生故障时，会造成多级骨干网光路中断，导致多条继电保护、安稳切机等重要调度生产业务通道告警。而OPGW光缆故障通常难以在短时间内修复，通信调度员的首要任务是如何运用现有的资源和手段快速抢通调度生产业务通道。

（2）城区光缆的应急处置预案一般以已知故障光缆段为前提开展后续应急处置工作。而在实际情况中，因国网华东分部作为中心站点，相关光路的光缆路由普遍采用多节点多区段城区光缆跳纤转接方式，当某条城区光缆发生故障时，通信调度员往往无法根据中断光路信息直接定位故障光缆段。因此，如何在使用OTDR定位前，快速判定故障点大致位置，是此类光缆故障处置的一个难题。

## 二、主要做法

针对上述两个光缆故障处置时的难题，结合多年来光缆中断检修工作经验和光缆故障处置经验，国网华东分部探索了3种提升光缆应急处置效率和实现业务快速抢通的方法，形成了一套简单、快速、有效、可行的"组合拳"，帮助通信运行值班人员提升光缆故障的处置效率，缩短重要生产业务通道中断时间。

（1）完善应急预案体系，提升预案可操作性。国网华东分部针对实际运行中较易发生故障的线路光缆以及对电网安全生产影响较大的保护、安控、频控业务细化了专项应急预案，与通信系统总体预案、现场处置方案构成了"三位一体"应急预案体系，形成了"光缆级""业务级""系统级""站点级"全覆盖。专项应急预案包括区域内 56 条 OPGW 光缆、11 根分部出楼光缆中断的应急预案，14 条 500kV 线路单口继电保护业务通道及 80 条华东频率紧急协调控制系统业务的专项应急预案。以光缆中断为例，专项预案针对某个光缆区段中断的突发场景，明确给出了影响的光路、承载的调度生产业务，并给出光路、业务迁回路径，帮助通信调度员第一时间确定光路和业务受影响的范围，并可参照应急预案组织光路、业务迁回，快速抢通恢复中断的业务。

（2）网管预设迁回通道，实现中断时"一键切换"。为了进一步提高故障时业务迁回抢通的时效，国网华东分部利用二级网爱立信光传输网管提供的功能，根据专项应急处置预案规划的迁回路由提前为二级网承载的保护、安控等重要业务通道配置冷备用迁回通道。采用这一技术手段，不仅能大大缩短故障时再进行迁回路由创建和倒换和时间，也避免了迁回路由的资源被其他业务占用。而冷备用路由正常情况下不激活则避免了在非必要时发生业务倒换，确保业务路由处于可控状态。典型的如图 1 所示。

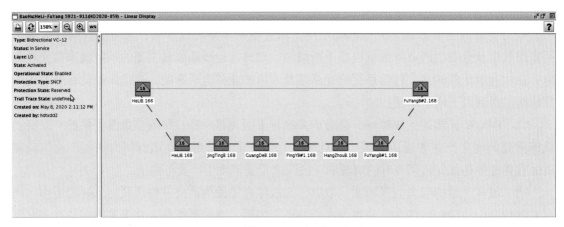

图 1　网管预设迁回通道示意图

图中实线表示业务通道的当前工作路由，虚线则表示业务通道的冷备用迁回路由。当两站间 OPGW 光缆发生故障造成主、备光路同时中断时，华东通信调度可利用爱立信光传输网管激活冷备用迁回通道，并且可批量操作，短时内将多条业务通道切换至备用路由，迅速恢复业务。

（3）编制城区光缆区段表，快速定位城区光缆故障点。不同于 OPGW 光缆多为点对点架设，城区光缆普遍路由复杂、转接环节较多，在存在多段光缆转接的光路中断时，不容易判断到底是哪个光缆段的问题。华东通信调度对华东分部出楼光缆情况进行了梳理，将华东分部的 11 根出楼光缆承载的光路相关信息整理成出楼光缆情况梳理表，作为光缆应急处置预案的补充资料。在表中收集整理了处置光缆故障时所需的各类信息，包括光缆长度、光配位置、光缆承载光路信息、光路长度、光路路由、收发光功率等。

当华东通信调度发现多条华东分部相关光路同时中断时，可以利用出楼光缆情况梳理表等资料，按照图2所示思路、步骤开展故障处置。

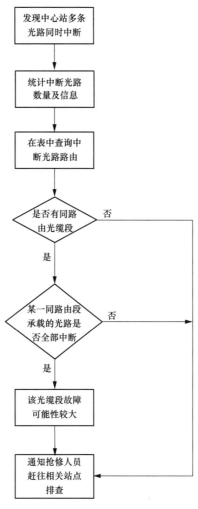

图2　分部光缆中断排查思路

（1）重要光缆段单独一个专项应急预案。为重要光缆区段单独制定一个专项应急预案，使预案的实用性和可操作性大大提升。通信调度员在面对光缆中断的重大故障时，能参照预案迅速果断、有条不紊地组织开展故障抢修和业务恢复。

（2）重要生产业务一键迂回抢通。结合网管预设冷备用路由的技术手段，大大缩短了光缆中断时业务迂回抢通时间，有经验的通信调度员1min内即可完成一条业务的迂回抢通操作，使通信光缆故障对电网生产的业务影响程度降至最低。

（3）出楼光缆一步定位中断区段。针对城域光缆的网格化表单管理，在尚未使用OTDR对光缆故障点精确定位时，就可以大致确定光缆中断区间，从而提升城域光缆故障处置效率。

## 四、应用效果

随着上述三个提升方案的实施，国网华东分部在应对光缆中断时故障的处置效率得到显著提升，华东通信调度员根据应急处置预案、结合网管操作手段成功处置多起光缆故障，大大缩短了重要生产业务通道中断时间，有效降低了光缆故障对电网安全生产的影响。

软件工具类

# 长距离光路配置辅助平台

**完成单位** 国网青海省电力公司信息通信公司

**主要参与人** 李永鑫 杨有霞 朱 靖 祁生斌 肖 华 刘生成 蒋含强

## 一、背景

### 1. 青海电网长距离光路运维现状

电力通信光缆随高压输电线路大量穿越无人区、崇山峻岭或荒野沙漠，面临着中继站选站和建设困难、成本高、站点不易维护、安全可靠性差等问题。超长距光路子系统配置是解决中继站建设维护困难并保证光信号超长距传输质量的重要措施，也直接关系着保护、稳控等重要业务的正常运行。目前青海电力通信网使用光迅 OSP 平台光路子系统进行超长距光路搭建，该系统技术成熟，实际运用中长距离光路子系统运行也较为稳定。

### 2. 青海电网长距离光路运维存在的问题

目前青海电力通信网使用光迅 OSP 平台光路子系统进行超长距光路搭建，虽然该系统技术成熟，实际运用中也较为稳定，但运维人员在进行长距离光路搭建时也存在一些问题亟待解决：

（1）复杂计算限制运维效率。搭建时运维人员需耗时进行复杂计算及与厂家沟通，导致光路搭建效率低。针对此问题，本项目搭建专项平台，并将相关资料整合至平台中，不但方便查阅 OSP 光路子系统相关资料，而且提高了运维效率。

（2）技术断层产生运维压力。新老员工间存在技术断层现象，部分运维人员尤其是新入职员工普遍存在光路搭建经验不足、理论知识匮乏等问题，在检修高峰期人员配置紧张时若运维人员技术不过关、新老员工沟通不便则会使运维人员对光路恢复束手无策，严重情况下将无法及时恢复异常的保护、稳控等重要业务导致电网安全事件的发生。

## 二、主要做法及创新点

为提高运维效率、降低因长距离光路异常导致的电网运行风险，特开发此长距离光路配置辅助平台，本平台兼容性强，配置迅速，其创新点在于兼容性考虑、大数据字典构建、数据匹配函数编程设计及主观意义四部分。

（1）平台便捷高效兼容常用终端。本平台具有高度的终端适配性与兼容性，运维人员通过测试，感受到本平台在长距离光路搭配时优势非常突出，运维人员在青海电网内、外网及手机终端上运行该平台时无需安装额外的适配软件，仅需系统内置的 Excel（Office Excel、WPS Excel 均可），真正做到即点即用。

（2）大数据字典构建支撑平台运用。

1）收集 OSP 光路子系统中包含 EDFA-BA、RT-RDFA-BA、RFA、DCM、FEC 等在内的所有板卡具体参数, 将增益结合 2.5G／10G 光传输系统参数构建基础数据库，如图 1 所示。

| 光缆 | 衰耗系数 | | 通道代价 | |
|---|---|---|---|---|
| | 数值 | 单位 | 数值 | 单位 |
| G.652 | 0.21 | dB/km | 2 | dB |

| G.652 衰耗富裕度系数 | | 活接头损耗 | |
|---|---|---|---|
| 数值 | 单位 | 数值 | 单位 |
| 0.018 | dB/km | 1 | dB |

| 光缆 | 衰耗系数 | | 通道代价 | |
|---|---|---|---|---|
| | 数值 | 单位 | 数值 | 单位 |
| ULL | 0.18 | dB/km | 2 | dB |

| ULL 衰耗富裕度系数 | | 活接头损耗 | |
|---|---|---|---|
| 数值 | 单位 | 数值 | 单位 |
| 0.016 | dB/km | 1 | dB |

| 光放设备 | 增益（dB） | | 光放设备 | 色散容限（ps/nm） | | 色散补偿距离（km） | | DCM 设备 | 数量 |
|---|---|---|---|---|---|---|---|---|---|
| | 2.5G | 10G | | 2.5G | 10G | 2.5G | 10G | | |
| EDFA-BA12/RT-EDFA-BA12 | 12 | | RT-EDFA-BA12 | / | 1600 | / | 94.11 | DCM20 | 16 |
| EDFA-BA17/RT-EDFA-BA17 | 17 | | RT-EDFA-BA17 | 3200 | 800 | 188.24 | 47.06 | DCM40 | 22 |
| EDFA-BA19/RT-EDFA-BA19 | 19 | | RT-EDFA-BA19 | 3200 | / | 188.24 | / | DCM60 | 25 |
| EDFA-PA | 36 | 31 | DCM | 340、680、1020、1360、1700、2040、3400、5100 | | 20、40、60、80、100、120、200、300 | | DCM80 | 14 |
| | | | | | | | | DCM100 | 61 |
| FEC/FEC（SBS） | 8 | 10 | FEC/FEC（SBS） | 3200/1400 | 1600 | 188.24/82.35 | 94.11 | DCM120 | 32 |
| RFA | 7 | | | | | | | DCM200 | 33 |

图 1　基础数据库

2）录入光路极限衰耗计算参数，包括 G.652 光纤衰耗系数、衰耗富裕度系数、通道代价、活接头损耗、动态线路长度等，并计算出光路动态极限衰耗。

3）根据步骤 1）中收集的参数，分别计算不同速率下同板卡不同型号下的相对增益及色散容限，并根据步骤 2）的极限衰耗反推最大支持距离，以此建立搭建方案数据库。

（3）结果快速匹配提升运维效率。

1）使用 Excel 平台中 =IF（…）、=AND（…）等函数进行嵌套，以波长、速率、线路长度为自变量对不同波长、速率及衰耗区间进行区分判别，为匹配最佳光路搭配方案奠定基础。

2）在步骤 1）中判别完成得到因变量后，使用 =HYPERLINK（…）、=IF（…）、=AND（…）函数嵌套进行最佳搭配方案的匹配，得出最终结果。

3）为满足运维人员个性化需求，在平台中列出各关键点函数的函数内容及注释，以协助对程序进行修改，完成参数的修改以适应实际运维情况。

（4）主观意义影响长远。平台负责人在设计开发该平台的过程中，很大程度上提高了自身作为入职新员工对长距离光路的认识，从一定程度上降低了公司对入职新员工的培训成本及新员工自身技能提升的时间成本。

三、应用效果

通过输入线路距离、光信号波长、系统速率后，判别函数对参数进行研判，匹配函数根据研判结果进行最佳方案匹配，终端测试正常，满足投入使用条件。

1. 成果推广应用及转化情况

本平台经过验证，与省网内长距离光路配置一致，目前主要应用于省信通运维部门，并推广至各运维分部员工终端。在使用过程根据收集到的平台使用情况进行及时补充优化。

2. 课题应用前景展望

该项目将在长距离光路搭建中发挥作用，通过严谨的数据收集及计算，实现运维质效的显著提升。平台应用范围广阔，包含青海信通公司各运维分部，可提高运维人员工作效率。通过该平台应用情况，可以此平台为基础搭建更多通信运维相关平台，实现运维效率提升全面化、入职新员工技能提升加速化的效果，平台实际配置结果之一如图2所示。

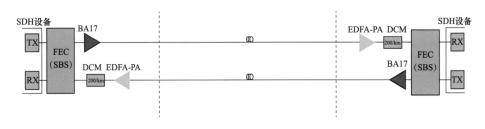

图2　配置结果

注 1. BA17输出光功率为17dBm，FEC（SBS）相对增益为10dB，PA接收灵敏度为−31dBm，53≤线路衰耗<58dB时该方案满足稳定运
　　行需求。
　　2. FEC（SBS）色散容限为800ps/nm，搭配200km DCM可支持约247km色散补偿距离。
　　3. 衰耗受限距离为241km，色散补偿距离为247km，因此该方案光传输极限距离为241km。

# 高清电视电话会议集中智能监控系统

**完成单位** 国网江苏省电力有限公司信息通信分公司

**主要参与人** 苏 杨 田 然 庞渊源

## 一、背景

电视电话会议系统是保障国网江苏省电力有限公司经营管理、演练培训等工作的重要通信支撑平台，覆盖省、市、县、直属单位共计78家单位、200多个会场，分为行政高清、资源池高清、应急高清、调度高清、公共高清五大会议电视系统。随着电网精益化管理，各类视频会议日益增加，在"原始人工"保障的模式下，电视电话会议系统运维主要存在以下三大痛点。

（1）设备分散多样。电视电话会议系统包含设备数量大、功能多、品牌杂，按照会议保障要求，在保障过程中需反复切换特定音视频信号源，音视频信号会同时流转于MCU、终端、矩阵、SMC、调音台、电视墙、录像机、摄像机等多种复杂设备，操作设备繁多、重复劳动频繁、工作强度大。

（2）会控复杂独立。电视电话会议系统自投运以来，会议召开次数逐年上升，特别是受疫情影响，电视电话会议成为公司"一手抓疫情防控、一手抓复工复产的重要平台"，通过人工操作的"原始"模式对每年千余场会议进行保障，易于出错，安全影响大。

（3）保障容错度低。由于实时性要求高，系统保障容错度低，每一场会议均如中央电视台现场实况转播效果相同，不容有半点失误差错存在。但实际操作中，画面出现抖动、卡顿、马赛克、白平衡色彩异常，声音伴有杂音、唇音不同步等一系列问题，哪怕是小问题，都会严重影响会议体验，运维风险大。

在此背景下，通过"高清电视电话会议集中智能监控系统"的研发，将不同品牌、不同类型、不同接口的电视电话会议设备进行集中并联控制，按照预先编辑好的会议保障脚本实现电视电话会议设备集中式操控、一键式操控、脚本化操控，可大大提高电视电话会议系统工作效率，减少风险隐患，降低生产运营成本。

该系统软件采用 C/S 制式，能够快速响应指令，使设备迅速动作。软件分为用户管理层、会话管理层、控制接口层和设备接入层（见图1），分层的架构能够兼顾功能稳定和设备兼容。

通过设备接入层组成控制局域网，连接 MCU、音视频矩阵、调音台、电视墙、录像机等设备，不仅能够实现电视电话会议系统会议控制中心控制模式，也能针对单点会场集中控制，同时实现复杂系统、复杂会议单人控制，大幅度缩减人员成本，提升设备匹配度和响应效率，降低会议操控失误风险。监控软件界面如图2所示。

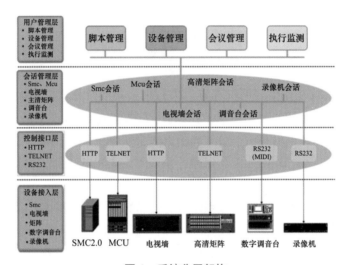

图 1　系统分层架构

图 2　监控软件界面

（1）会议设备集中式操控。通过标准接口协议，将 SMC、音视频矩阵、电视墙服务器、调音台、高清录像机、会议终端等设备进行远程集中控制，针对不同设备开发简洁明了的操控界面，并提供统一控制调用，实现多种设备从独立运行到集中控制的转变。

（2）会议系统一键式操控。一键式操控是将特定功能进行指令封闭组合，实现多功能、多任务操控。此系统将专线（主）、网络（备）平台两套操控系统合二为一，智能互联，减少运维人员工作负荷，提高工作效率。

（3）会议系统脚本化操控。通过读取全省会议信息，使用 C++ 程序进行脚本编辑（可实时进行编辑修改），在会议调试、会议保障、会议结束的各个阶段，实现一键式智能化自动操控，以国网江苏省电力有限公司月度会议为例，原本会场轮询、会议监控、会议录像、点名发言、画面变更等人工多步骤操作，现均由事先编辑的脚本自动发送命令至设备，自动开展会议保障工作，如临时出现会议议程变更的情况，可及时切换至人工保障模式进行脚本调整。

## 三、创新点

（1）提高设备协同性。精确计算多种设备通信协议的控制命令，集成多种独立设备，统一控制调用，实现多种设备从独立运行到集中控制的转变，大大提高会议保障质量。

（2）编辑脚本实现会议自动保障。通过读取全省会议信息，使用 C++ 程序进行脚本编辑，在会议调试、会议保障、会议结束的各个阶段，实现一键式智能化自动操控。

（3）会议操控系统、设备、脚本加载集成。对会议操控、设备集成、会议脚本进行系统关联，实现各系统操控软件之间的加载集成，有效提高会议保障工作效率。

## 四、应用效果

1. 成果推广应用及转化情况

目前，该系统已在国网江苏省电力有限公司进行使用，同时向扬州、淮安供电公司进行成果转化推广，系统使用效果显著。

2. 应用前景展望

高清电视电话会议集中智能监控系统优势主要体现于以下三点：

（1）操控改善。通过对会议操控、设备集成、会议脚本进行系统关联，实现多步骤操作转变为一键式智能化自动操控。

（2）风险预控。提前编辑会议保障脚本，固化保障方案，通过集中操控软件对脚本进行组合加载，实现在脚本编辑阶段规避可能存在的失误和风险，有效提升电视电话会议保障的稳定性和安全性。

（3）效率提高。由多人操控转变为 1 人操控；由智能自动控制代替人工操作，如一场会议为 90min，会议将由原先 90min 全程多人操控变为 10min 一人操控 +80min 智能自动控制，大大提高会议质量及工作效率。

该系统将在电视电话会议保障中发挥重要作用，可进行试点应用，再逐渐推广使用，应用场景为各网省电视电话会议控制中心，实现运维质效的显著提升。

### 3.成果价值

电视电话会议召开关系到全省乃至全国电力系统工作效率，据了解，全网目前还没有此技术的开发应用。该技术适应面广，较为先进、成熟，能够结合各公司召开电视电话会议的实际需求进行灵活定制，提高会议质量和企业管理效率，实现会议保障智能化，更好地服务于电力生产和建设。

与此同时，通过高清电视电话会议集中智能监控系统，不仅减少了人工操控的工作量，提高了系统安全稳定性，也大大降低生产运营成本，切实改进会风，提高办公效率，在有效支撑公司系统经营活动的基础上，每年实现节支效益千万元。

# 调度电话智能信息播报及语音拨号

完成单位　国家电网有限公司华中分部

主要参与人　卢宇亭　陈　昆　刘代军

## 一、背景

分部、省或地市调度与厂（场）站业务交互除了日常调度电话业务外，还存在一些调度通知业务场景，主要包括：①电网应急处置时与多个站点的协同操作通知；②电网负载不均衡需采用拉闸限电的多方通知；③在日前检修计划基础上的临时检修任务的通知；④主备调切换时所有直调厂（场）站的通知；⑤电网自动化系统故障告警时的电话通知；⑥工作票和操作票的催促处理通知。

在上述业务场景下，调度员通常采用逐个站点依次进行电话通知的方式联系各厂（场）站，紧急情况时甚至需要多人同时进行通知，呼叫方式主要通过调度电话手柄进行电话拨号或点击调度台热键进行呼叫，无论通知方式或呼叫方式，均迫切地需要进行改进提升。

## 二、主要做法

利用智能信息播报与语音拨号模块装置，调度员可以进行高效的播报通知和语音呼叫，实现信息转语音 1 对 $N$ 高效播报，提高调度呼叫速度，提升调度员业务处理的整体效率，在保证呼叫准确性的同时，不影响现有调度交换机系统的稳定可靠性，也不影响调度员的操作习惯。

### 1.设备连接

智能信息播报与语音拨号模块装置与智能业务辅助交换平台进行 IP 互联，智能业务辅助交换平台通过中继与调度交换机进行连接。调度台通过 IP 接口接入至该模块装置，当调度台进行语音拨号时，将向该模块装置获取信息，再通过调度交换机进行呼叫。

电脑客户端网络接入到模块装置，可通过 Web 方式登录智能信息播报系统，调度员在 Web 端进行文字输入，系统将进行 TTS 语音合成，并将合成后的语音高效地进行大范围通知。设备连接示意图如图 1 所示。

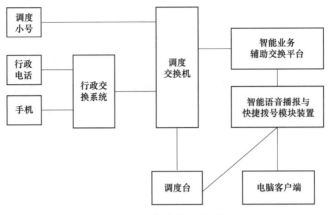

图 1　设备连接示意图

2. 安全保证

智能信息播报与语音拨号模块装置和调度交换机之间是松耦合连接方式，其增设不影响现有调度交换机的可靠性，模块装置的故障也不影响调度通信系统的正常运行。

通过智能信息播报与语音拨号模块装置的部署，在传统调度交换的基础上，实现了智能信息播报应用及语音拨号应用。智能信息播报应用实现了信息转语音的 1 对 $N$ 高效播报，可大幅提高通知效率。语音拨号应用可通过调度台快速发起呼叫功能，提高了调度呼叫速度。

（1）智能信息播报具有以下特点：

1）便捷发起：Web 客户端输入内容和号码即可快速发起广播通知。

2）状态感知：广播通知开始后可在客户端 Web 页面实时查看广播状态。

3）按键确认：每个通知对象接听后，可进行按键确认或重听。

4）智能追呼：如通知对象没有及时接听，则可自动进行追呼操作。

5）记录完整：通知完成后，系统会自动生成通知记录。

（2）智能语音拨号具有以下特点：

1）语音拨号：利用 AI 语音识别和智能通讯录匹配，实现自动语音拨号。

2）识别率高：系统识别准确率高，可以将搜索结果呈现到调度台界面上，调度员再进行选择，对于电力调度这种关键通信，能够进一步保证调度拨号的准确性。

1. 成果推广应用及转化

目前，该设备装置在国家电网有限公司华中分部进行试点部署及应用，用于检验成果的功能以及作用。在部署了该装置后，调度电话将支持智能信息播报和语音拨号的功能。

2. 课题应用前景展望

智能信息播报与语音拨号模块装置能够提升调度员的工作效率，且完全不影响调度交换系统的稳定可靠性。

该课题将为调度员提供更高效的调度支撑工具，支持便捷语音拨号和信息播报，可进行试点应用，再逐渐推广使用。

3. 成果价值

（1）经济效益。智能信息播报与语音拨号模块装置在提升调度员工作效率方面有显著效果，能够使调度员更加专注地进行调度生产工作，保障电网安全。

（2）社会效益。电力行业将构建以新能源为主体的新型电力系统以实现双碳目标。利用智能信息播报与语音拨号模块装置可以更高效地帮助分部、省或地市调度与新能源厂站的交互，以保证新型电力系统的稳定可靠运行，保证双碳目标的正常推进，实现更高质量的可持续发展。

# 交换机运维工具软件

完 成 单 位　国网安徽省电力有限公司合肥供电公司
主要参与人　樊桂枝　周　泉　卢　峰　谢大海

## 一、背景

交换机是通信数据网的主要设备，且数量庞大，国家电网常规地市公司的通信数据网包含各类品牌型号的交换机 800 多台。维护这些交换机的配置文件和查看交换机的端口情况，耗费了大量的人力、物力和时间。市场上有一些商业化的网络管理软件，有的侧重于流量分析，有的适用于拓扑管理，有的倾向于资源规划。而适用于基础运维人员的，用来维护配置文件和分析端口情况的软件极少，且费用高昂。

国网合肥供电公司信通公司坚持运维主业化原则，自行开展软件研发，指在基层运维工作中，减少人工操作，快速分析故障，提高工作效率。

## 二、主要做法

本软件用 Java 作为开发语言，IntelliJ IDEA 为开发环境，MY SQL 数据库为数据存储后台，软件构架设计为 B/S 结构，多用户操作。

### 1. 界面设计

按照"面向专业，一键操作"的原则，设计软件的主界面，如图 1 所示。

该界面主要分为操作区、登录区、用户信息展示、系统信息展示、系统交流区五大区域。对后台运行状态、用户状态等信息用"■"（方形）、"●"（圆形）等可视化图形符号加以提示。

### 2. 代码编写

该软件代码编写主要集中在数据流类分析、自动登录、命令输入、表格生成四个方面。在 Java 体系中，所有的"流"继承于四种抽象流类型，分别是输入字节流 InputStream、输入字符流 Reader、输出字节流 OutputStream、输出字符流 Writer。本软件采用数据流的循环读取技术，向交换机输入命令，并获取反馈信息。列举关键代码如下：

图 1　主界面设计图

```
printStreamClient.println（commandStr）;
printStreamClient.flush（）;
while（timeRun * timeInterval < timeOut）{
    Thread.sleep（timeInterval）;
    tmpStrLen = inputStreamClient.available（）;
    if（tmpStrLen > 0）{
        timeRun = 0;
        byte[] tmp = new byte[tmpStrLen];
        inputStreamClient.read（tmp）;
        tmpTxt = new String（tmp）;
        tStringBuilder.append（tmpTxt）;
        tmpStrLen = lastStrLen + tmpStrLen;
    }
}
```

（注：因篇幅有限，本文给出代码不完整。）

3. 表格生成

在采集分析数据之后，本软件引用开源社区 POI 组件生成表格。列举生成的"ACL 信息表"，如图 2 所示。

图 2　"ACL 信息表"截图

<hr/>

## 三、创新点

### 1. 状态时效性分析

本软件创新地设计了时效性分析功能，对采集到的信息按照采集频次进行计算，得出时效性判断。列举 MAC 地址分析表结构，见表 1。

表 1　　　　　　　　　　　　　　　MAC 地址分析表结构

| 项目 | 内容举例 |
|---|---|
| 交换机 IP 地址 | xxx.xxx.xxx.xxx |
| 端口 | GEthernet0/0/17 |
| mac | 000b–xxxx–299e |
| 状态 | 动态 |
| 状态持续时间 | 该状态从 2021–05–01 至 2021–05–14，持续 14 天，测试 8 次 |

如上表最后一行显示，本软件分析了端口（或 IP 地址）的状态时效性，为运维操作提供可靠的依据。

### 2. 智能登录

用户只需要向本软件提供 IP 地址、登录账号和密码三个信息。软件将自动检测并选择登录的端口和协议，同时，自动采集设备的生产厂家、型号、固件版本等参数，还能自动获取提示符、分页符，大大降低了软件对外部数据依赖，减少了人工操作，提高了正确率。列举登录情况表结构，见表 2。

表 2　　　　　　　　　　　　　　登录情况表结构

| IP 地址（*） | x.x.x.x | 优选协议 | 自动 SSH2 |
|---|---|---|---|
| 账号（*） | ***** | super 情况 | super 成功 |
| 密码（*） | ***** | sys 情况 | 成功 |
| super 密码（*） | ***** | 普通提示符 | <xxxxxxxx> |
| 22 端口 | 开 | sys 提示符 | [xxxxxxxx] |
| 23 端口 | 关 | 分页属性 | 无 |
| SSH2 | 成功 | 厂家 | 华三 |
| SSH1 | 成功 | 型号 | S3601-52P |
| TELNET | 无 | 固件版本 | 5.2 |
| 状态持续时间 | 该状态从 2021-05-13 至 2021-06-02，持续 21 天，测试 16 次 |||

　　上表打"*"号内容需要人工填写，其他信息均为软件自动采集。同时，为了兼容老旧设备，本软件特别引用了开源社区的 MindTerm 组件，支持已经淘汰的 SSH1 协议登录方式。

四、应用效果

　　自软件进入调试阶段，就不断有可用数据生成。2021 年 1 月 25 日，核心代码调试成功，测试采集 70 台交换机，总用时 1h5min，根据交换机型号配置的不同，登录用时 38s~1min52s，采集用时 3 ~ 29s。

　　2021 年 5 月 14 日，软件迁移并成功适配 80 多台交换机，分组扫描其中 14 台交换机，采集到 800 多个端口，9000 多个 MAC 地址。

　　经过不断的调整和完善，至 2021 年 6 月 2 日，本软件自动扫描了 80 台交换机，分析了大量数据，准确又快速地将交换机登录情况、端口、协议、配置等数据生成了报告。预测在状态分析、数据统计等方面，能为一线运维工作减少 30% 的工作量。

# 基于 Python 的通信网核心资源梳理工具

**完成单位** 国网浙江省电力公司信息通信分公司

**主要参与人** 王 亭 王艳艳 张文正 沈佳辉 娄 佳 贺家乐

一、背景

随着光纤通信的普及，业务需求量不断增大，电力通信网的规模在不断地复杂化、多样化。可靠开展通信运行方式管控、检修、抢修工作，依赖于规范、准确的通信网资源信息数据，当前通信资源管理存在以下痛点：

（1）通信网资源命名不统一，影响检修等工作开展。浙江境内一级骨干通信网系统业务命名规则众多，且业务标准命名和网管上的电路名称不一致，可能会导致业务填写不规范被退票，存在影响检修正常开展的风险。根据近几年一级骨干通信网检修数量统计情况，显示影响到国网重要调度生产业务的通信检修约占四分之一，主要包括继电保护业务、安稳控制业务以及调度数据网业务等。

（2）人工维护梳理效率低下、易出错。影响一级骨干通信网系统的通信检修工作，需仔细核对影响的光路及业务情况，按照传统的检修业务核查方式，查询一级骨干通信网的所有网管，根据光路配置情况评估影响的业务情况，并将业务清单从网管中提取出，逐条进行核对，需花费大量时间和人力，效率低下。

基于以上问题，研制了一种基于 Python 的通信网核心资源梳理工具，利用可视操作界面，使用 xlrd、xlwt 等模块实现国家电网下发通信网资源文件信息的读取，与需要梳理的业务进行对比，一键完成通信网重要资源台账梳理，实现国家电网通信网资源台账精准、高效、细致化管理，提升通信运行方式变更、检修、抢修工作效率与质量。

二、主要做法

（1）编写逻辑代码，建立图形化操作工具，通过 Python 内置的 Tkinter（轻量级的跨平台图形用户界面开发工具）实现了图形界面的设计，并对所有文本及按钮进行简单布局，并对所有按钮编写代码逻辑，部分设计代码及工具操作界面如图 1 所示。

图1 示例代码及工具界面

（2）获取网管 Excel 文件中光路、电路名称信息，点击图形界面中的"点击导入文件"按钮添加对应参考文件，包括国调直调直流保护业务通道表、国调直调安控业务通道表、调度数据网业务表、华东保护安控业务表及浙江月度运行方式—二级骨干通信网业务资源表，程序读取 Excel 表格信息，为后面的业务梳理工作提供可靠依据。

（3）通过浙江公司参数识别浙江管辖范围光路信息，然后对电路名称中的关键字进行筛选，初步筛选出业务类型为直流保护，交流保护或者调度数据网业务，通过分离电路名称中的方式单号与国家电网对应的文件国调直调直流保护业务通道表、国调直调安控业务通道表、调度数据网业务表、华东保护安控业务表以及浙江月度运行方式—二级骨干通信网业务资源表进行对比查找对应的规范业务名称，程序按照要求格式写入新的 Excel 表格，高亮查找出来的业务进行标记；未查找出来的业务则按照命名规则进行自动重命名，命名清晰、易理解。数据处理前后对比如图2所示。

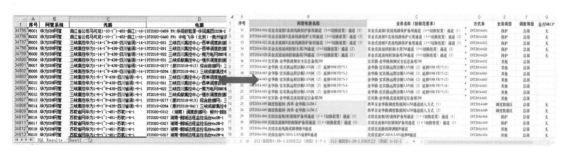

图2 浙江公司一级骨干通信网华为系统业务梳理结果

三、创新点

（1）提出一种轻量级通信资源数据处理方法，利用 Python 易理解、可移植的特性，结合国家电网公司通信网资源业务特有表现形式，按照通信网资源管理规范，构建形成多平台运行的工具应用，对数据进行重构，实现资源数据一键清洗。

（2）本成果未改变以往习惯用的 Excel 表格的资源管理形式，以 Excel 表格为基础，利用更加智能有效的方法对一二级骨干通信网重要业务进行资源治理，对开展通信类检修工作起到极大的辅助作用。

（3）该工具的灵活性高，可以灵活地适用于很多场景，灵活地替换国家电网定期下发的最新业务数据表格。其他情况的一二级骨干通信网重要业务梳理也可以灵活地使用，适用面广，效率高，是浙江公司践行提质增效的创新性应用。

## 四、应用效果

### 1. 成果推广应用及转化情况

本成果主要在国网浙江省电力公司信息通信分公司投入使用，使用该工具，每月对国家电网下发通信网资源进行梳理，目前已经开展梳理 2 次，有效保障通信检修方式单正确填写 30 多次。

### 2. 课题应用前景展望

通过对该成果在浙江公司进行实际应用，验证了该工具的实用性以及提质增效的作用。由于工具实现的功能，在国家电网范围内通用，因此该成果在其他网省公司同样具备较好的应用前景。主要应用于进行国家电网下发的国调直调直流保护业务通道表、国调直调安控业务通道表、调度数据网业务表、保护安控业务表等通信资源梳理方面。

### 3. 成果价值

（1）经济效益。通过应用本成果，与传统人工处理数据方式相比，原本每月 4 人·天的梳理工作量缩短为 1min，每年节约 50 人·天工作量；按照概率事件计算，每年平均减少 5 次通信生产业务异常事件，减少了经济损失。

（2）社会效益。本成果赋能通信网领域开展数字化运维，有利于助力公司加快数字化转型，该成果的创新思维，对于常态化开展通信资源梳理，理清浙江公司"资源命脉"，培养数据解构、重构的创新性、创造性人才，具有较好的示范作用。

# 通信调度运行数据分析自动分析工具

**完成单位** 国家电网有限公司西北分部

**主要参与人** 王 炫 程 松 李 欣 刘 扬 邓 捷 王世杰 智 远 施维刚

## 一、背景

　　通信调度工作是电力通信专业核心业务之一，主要包括方式、检修、运行三大部分。为了对通信网的运行情况进行精细化管理，通信人员需要对网络运行中产生的大量的运行、检修、通道数据进行统计分析。此前此类工作只能通过人工实施，耗费人力大，工作效率低，且准确度不高。从 2020 年中开始，国网西北分部通过技术创新促进通信调度工作模式提升，自主开发相应的自动化支撑工具并在日常工作中进行应用，提升工作效率和工作质量，同时节约使用人力，促进通信调度人员能将更多精力向保障电网生产业务方面聚焦。

## 二、主要做法

　　结合工作实际，总结提炼电力通信调度工作中重复性强、耗费人力大，且对通信运行安全有重要影响的工作环节（通信检修管理指标分析、通信方式与网管数据配置比对、通信检修票业务影响范围关联性分析等），有针对性地开发智能化、自动化辅助支撑工具，改进原有工作模式，提升工作质量和效率。

　　目前已经完成三项自动分析工具的开发，并在通信调度工作实际应用中取得良好效果。具体如下：

　　（1）通信检修票业务影响范围关联性分析工具。结合西北区域二级骨干通信网的继电保护、稳控系统业务通道典型路由组织方式，西北分部通信调度提出了基于关联业务分类的通信检修快速检索算法，构建继电保护、稳控业务关联分析的树状决策模型，在此基础上，开展通信年度/月度检修计划、日检修（含临检）计划的安全校核方法研究，实现关联检修快速提取、安全校核及计划修正，降低通信检修的关联业务安全风险。该工具可开展大批量通信检修的业务关联校核工作，有效缩减人员工作量，规避人工判定产生的工作疏漏，降低通信检修的业务中断安全风险，可作为检修工作安全管理的有效技术支撑手段。

（2）通信方式单与网管数据配置自动比对分析工具。该工具可将方式单中的业务通道信息与从专业传输网管提取的业务通道数据（业务名称、路由、端口等）进行比对分析，对于比对结果不一致的业务，可以用列表的形式进行呈现。在因抢修、检修、方式优化等原因造成路由变更后，通过使用该工具，能很方便地开展业务通道的图实相符性校验。

（3）通信检修管理指标自动统计及分析工具。如图 1 所示，该工具可从西北分部 TMS 系统中提取通信检修票相关数据，经过分析、加工后，形成分部通信调度所需的周报、月报统计数据。其中周报统计数据主要体现通信检修影响通信网运行和生产业务保障的相关数据。包括按照不同分类（如检修影响设备类型、计划类型、检修区域、工作开展进度等）统计的检修工作数量，按不同分类统计的影响业务数量（条 × 次）等。月报统计数据主要体现分部及西北各省的检修管理工作质量，主要包括三大类（检修计划刚性管理、检修票规范性、检修执行情况等）15 项量化指标。

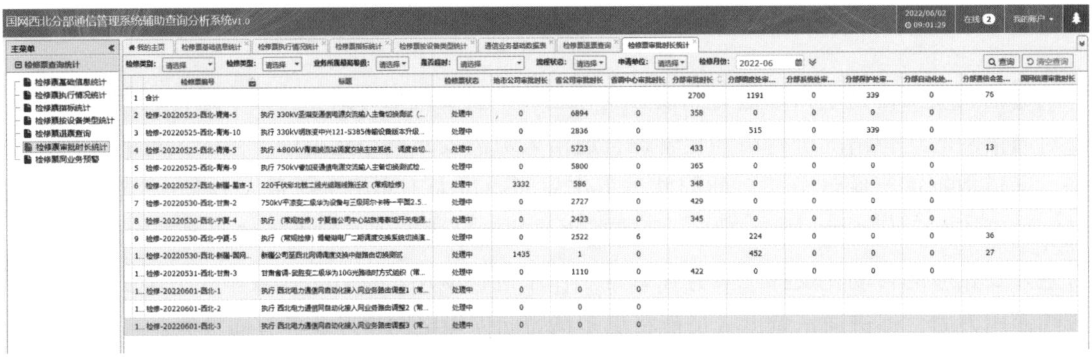

图 1　通信调度运行数据分析自动分析工具图示

---

三、创新点

（1）提出了西北电力通信检修安全校核标准及业务安全校核流程，如图 2 所示，有效杜绝同时段多项检修工作中业务交叉关联而导致的漏核问题，提升了检修影响范围核对的准确性，为软件开发提供了关键算法依据。

（2）充分使用了大数据分析的方法，对大量的业务运行数据进行数据清洗和筛选，在算法处理中，在实时性和准确率之间取得一个平衡，确保分析的数据可以在第一时间为业务决策提供数据支持。

（3）充分优化算法，按照最优结果的方法对所需计算的数据进行分析，并充分利用现有数据库服务器的冗余性能进行后台计算，使数据的分析计算效率大大提高。

（4）对需要比对的数据，不再采取循环逐一比对的算法，而采用对基础数据多次过滤，最简比对策略，使数据比对的效率大大提高。

（5）采用定时计算加人工计算的方法，既解决了大量数据计算的等待时间，也提高了人员的工作效率。

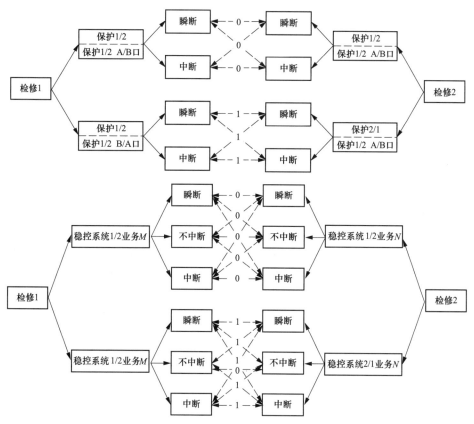

图 2　继电保护、稳控业务关联分析树状决策模型

## 四、应用效果

通过使用以上工具，将原先需要通过人工逐项统计、分析、处理的工作通过程序自动执行，节省了人力投入，显著减轻通信调度人员的工作负担，提升工作质量。具体说明如下。

通信检修票业务影响范围校核工作对通信网安全运行有重要影响，校核工作出错，将可能造成业务非计划中断，给电网运行安全带来风险。此前，分部通信专业在通信检修工作量大的月份（如春、秋检期间），用于检修票业务核对方面的人力消耗约为每月 20 人·天。在使用自动校核工具后，此项工作耗时减少约 90%，且分析准确性显著提升。2021 年 1~12 月共审批检修票 1361 张，指挥处理各类通信系统故障 59 起，涉及影响业务 8400 余条次，未发生一起因业务影响范围校核错误引起的业务中断事件，有效保障了电网安全运行。

通信方式单与网管数据配置对比分析是西北通信调度的例行工作。自 2020 年以来，为提升方式单与现场接线图实相符性，通信调度加大方式核查力度，执行"月度小核查、季度大核查、年度总核查"的工作要求。通信人员每月需要对因检修、缺陷处置、方式优化等原因造成变动的通道进行核查，消耗人工约 1 人·天；每季度对全网 2000 余条业务通道进行核查，消耗人工约 3 人·天。使用自动分析工具后，数据比对分析环节耗时基本归零，每月减少 2 人·天工作量，且分析准确性明显提升。

通信检修管理指标统计分析按周、月定期开展。在应用自动分析工具以前，单次周报统计工作需要耗 0.5 人·天，单次月报统计工作需要耗 1 人·天。总计每月耗费人工为 3 人·天。使用自动分析工具后，数据统计的耗时基本归零，每月用于编制周报、月报的总耗时减少约 80%。

综上所述，通过使用自主开发的自动化分析工具，可有效减轻通信调度人员工作负担，促进大家能将更多精力向保障电网生产业务方向聚焦。提升了相关工作的效率和质量，特别是在多检修票业务交叉影响分析工作中，自动分析工具体现了更高的精确性，减少因人员漏核业务而造成的通信通道非计划中断问题，更好地保障通信电网安全运行。

# 电力通信生产计划智能管理

完成单位　国网北京市电力公司信息通信公司
主要参与人　李金友　赵紫君　朱菁菡　王敏昭　白昊洋　饶　伟　范明明

## 一、背景

近年来，随着互联网、物联网、云计算、大数据等技术快速发展，大量重要生产业务、新兴业务的接入对电力通信网的稳定运行提出了更高要求。面对体量大、质量高的运维新要求，国网北京信通公司从生产计划管控入手，以"管理运营智能化"为目标，在生产计划全流程精密管控、相关制度全方位贯彻落实、本质安全建设精准提升、绩效考评自主化管理等多方面建章立制，建立多维度生产计划智能管控体系，借助先进数字化手段开发电力通信生产业务智能管控平台，确保生产计划科学高效编制，运维资源精准投入，全面提升通信网运维工作质效，同时进一步推动前沿信息通信技术在生产一线落地应用，推进科技创新与电网融合、与生产融合。

## 二、主要做法

（1）解析运维规章制度，建立多维生产计划管理体系。

1）梳理生产任务清单，修编作业指导卡。分解通信专业相关规章制度、深入生产一线开展调研，将生产计划来源总体划分为周期性任务、非周期性任务。编制周期性生产任务清单，作为生产任务安排的来源依据，有效防止生产任务在计划编制过程中发生错漏。

2）细化生产计划颗粒度，健全分层分类审批机制。建立"年规划、月安排、周调整、日管控"的计划制定流程。综合考虑任务来源、风险等级等因素，设置有针对性的审批流程，从源头把住安全生产底线。

3）落实精益化运维理念，建立运维策略动态调整机制。建立"自下而上、自上而下"的双轨运维策略动态调整机制。根据运维目标的实时状态，对单点运维策略实现动态调整和升级。

4）聚焦降本增效，创建"综合检修"新概念。对同站点、不同设备的运维检修工作内容进行"打包",由一组作业人员、一次性完成多项工作任务,提高单兵工作效率,降低用车成本。

5)梳理典型作业安全技能名录,完成作业人员技能等级评定。依据典型作业安全技能名录,采用"理论考试+实操考试+现场作业"三位一体的评价方式,对作业人员进行技能等级评定。同时建立技能等级调整机制,有效激励作业人员组织参与各项专业技能培训,提升自身专业技能水平。

6)激发员工内生动力,建立工作量积分机制。逐项制定工作量积分公式,在年度绩效考评中,全体一线作业人员根据总积分进行排名,按照国网北京信通公司绩效管理方案分配绩效奖金。

(2)开发建设管控平台,以数字化手段为管理体系赋能。为落实多维生产计划管理体系,实现以数字化手段赋能运维工作的目标,开发电力通信生产业务智能管控平台(如图1所示),实现管理体系的落地。

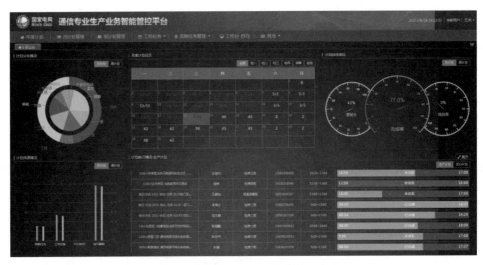

图1 电力通信生产业务智能管控平台主页

1)计划制定智能化。为实现生产计划管理体系提出的"综合检修"概念落地应用,管控平台建立逻辑任务池,依据不同站点的设备情况各项任务汇总到其中。

2)人员分派合理化。将当日生产计划与人员进行关联,并展示在人员管理界面,提供生产过程监控与管理工具,为调度人员实现故障处置的就近调度指挥提供可能。

3)计划管控可视化。在提报工作计划过程中,可通过模拟运算工具对已提交未审批的计划进行模拟执行,如图2所示,按照指定时间段统计该运维班组周期任务执行情况,能够直观反映整体工作进度,为管理人员对计划的合理性审核提供参考依据。

4)现场作业规范化。管控平台内嵌各种类作业指导卡。作业人员可按照系统提示,逐项完成当日工作并确认反馈;遇有异常,可在对应条目中进行记录并上传实证材料。

5)绩效考评精细化。在每项工作任务归档后,实时核算各作业人员积分,以月度进行统计。实现绩效管理目标设定、过程监控、结果考评的闭环流程。

图 2　工作任务模拟执行

─────── 三、创新点 ───────

国网北京信通公司秉承着落实国网通信专业工作思路的原则，多措并举，建立多维生产计划管理体系，促进管理手段与现场管控的有机结合，深化公司管理体制创新格局。依托 TMS 系统资源基础，综合原有的"检修管理""缺陷管理""资源信息管理""资源图形管理"等工作模块，利用智能化数字化手段开发建设"电力通信生产业务智能管控平台"，该平台紧密结合一线生产实际需求，整合各项相关运维规章制度，采用快速迭代的开发模式，迅速完成系统平台的搭建以及模块资源匹配录入，并将其推广至国网北京信通公司通信运检中心，在实用中检验系统完备性，并实施进行功能反馈及深化升级工作，最终利用电力通信生产业务智能管控平台实现"计划制定智能化""人员分派合理化""计划管控可视化""现场作业规范化""绩效考评精细化"五大功能模块、51 个功能点上线应用，有效促进通信专业生产管理转向精准高效。

─────── 四、应用效果 ───────

截至 2021 年底，已应用电力通信生产业务智能管控平台智能辅助编制 20000 余项通信生产计划，规章制度落实质量大幅提升，杜绝了重复巡视检修等资源浪费情况。生产计划合并率从 15% 提升到 60%，生产计划人力、时间资源配置合规率达到 100%，运维人员平均生产任务执行量增加 35%。年节约运维成本 300 余万元。

通过管控平台智能辅助填报生产计划、模拟计划执行，生产计划填报准确性得到提高，相关事务性工作压力减轻，生产计划管理工作更加精准高效。通过计划执行过程管控及时纠正运行管理问题40余项次，实现各项专业生产任务科学有序开展。通过作业人员"忙／闲"状态监测，实现故障处置就近调度指挥30余次，合理调配利用班组闲置人力资源200余人天。借助30余次多维度统计功能，开展月度运行分析，支撑管理人员对生产任务薄弱环节精准施策。

作业人员整体标准化工作水平得到全面提高，现场作业过程中各类不规范行为大幅减少。通过组织技能等级评价、将工作量积分与绩效挂钩等举措，员工逐渐形成比学赶超的工作氛围，12人达成技能等级升级，团队平均技术水平得到提升，对信通公司高质量专业支撑服务的目标实现具有重大意义。

# 通信设备缺陷统计大数据分析应用

完成单位　国网湖南省电力有限公司娄底供电公司
主要参与人　胡躲华　伍　颖　曾　瑶　李　娜　黄志坚

一、背景

长期以来，电力通信设备安全运行常受到各种内、外部因素的影响，如电腐蚀、市政施工、卡车挂断、板卡故障等。如果利用原有的线下记录、查找统计、现场重新查勘复杂运行环境状况等手段来进行设备检修消缺、技改立项、运行方式优化，耗时耗力。对此，应用大数据思维开发了一套通信设备缺陷统计分析工具，实现对设备运行状况的全过程管控分析。

随着通信网建设规模的不断扩大，通信网运行薄弱环节分析及优化方式调整依据应重点对通信设备缺陷、隐患进行统计分析。对此，由传统的线下统计低效模式实现为线上智能化高效统计，可快速有效地支撑通信运维管理工作需求。

现有 TMS 系统通信缺陷统计较简单、缺陷数据查询困难、功能单一，无法进行深层次分析统计、无法自动统计月、年度运行分析报表；现有通信设备运行率等指标严重依赖数据后台导出后手工统计，准确性低、效率低。对此，将通信指标自动可视化管理思维融合进了通信设备缺陷统计大数据分析模型。

二、主要做法

基于 TMS 系统通信站点、通信光缆、通信检修票、通信缺陷单、设备与缺陷单关联关系、缺陷等级、缺陷原因、缺陷现象描述、缺陷处理过程、缺陷影响业务通道等源数据及数据间关联关系，通过省公司阿里云大数据平台，开发 API 接口，加工调试，经过数据分析统计模型后，获取数据源，开发一套通信设备缺陷统计分析工具，实现多元化缺陷统计、缺陷库管理、通信指标统计、通信运行统计等多业务目标，提升通信设备缺陷精益化管理水平。

1.数据准备

（1）通信设备缺陷多元化统计、缺陷库管理、通信指标统计、通信运行统计等业务统计分析及可视化展示功能，涉及 TMS 系统 412 个数据字段，按照统一数据结构进行规范。共提取 203 座变电站、275 条光缆、1186 台设备、290 张缺陷单、414 张检修票、481 条缺陷处理过程数据、业务逻辑关联关系数据，共 12 万余条。

（2）在源端业务系统编制统一数据结构视图，将通信站点、光缆段、通信设备、缺陷单、检修票等所有分析范围内的数据，通过 SQL 方式编入统一数据结构视图。

（3）在阿里云平台 Dataworks—DataStudio—数据开发—业务流程—数据集成中，完成 TMS 系统生产备库统一数据结构视图到云端 MySQL 数据库的数据同步。

（4）完成 API 接口新建及调试，设置请求、返回参数，供程序端调用、获取数据，进行数据分析及可视化展示，API 接口详情如图 1 所示。

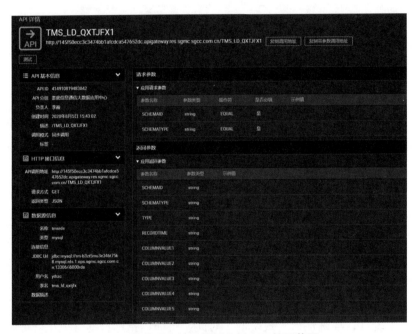

图 1　通信设备缺陷统计分析 API 接口截图

2.数据分析

基于 TMS 系统设备—缺陷单、光缆—缺陷单、缺陷单—影响通道、缺陷单—影响业务、站点—光缆、光缆—检修票、缺陷单与缺陷处理过程等源数据及其关联关系数据，经数据清洗、加工后，输入到通信设备缺陷统计分析模型，最终输出通信设备缺陷多元化统计、通信指标统计分析等成果数据，在网页侧进行可视化展示。

三、创新点

（1）应用大数据思维开发了一套多元化的通信设备缺陷统计分析工具，可形成设备缺陷库"一本账"式全过程管理。

（2）该系统可响应各种统计需求，根据线下二次设备年度统计分析评价、通信设备运行管理指标、通信运行月、年报等线下编制模板，研究线上统计模型及数据算法，由传统线下手工统计向线上实时自动统计、分析可视化模式转变，可精准分析通信设备运行状况，统计运行数据，为设备检修消缺、技改立项、运行方式优化、应急物资储备、通信运行率指标管控等提供有效数据支撑，在提升通信设备运维效率、指标管理智能化方面具有重要意义。

## 四、应用效果

（1）缺陷统计分析智能化。从缺陷类型统计、缺陷原因统计、缺陷单统计、运行率趋势分析四维度进行缺陷智能统计分析。选取当前业务系统属地化三、四级网设备缺陷数据，如图2所示，以饼图方式对设备、光缆、线缆三种缺陷类型进行数量统计对比展示；以折线图方式对设备各类缺陷原因进行数量统计对比展示；以双柱状图方式对缺陷消缺执行单总数统计展示；以趋势图方式按月统计分析出每个月的设备、光缆故障率趋势及对应业务、通道中断率指标影响，可为设备可靠性评价、通信运维薄弱点分析提供有效可视化数据支撑。

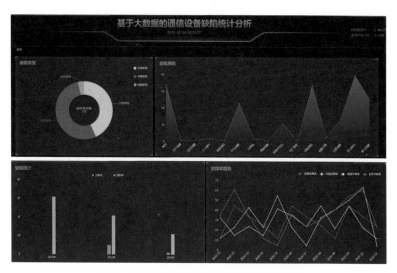

图2　缺陷智能统计四维度可视化分析

（2）缺陷库全过程管理"一本账"化，管理效率显著提升。实现了缺陷单多条件查询、缺陷详情查看、缺陷单 Word/Excel 等多文件形式导出。按 TMS 系统缺陷单中任一单项或多条件组合内容模糊匹配查询可快速定位、导出某站点某设备运行状况"一本账"功能，实现某站点某设备的缺陷痕迹化全过程管理。

（3）通信指标管理实时自动统计可视化，改变以往线下统计的低效模式，为指标评价提供强有效支撑手段。实现了设备运行率、光缆覆盖率、光缆"三跨"完成率三个通信指标的实时在线统计及报表导出功能。

（4）通信运行分析自动报表化。实现了通信设备月度、年度运行自动统计分析；按照二次设备统计分析评价格式要求实现了光缆故障、设备故障自动统计及报表可视化功能。

# 通信光缆备用纤芯自动化数据分析应用

完成单位　国网湖南省电力有限公司湘西供电分公司
主要参与人　彭　莉　伍晓平　周　舟　章　理　肖世锋　赵　云　包　飞　罗博园
　　　　　　闫成超　陈　思　谢　荣　罗　琨

## 一、背景

电力通信光缆作为电力通信的基础，运行质量直接关系到电力通信网络的稳定，从而影响承载的各类电力生产业务的可靠运行。为了保障电力系统的安全稳定，通信光缆备用纤芯测试工作是通信专业运维工作的重要组成部分。

目前，通信光缆备用纤芯测试数据分析由通信运维人员从现场采集后，依靠人工方式进行录入、分析、总结、归档。主要存在以下困难：①现有纤芯记录需要人员重复的从光时域反射仪中逐一摘录，耗时费力，效率低下；②对于同一光缆不同时段的纤芯分析是由人工逐一对照测试记录进行分析，存在统计缺失与错误的情况，容易导致数据失真，从而在一定程度上影响对通信光缆的隐患排查、缺陷分析与应急处置等工作，更不利于电力通信光缆长期安全稳定运行。

因此，构建通信光缆备用纤芯自动化数据分析算法，以此算法为核心搭建应用系统，实现从光缆备用纤芯测试数据的导出录入到数据分析以及结果展示全自动化一键式完成。

## 二、主要做法

通过构建通信光缆备用纤芯自动化数据分析算法，搭建应用平台，可代替原本纯人工的通信光缆备用纤芯测试数据分析工作。减少人力与时间的投入，弥补人工录入与判断存在的数据缺失与错误，提高对电力通信光缆运维检修的质效。应用系统主要包括以下功能模块：

（1）数据格式转换模块。对通过光时域反射仪测试的纤芯数据文件进行数据转化，利用逆向反编译，解码原数据格式，突破必须采用光时域反射仪及其配套软件读取数据的限制，将其转换成可读的数据类型，且转换速度可达 200 个 /s。

（2）数据统计分析模块。对所有转换后的数据进行统计分析，包括测试光缆长度、纤芯损耗、光缆缺陷情况等，并将分析结果与现有的光缆基础数据表和纤芯使用情况表进行关联匹配，可一键式完成多条光缆的数据转换与分析（如图1所示），自动生成光缆测试结果表，及时更新光缆缺陷情况，掌握光缆最新运行状态。

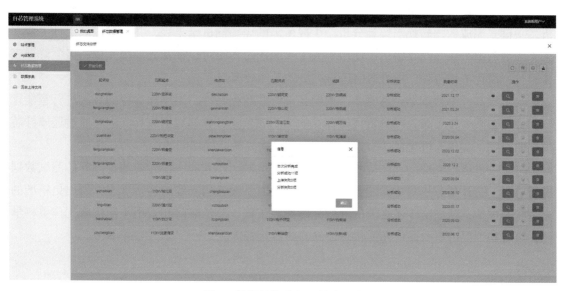

图1  数据转换分析一键式完成

（3）数据检查模块。对纤芯损耗坐标数据进行纤芯损耗曲线图还原绘制，提取事件点进行标记，并逐一罗列事件相关信息，方便人工的二次复核（如图2所示）。

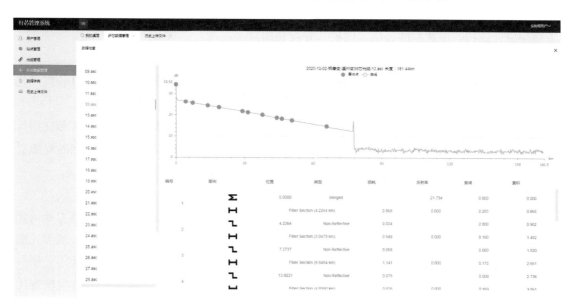

图2  数据检查功能

## 三、创新点

（1）提升通信光缆维护效率。该应用系统实现通信光缆备用纤芯测试数据的全自动化分析，一键式完成数据转换与统计分析，生成所需的光缆测试结果表，并且可以一次性完成多条光缆的数据分析与结果输出，使原本人工一天的工作量可以在几分钟内完成，极大降低工作时长，简化工作流程，提升通信运检人员的工作效率。

（2）提高纤芯数据结论准确率。根据光缆纤芯数据特性，采用相适应的算法进行智能化数据分析，减少人工录入与分析可能存在的遗漏或差错，弥补数据失真。同时通过还原纤芯损耗曲线图，实现人机交换式检查，便于人工二次复核，确保问题纤芯无一遗漏。

（3）推进通信光缆的状态检修。该应用系统可对历年来同一根光缆的备用纤芯测试数据进行储存、统计与分析对比，能更有理有据地及时掌握通信光缆的运行状态，做出更精准的光缆状态评估，从而减少不必要的通信光缆检修工作，节约时间和费用，使检修工作更科学化，更有利于促进电力通信光缆状态检修的精益化管理。

## 四、应用效果

### 1. 成果推广应用及转化情况

目前，该应用系统部署于信息内网网页版，已在国网湘西信通公司进行测试与应用，可方便快捷地进行光缆数据的分析、维护、查看和储存。

### 2. 课题应用前景展望

该课题将对电力通信光缆运维工作提供极大帮助，通过使用该通信光缆备用纤芯自动化数据分析应用系统，能显著提升电力通信光缆维护工作的质效。

在此成果基础上，继续深入研究电力通信光缆相关联的各类数据，对备用纤芯和在用纤芯进行进一步探索，研制一种通信光缆纤芯统一分析工具，从而更全面的掌握与判断光缆总体情况，实时了解光缆运行状态，实现电力通信光缆状态检修的精益化管理。

### 3. 成果价值

（1）经济效益。使用该应用系统，极大地减少了人员与时间的投入，提升了电力通信光缆维护工作的质效；通过对光缆健康情况的准确掌握，能更精准地进行状态评价，减少光缆紧急故障率，延长光缆使用寿命，节省光缆运维检修的成本。经测算，人工数据录入分析一根 48 芯光缆纤芯需用时 60min，使用该应用系统能在 10s 内完成，且通过人工二次核查比较，数据自动分析准确率达 100%，成效显著。数据分析方式对比详见表 1。

表 1 通信光缆备用纤芯数据分析方式对比

| 备用纤芯数据分析方式 | 操作步骤 | 处理用时 |
|---|---|---|
| 人工方式 | （1）通过对 OTDR 测试仪或配套视图软件查看，对纤芯测试数据逐条进行纯手工录入。<br>（2）对测试仪中数据事件与曲线图进行人为判断，录入缺陷数据情况。<br>（3）根据光缆基础数据填写其他基本信息与纤芯使用情况 | 60min/48 芯光缆 |
| 应用系统方式 | （1）数据格式转换。<br>（2）数据统计分析。<br>（3）数据结果整合输出形成规范的测试结果表 | 10s 以内 / 任意芯数光缆 |

（2）社会效益。使用该应用系统，能为光缆隐患消缺、应急处置、大修技改等工作提供可靠依据，极大提升电力通信光缆运行检修的效率，为保障电力生产业务的可靠运行，电网可靠供电提供强有力的支撑。

# OPGW 光缆故障精准快速定位系统

**完成单位** 国家电网有限公司信息通信分公司
**主要参与人** 王 颖 李 灿 姜 辉 张书林

## 一、背景

　　光纤复合架空地线（optical fiber composite overhead ground wire, OPGW）承担地线和通信光缆的双重功能，是电力通信网的物理载体及电网安全运行的重要基础设施，其运行状态直接关系到输电线路及通信系统的安全。自 2000 年初开始 OPGW 光缆大规模建设，截至 2021 年底，公司系统内 OPGW 光缆里程达到约 94 万 km。在长期运行过程中，OPGW 光缆不可避免的遭受覆冰、风沙等极端天气影响，以及高空悬挂引发张力作用，对光缆的性能造成极大的影响。2019～2021 年，OPGW 光缆故障次数约以每年 5% 递增，同时，OPGW 光缆故障定位难、处置通常须在线路停电期间开展，故障处置平均时长为各类故障之最，OPGW 光缆的可靠运行已成为能否确保电网安全生产可控、能控、在控的痛点和难点问题。

　　在 OPGW 光缆实际运维工作中，开展故障定位通常包括三个步骤：①使用 OTDR 测试故障点与测试起点的纤芯长度，将其与线路运维资料中的档距信息进行比对，但由于线路弧垂、纤芯余长等原因，测量的纤芯长度与累计档距约有 5% 的误差，因此只能将故障位置粗略定位至几千米甚至十几千米的范围内；②通过人工现场巡线的方式，查看线路光缆是否有外破、接续盒掉落等明显情况，判断故障点位置；③结合线路停电检修计划，打开接续盒断开纤芯，利用 OTDR 再测试等手段，最终确定故障位置。因此，传统的光缆故障定位方法存在偏差大、效率低的问题，对光通信网络的稳定运行构成极大影响。

　　2019 年底，国家电网有限公司信息通信分公司研究采用光纤分布式传感技术，对一级骨干通信网东北、华北、华中区域内近百段 OPGW 光缆开展了光缆纤芯应变测试工作。在实践过程中，发现分布式传感技术不仅能够找到光缆纤芯潜在隐患，同时还可以利用不同物理材质的纤芯具有不同分布式传感特征，快速、准确地识别光缆接续盒位置，结合光缆故障发生后的 OTDR 测量长度信息，可实现 OPGW 光缆故障的精准快速定位。因此，自主设计开发了 OPGW 光缆故障精准快速定位系统，大幅提升光缆故障定位精度及效率。

二、主要做法

OPGW 光缆故障精准快速定位系统可将故障平均定位时长由 1~2 天缩减至 1h 内，故障定位精度由千米级缩减至米级，无需人工巡线和开盒验证，在停电检修前就完成所有故障点的快速准确定位，大幅减少故障定位处置时间。主要做法包括三部分：

（1）在运线路光缆接续盒快速识别。创新利用光纤分布式传感技术，通过检测纤芯分布式传感信号，实现在运线路的光缆接续盒快速、准确、自动识别。

（2）光缆接续杆塔精准快速定位。实现 OPGW 光缆接续杆塔的自动识别定位，建立以接续杆塔为坐标的定位新方法，高效、准确地完成全线接续杆塔定位。

（3）故障精准快速定位。自主设计开发光缆故障精准快速定位系统，首次实现光缆故障点的"一键输入"断芯距离，快速准确输出断点位置的新模式。

三、创新点

1. 技术创新

（1）首次实现接续盒有效"管起来"。通过在现网中首次开展大规模光缆测试，验证光纤传感信号与其物理参数的关联关系，即不同物理参数的光纤具有独一无二的光纤传感特性，利用接头盒两端的光纤传感信号特异性，实现线路光缆接续盒的准确定位，已申请发明专利 1 项。

（2）创新性实现光缆故障精准"找出来"。创新使用人工智能算法，将光缆接续盒所在杆塔的纤芯长度与线路档距信息进行智能匹配，建立以接续杆塔为坐标的光缆故障定位新方法，已发表 EI 检索论文 1 篇。

（3）首次实现智能定位便捷"用起来"。自主设计开发光缆故障精准快速定位系统，通过事前定期开展接续杆塔定位，事中一键输入断点距离信息的新模式，实现故障的准确、快速以及智能定位，已申请发明专利 2 项，发表论文 1 篇。

2. 业务创新

通过原创定位方法，自主设计开发光缆故障精准快速定位系统，以实际运维工作需求为核心，依托系统中接续盒识别、接续杆塔对位、故障智能定位等核心功能，把接续盒管起来、把光缆故障找出来、把智能定位用起来，实现数据资源的统一管理与更新维护，实现光缆故障定位精度与定位效率的大幅提升。

该成果目前已在东北、华北、华中、西南区域等多地区进行试点应用，并取得良好应用效果。2021年5月在四川电力500kV城沐二线的故障消缺工作中，发现距离500kV月城变电站27.98km、30.12km和71.54km有3处断点，利用本项目系统仅在1h内，完成了该线路的接续杆塔和3处故障点的准确定位，故障点分别位于55、59号杆塔上接续盒内及172号塔顶进线处。以27.98km处为例，系统定位如图1所示。

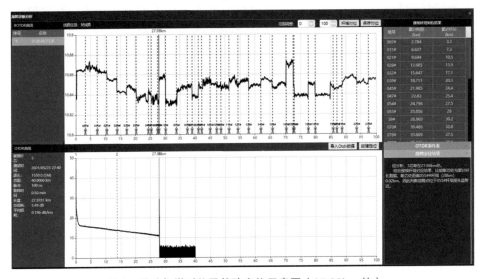

图1  线路杆塔对位及故障定位示意图（27.98km处）

通过利用人工登塔和无人机巡线等方式，发现55号和59号杆塔上接续盒内均存在断芯情况，172号塔顶光缆出现了明显的外层绞合单线断裂现象，印证了该系统故障定位的智能、快速、准确性。55号杆塔现场踏勘结果如图2所示，本次实践应用得到OPGW光缆运维单位的高度认可。

图2  55号杆塔现场踏勘结果

# 电力光缆传输态势感知分析与应用

**完成单位** 国网江苏省电力有限公司南京供电公司
**主要参与人** 孔小红 蒋 陵 郭 闯 杨林青 管翰林

## 一、背景

### 1.现状及存在问题

电力通信光缆分布广、外界影响因素多，运维难度较高。以南京供电公司为例，截至 2021 年共有通信光缆 2816 条，总长度 18054km，规模逐年递增，电力通信光缆承载了继电保护、调度自动化、生产营销管理等重要业务，因此通信光缆的安全直接关系到电网安全稳定运行。目前电力通信光缆存在以下运维痛点：

（1）事前预警能力差。现有运维模式以事后检修为主，缺乏光缆异常事件预警能力，无法做到对光缆状态的实时监测。

（2）故障定位时间长。传统的故障定位方式依赖人工排查，需两组人员分别进行线路巡视及 OTDR 故障测距，耗时较长，易增大电网业务中断风险。

（3）光缆运维成本高。当前光缆运维方式以现场巡视及视频监测为主，所需人力成本及设备部署费用高，且难以实现连续监测。

### 2.项目简介

近年，国家电网公司提出要积极推动先进通信技术与控制技术的深度融合，不断提升电网全息感知能力。而传统光缆运维模式存在智能化手段低、故障事前预警能力弱、运维成本高等问题，给电力通信网的稳定运行带来极大挑战。本项目基于自有的 ARD 智能光链路模型、多种算法与光反射技术相结合，研发了光传输态势感知平台（optical transmission situational awareness，OTSA），平台包含自主研发的态势感知设备与相应的软件管理系统。其对光缆网络长期进行可视性监控而不影响数据传输，保障了公司生产、营销、管理三大类业务安全可靠运行，为公司信息网安全提供坚强支撑。

## 1.设备研制

态势感知硬件设备主要由 ARD 测试设备和光开关两部分组成：① ARD 测试设备负责对整条光纤链路进行测试，最长可监测 80km 光缆；②光开关对接入光开关的各条光纤链路进行任意切换，通过级联方式最大限度复用 ARD 的测试能力。态势感知管理平台包含网管系统、数据库和服务器，具备两大功能：①实现精准主动运维，周期测试累积光缆监测数据对光纤衰耗数据进行价值挖掘，构建光纤健康档案，对潜在问题及风险点做出差异化管控；②自动预警功能，若测试的衰耗值超过预先设置的告警门限，则进行自动告警，如图 1 所示。

图 1 态势感知管理平台

## 2.设备部署

如图 2 所示，以公司新大楼为中心，采用每个环网抽取 1 根备用空余光纤进行监测的方式，仅用一台态势感知 ARD 设备即实现整个通信光传输网 8 个 10G 环网的光纤路由监测，将部署成本降至最低。此外，分别在南京的两个县公司溧水和高淳部署了设备，通过局域网将南京城区、溧水和高淳两个区县公司的监测设备互联，实现市县一体化。

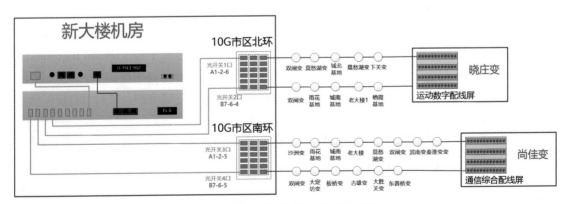

图 2 光缆态势感知设备连接示意图

## 三、创新点

（1）主动感知传输质量变化态势。根据每条光纤网络实际情况设置独立的衰耗健康档案，进行光纤衰耗数据的价值挖掘。从时间、空间、光纤衰耗三个维度全方位分析光缆传输质量，对潜在问题及风险点进行分析，实现真正意义上的主动差异化运维。

（2）事前预警主动检修。每条光纤链路正常的衰耗值会被录入到数据库中，作为健康档案，如绿色曲线所示。每次的测试的结果会以蓝色曲线呈现，系统自动进行对比。无故障时，两条曲线基本重合。在出现故障时，系统通过与健康曲线对比，自动判断出故障点位置，同时以拓扑图形式展示业务受影响站点。

（3）快速精准定位故障点。出现故障预警或告警时，远程启动链路测试，结合 GIS 地理信息系统精确定位故障点，保障业务快速恢复。

（4）实现多种测试方式组合测试。平台支持周期轮巡和远程启动两种测试方式，满足多种场景下光缆传输状况监测需求，提高光缆运维全过程管理水平。周期轮询测试是指固定时间内每条线路进行周期测试，主要用于累积光缆监测数据对光纤衰耗数据进行价值挖掘，构建光纤健康档案，从时间、空间、光纤衰耗三个维度全方位分析光缆传输质量，对潜在问题及风险点做出预警，实现精准主动运维。远程遥控测试是指可以人为远程的选择需要进行测试的路线。值班台人员发现故障告警后，可立即选择故障线路进行 OTDR 测试。

## 四、应用效果

### 1. 成果推广应用及转化情况

本成果已在国网南京供电公司进行试点，成功实现了光缆纤芯资源实时监测，在线分析光缆传输特性动态，变传统事后检修为事前预警，减少故障发生率。大幅度减少故障光路中断时间 40%，故障定位平均时间由 2.7h 缩短至 3min，提高运维工作效率。此外，过局域网将南京城区、溧水和高淳两个区县公司的监测设备互联，实现市县一体化监控。

### 2. 成果价值

（1）社会效益。本项目提高了通信运检工作质量，降低了设备事故发生率，减少设备被迫停运率，保障了公司生产、营销、管理三大类业务安全可靠运行，为公司信息网安全提供了强力支撑。

（2）经济效益。节省抢修成本费用，该项目应用后，可以实现态势感知 ARD 设备的实时测试，减少了抢修队伍非必要的人力、物力成本浪费。节省光缆大修及更换费用，应用该项目后，可以提前得知安全隐患，采取防范措施，极大程度上降低光缆的故障率和维修率，提高设备寿命。

# 电力"云电话"让办公更便捷

**完成单位** 国网新疆电力有限公司信息通信公司

**主要参与人** 巴燕·塔斯恒 姚永波 赵 刚 王晓波 童欣宇 刘雅婷 马国强

## 一、背景

国网新疆电力有限公司行政交换网建成以南湖省调、奎屯备调为双核心的 IMS 核心网，历时 5 年完成全疆共计 2.5 万行政办公用户平滑迁移至 IMS 行政交换网。目前新疆公司 IMS 行政交换网网络架构趋于完善，随着电力通信系统的持续快速发展，专网终端的通信功能需求及应用感知度与日俱增。

国网新疆电力有限公司移动人员在运检和外出作业时，主要采用移动专网终端进行业务操作，但是由于移动专网终端主要通过运营商无线专网 APN 方式接入公司内网，而移动专网终端本身仅提供数据通道，缺失音视频电话能力，作业过程中，需要远程协助和沟通时，仅能依靠个人公网手机进行电话沟通，无法实现更加丰富的视频互动、会议协作，更无法利用公司通讯录实现便捷的关联呼叫，难以支撑未来移动协同检修和指导作业发展。

随着公司基于 IP 分组交换的 IMS 行政交换网建设完成，为通过移动数据通道方式建立移动 IP 电话提供了通信基础，可将行政座机电话功能自然延伸至移动专网终端，并且根据新疆电力用户体验现状，定制化针对 IMS 行政交换网电话业务扩展，对 IMS 终端类型进行完善，将现有固定电话终端的电话业务扩展至用户专网终端，实现"口袋座机业务"，用户在使用专网终端进行移动作业时可以直接使用专网终端进行办公电话和音视频会议业务，切实提升用户使用体验，提高用户移动作业效率，支撑新疆公司语音、视频业务增长需求。

## 二、主要做法

移动专网终端系统由三部分应用组成，包含无线专网终端应用、IMS 业务深化应用（简称一点通系统）和自助多媒体协作智慧办公应用（简称视频会议系统）。

"无线专网终端应用"是由专网终端安装 TF 卡，通过 VPN 通道接入安全接入平台，针对音视频通话功能单独部署防火墙，为专网终端的音视频流作安全防护。进入安全接入网关后，信令部分进入安全接入平台通道，媒体数据经防火墙进入信息内网。IMS SBC 需要对信息内网开放接入端口，专网终端经安全接入平台接入信息内网后通过 SBC 接入 IMS 行政交换网，接入方式如图 1 所示。

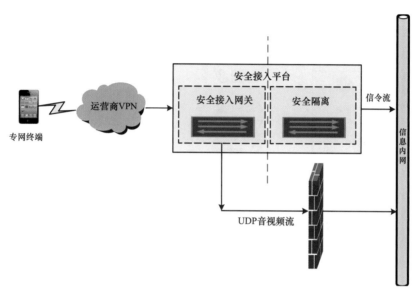

图 1　移动专网终端接入方式

"一点通系统"通过在 IMS 核心网部署业务能力服务，包括信令采集、录音服务器和智能呼叫适配服务，补充 IMS 新业务功能，提供点击拨号、通话记录分析、录音分析功能和能力调用接口；同时在信息内网部署"一点通"内网后台服务，包括核心应用服务（客户端应用服务、搜索服务、通讯录服务、呼叫记录服务等）、状态及 UAP 服务器等服务，并在个人办公电脑上安装"一点通"软件客户端，为内网办公电脑提供电话新业务交互操作界面。系统整体部署如图 2 所示。

视频会议系统通过与 IMS 行政交换网集成，充分利用现有 IMS 行政交换网广覆盖资源，以行政电话号码资源为会议单位，可覆盖现有 IMS 行政交换网所能到达的所有行政电话终端，通过选择通讯录人员或者输入电话号码的方式快速组会，可作为国网高清一体化视频会议系统的延伸及补充。

三、创新点

（1）IMS 业务深化应用，丰富用户体验。IMS 业务系统"一点通"利用话机联动技术，将桌面客户端与行政座机绑定，不仅可实现模拟及 IP 话机的所有功能和操作模式，同时也扩展了其他新业务，主要功能包括企业通讯录、点击拨号、自助会议、音视频通话等功能，涵盖了常用行政办公通信需求，相比传统程控交换网电话终端仅能提供手动拨号功能的局限性，"一点通"利用软件客户端丰富了模拟电话终端功能，提升了公司行政交换网专网利用率。

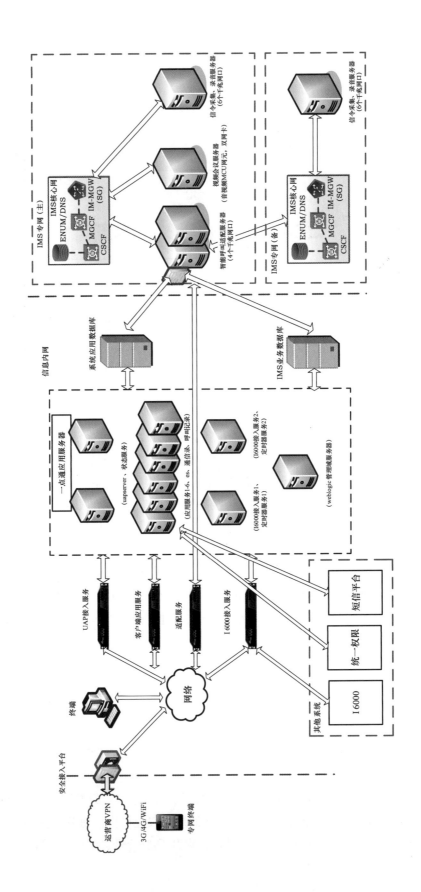

图 2　系统总体部署图

（2）移动专网终端应用，提高移动作业效率。移动终端通过安全接入平台接入内网，向IMS核心网注册，提供直接音视频通话的能力，主要功能包括企业通讯录、自助会议、音视频通话、通话记录和短信息发送等功能，满足用户在专网终端上的通信需求，为站点检修协作、远程指导等提供高效通信支撑。

（3）自助多媒体协作智慧办公应用，让会议更便捷。以易用、便捷、自助随时开展视频会议为目标，不再像传统视频会议系统需专人负责会议申请、会议室创建、参会人员加入会议，而是通过软件客户端提供一种可随时自助选择参会人员进行视频会议的新型视频会议协作体验，适合于方案讨论会、应急会议、工作例会、工作协调会等工作会议场景，解决国网统一视频会议会议室资源不足，申请周期复杂的问题，同时利用IMS的全网互通能力，也可实现与其他公司任何行政电话开展会议协作。

四、应用效果

1. 成果推广应用情况

本成果已在国网新疆信通公司进行试点，成功实现了随时召开电视电话会议，提高基层班组数字支撑及保障水平，提升基层班组各类会议、培训工作效率。现场员工通过专用终端与工作班组、指挥中心实时互联，实现远程会商及联合故障处置。已支撑保障基层班组、维操队各类现场视频会议1200余场，使用人次达到8500人/次，大幅缩短各类会议召开成本，提升用户业务体验度，提高用户移动作业效率。

2. 成果价值

（1）节省运维成本。该项目应用后，可通过云电话视频功能实现随时自主选择参会人员，无需传统专人负责会议申请并创建会议；云电话企业通讯录功能大大降低了传统交换运维人员对于用户通讯录的维护成本，由原先的人工手工在座机上导入通讯录改为服务器自动更新企业通讯录，每年节约人工运维成本约300万元。

（2）提升工作效率。通过本项目可以有效解决现场作业人员与公司内部人员远程协作和沟通的问题，提高现场作业人员移动作业效率，支撑未来移动协同检修和互动作业发展。同时，移动终端的音视频通话功能为通信与信息系统的融合提供了有利条件。

# 北斗星联芯
## ——便捷智能的电力光缆运维管家

完成单位　国网福建省电力有限公司莆田供电公司
主要参与人　徐丽红　陈端云　陈泽文　王乘恩　黄　咏

## 一、背景

福建地处沿海山区，台风暴雨等恶劣天气多发，造成树倒杆歪光缆断。传统方法断点定位难，故障光路无法自动切换，偏远山区或台风天有时无公网信号，给光缆抢修与应急指挥造成困难。

## 二、主要做法

本项目采用"北斗卫星系统＋北斗手持终端＋系统平台"架构，将北斗卫星技术巧妙地运用到通信光缆纤芯的运行维护中，实现北斗"星联芯"。系统将中国北斗系统的精准定位导航、短报文通信功能与电网 GIS 平台融合，致力于解决传统运维模式下光缆故障抢修难、数据手工记录烦、山区信号差导致无法应急通信指挥等问题。实现了光缆的实时监测、业务快速恢复、故障点精准定位、巡线导航、实时位置上报、应急指挥等功能。

系统架构如图 1 所示。

## 三、创新点

该项目"基于北斗短报文的电力通信短语编解码""基于北斗卫星通信的站点远程控制技术"等技术达到国内领先水平。经中国教育部科技查新工作站查新，具有以下创新点。

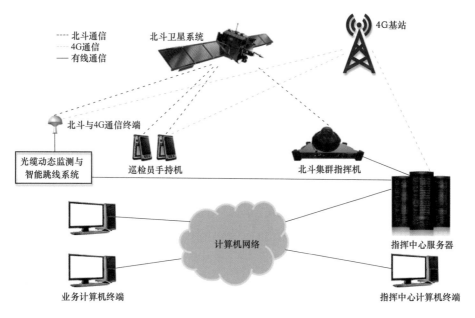

图1　系统架构

1. 技术创新

（1）独创性的数据交互。基于北斗短报文功能，研发出一套针对电力通信专业术语的编解码系统，将常用短句进行压缩、编码、加密，在北斗短报文的有限带宽内可传输约3倍的数据量，且保障了数据的保密性。

（2）多形态的通信方式。国内首创在系统中运行以太网、4G、北斗卫星三种通信方式并可自主切换，在数据交互、应急通信、传送控制命令三方面，提供了多元化的通信手段，保障系统灵活、可靠。

（3）故障研判处理一体化。对光缆光学测试结果进行深度分析应用，检测到光功率异常时，光路自动切换，同时启动OTDR测试，获取断点距离和纤芯指标，系统根据测试结果进行故障智能分析。光路自动切换、故障点定位及故障智能分析无缝融合在本系统中。

2. 应用创新

（1）北斗电力通信应用新"天地"。国内首次将北斗卫星技术应用于电力光缆管理和应急抢修，填补了无公网信号下电力野外作业的通信应急指挥的空白。

（2）北斗电力运维应用新"领域"。北斗技术创造性应用于远程控制、数据交互、巡检导航、应急通信、光缆识别、在线辅助六个光缆运维领域。

四、应用效果

该项目应用于福建省通信光缆运维工作，纳入了班组日常管理，解决了生产难题，具有显著的管理效益。数据库内已记录光缆巡检轨迹3万多条、现场照片15余万张。2016年发现光缆隐患 110 条，比系统投运前增长 57.1%，巡检到位率由不可控提升至 100%，平均消缺时间 4.5h，同比缩短 60%。

实现了通信光缆的精益化管理，为光缆差异化巡检提供决策依据，节省了大量运维的人力、物力，并做到防患于未然。

本项目高度契合国网大力推动北斗技术在电力系统应用的战略方针，开创了北斗在电力通信应用的新领域，填补了光缆精益化管理手段的空白，具有良好的社会效应和经济效益，且系统成本低经济适用好、模式简单可复制性高。系统为独立专网，软件应用与硬件控制相互隔离，数据经过编解码加密传输，保证系统的安全运行。综上所述，该系统可以在国网系统广泛推广，具有良好的应用前景。

# 基于实物"ID"关联的机柜智能锁
# 远程控制管理系统

**完成单位** 国网四川省电力公司眉山供电公司

**主要参与人** 汪晓帆 曾仕伦 陈 亮 朱礼鹏 李建兵

## 一、背景

机柜在变电站、各机房和供电所大量使用,目前管理现状是未进行闭锁管理或虽然出于设备安全运行、资产保护考虑,对机柜使用普通挂锁,但管理效果并不理想。通过现场实地调研,目前机柜锁种类繁多、钥匙管理混乱和机柜开锁管理松散,存在以下问题:

(1)机柜门未闭锁。长期有锁不使用,未对机柜进行闭锁,存在安全隐患。

(2)钥匙管理混乱。一钥匙开多锁,信通专业无有效管控手段,运检人员可随意开柜门安装和调试设备,由于对机柜内设备不清、布线不明,可能误操作。

(3)开闭机柜。钥匙遗失或未携带,人员需返回重新领取,耽误工作进度。

针对以上问题,需搭建一套机柜远程智能控制系统,将设备(实物 ID)、信息通信工作票和机柜锁号关联,每次仅可开启工作票上设备 ID 所在机柜,实现机柜门锁的统一管理和远程开锁,提升工作效率,推进运维检修工作规范化。

## 二、主要做法

### 1. 系统框架

通过远程智能锁控制系统、智能锁、电子钥匙之间的信息交互实现智能锁的远程管理及现场管理,各部分间的信息交互如图 1 所示。

(1)管理平台通过有线方式连接智能锁,利用电力综合数据网进行远程控制(已安评),实现智能锁的参数管理、状态监测、远程开锁、记录查询等功能。

(2)子钥匙通过与智能锁的单触点通信,实现智能锁的参数设置、开锁功能。

(3)电子钥匙可自定义写入开锁权限,并设定授权期限。

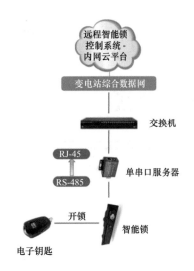

图 1　系统物理架构图

2. 主要技术特点

（1）研制了一款机柜专用智能锁具。

智能锁主要由电控部分、无源锁芯、执行驱动部分、机械部分组成。远程开锁和电子钥匙开锁为两套独立的开锁执行机构。

智能锁的电控部分实现远程开锁、锁舌传感、声光提示功能。电控部分与系统后台通信，接收系统下达的指令，实现智能锁的远程控制和管理。智能锁的无源锁芯，在任何情况下均可使用电子钥匙经锁孔接触馈电并做鉴权解锁，主要用于在系统故障或无电状态下应急开锁。

每个机柜智能锁与柜内设备实物"ID"绑定，仅可开启工作票中填写的检修或安装设备所在机柜锁，支持机柜的电子钥匙授权开锁和管理人员系统下达任务的远程开锁，规范变电站机柜安全管理。

（2）研发了一套机柜智能锁远程控制管理系统。

该套机柜智能锁远程控制管理系统搭建于电力系统网内服务器，通过综合数据网实现对变电站、供电所等处机柜的远程管理。系统主要包含【资产信息】【机柜管理】【任务管理】【人员管理】【操作日志管理】【钥匙管理】【应急管理】【我的任务】等模块。在【资产信息】模块录入站点、机柜及对应的柜内设备信息（实物ID），实现对所辖区域机柜全覆盖管理，建立机柜锁具与设备的关联。

运检人员在【我的任务】中新建工作任务并提交开锁申请，须在工作票中明确检修或安装的设备实物ID编码。管理人员在【任务管理】中【任务审批】实现对员工发起的任务的审批操作，核对任务工作票信息及对应的机柜内设备信息，一致即可一键远方开锁，否则可点击拒绝，终止该任务，如图2所示，规范了机柜开锁流程，明确了设备实物ID—工作票—机柜智能锁的关联策略，实现对机柜的精准、远程开关柜门的流程化管控。

在【应急管理】的【锁具监控】中实现所有机柜的状态展示、条件查询和应急开锁等功能。管理员可准确掌握目前机柜的开启关闭状态，对无票操作的机柜进行蜂鸣报警和未自动闭锁的机柜实现闭锁处理。管理员有机柜应急开锁的权限，可在抢修等紧急情况下远程一键开锁。

3. 安全测评

该套系统开展了系统测试和安全测评（具有CNAS资质的第三方检测机构），在信息安全性方面通过相关测试，确定系统安全性，可将系统部署于电力内网云平台，通过电力综合数据网，实现系统对站内锁具的远程命令下发和控制。

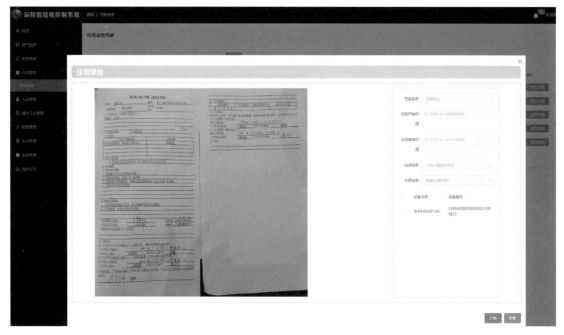

图2 任务审批

<hr>

三、创新点

（1）研制了一款机柜专用智能锁具，设计了锁具结构，设置了智能锁控制策略，实现通过管理系统远程开启和电子钥匙授权开启。

（2）设计了机柜智能锁远程控制的关联策略，智能锁与柜内设备（ID）绑定，仅可开启工作票中填写的检修或安装设备所在机柜锁，规范变电站机柜安全管理。

（3）研发了机柜智能锁远程控制管理系统（授权软著1项），多功能模块具化关联策略，形成机柜远程开锁流程，实现对机柜的规范化、流程化、可视化管理。

（4）在电力内网搭建管理平台，完成系统测试和安全测评，在安全高效的基础上，实现了对变电站机柜的精准、远程开关柜门管控。

<hr>

四、应用效果

（1）经济效益。管理人员通过该系统实现机柜锁具开关的远程操作，实现了对运检工作的实时管理，有效节省管理人员往返各供电所、变电站时间，降低人工、管理等成本。

（2）安全效益。该套系统界面清晰，功能丰富，简单易操作，通过"设备实物'ID'—

设备—机柜锁—工作票"的关联关系，实现机柜锁具与设备的有效绑定，完成对机柜锁具开启和关闭的远程操作。结合变电站辅助监控系统实时查看安措部署，可实现对运检工作的安全高效管理，大大提高了机柜内设备的安全性，强化安规落地。

（3）实施效果。该机柜智能锁远程控制管理系统已在国网眉山供电公司内网搭建，并在所辖供电所、220kV 福盛变电站通信机柜上试运行。在供电所设备维护和调试作业上应用频繁，大大节约了人工往返和时间成本。系统记录开锁时间、人员、锁号等信息供查看，实现了对班组、任务、设备、机柜、锁具等基础信息的管理，有效提升了现场作业的监督力度，保证生产、作业工作的有序进行。目前，正在储备项目计划更换公司本部信息通信机房屏柜锁，并在变电站机柜上逐步推广使用。

# 核心交换机房综合资源管理工具

**完 成 单 位**　国网天津市电力公司信息通信公司
**主要参与人**　郑庆竹　张宇辰　刘昌利

## 一、背景

随着天津公司行政交换网、调度交换网功能不断演进，业务种类、业务路由呈现多样性，业务量显著增加，天津公司核心交换机房相关设备及配线资源的更新、维护及管理工作量也在不断增大。同时，发现此类业务在资源管理上存在以下问题：

（1）资料种类杂、数量多，导致下表单维护效率低，单一业务变更时需手动修改多个表单，错误率高，传统的管理模式已无法满足当前的数字化运维需求。

（2）目前通信专业普遍使用的通信资源管理系统（TMS），更侧重对传输网、数据通信网及光缆等种类资源的管理，而对于业务、路由均日益多样化的交换网，特别是在配线资源和用户业务方面，无法真正满足细致、全面、多样、灵活的管理需求。

为解决上述问题，结合运维经验，研发了天津公司核心交换机房综合资源管理工具，保证交换业务基础资料的完善度与准确性，提高日常运维效率及故障处置速度。

## 二、主要做法

该工具的应用定位于管理天津公司市调核心交换机房中调度交换机、行政交换机、录音系统等设备至用户终端及调度台等终端设备的各部分线路资料，包括交换机端口、VDF 配线端子、本部大楼综合布线、ODF、DDF、用户号码、调度台号、录音线路等。

为此，收集、整理了现网的大量数据，对其进行归纳分类，通过头脑风暴的方式推演运维场景，将数据与场景有机结合起来，综合考虑。整个研发过程历经数据收集—归纳分类—推演场景—系统逻辑设计—开发试行—反馈修改—再试行，最终达到了预期目标，收到良好成效。

三、创新点

（1）固化业务场景。基于日常运维的不同场景及需求，将工具分为"日常业务管理""基础数据查看""基础数据配置""查询统计""系统管理"五大模块，便于维护、查询、统计和追溯，如图1所示。

图1　软件工作界面图

（2）构建表单数据库。该工具为不同业务场景分别制定了不同的录入模板，并针对后期进行数据深入分析时所需要应用到的关键字段构建了基础数据库。运维人员在进行数据录入时，可灵活调用基础数据库中预定义的内容，既在最大限度上满足了各类业务场景的需求，又有效规范了各关键字段的录入标准，直接规避掉了统计分析时需要进行数据初步整理的环节，为进一步提升数据分析水平奠定了基础。

（3）智能化联动。该工具为"实际出线表""横排列表""竖排列表""电话号码列表"等多个具有逻辑关联关系的表单设置了智能化联动功能，大幅提高了工作效率，有效解决了单一业务变更时需手动修改多个表单，错误率高的问题，如图2所示。

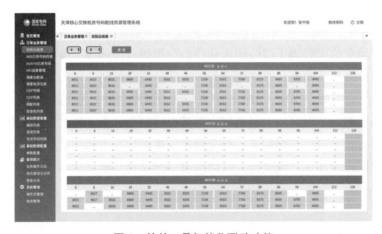

图2　软件工具智能化联动功能

## 四、应用效果

目前，该综合管理工具在天津公司市调核心交换机房进行使用，用于检验成果的功能以及作用。通过固化业务场景、构建表单数据库，实现资源的线上管理、智能联动、自动化统计，显著提升运维质效。大幅提高了电力交换网日常检修、故障定位的工作效率，降低了运维人员的工作难度，减少人工维护工作量。经测算，可将相关资料维护工作整体耗时平均缩短 120min/ 周，减少纸质运维资料 80%，且缩短交换业务故障平均定位时长 20%，成效显著。

此工具可进行试点应用，再逐渐推广使用，应用场景为天津公司市调核心传输机房、500kV 变电站通信机房、供电单位通信机房等配线资源较多，且较为复杂的通信机房。

在经济效益方面，该综合管理工具各模块之间能够实现智能化联动，在资源管理方面节省了部分人力成本；在社会效益方面，使用该综合管理工具可以极大地提升通信运维质效，形成资源管理统一标准。由于电力通信交换网在电力系统中具有举足轻重的支撑作用，涉及行政办公、电力调度、自动化等多种业务，因此，在电力系统日益精益化运维和负荷不断攀升的大趋势下，电力通信交换网的稳定可靠对于电网供电，造福民生，维护社会的正常运转也十分重要。

# 智能备件库系统

完成单位　国家电网有限公司信息通信分公司
主要参与人　李　黎　刘　洋　陈　灿　陈拽霞

## 一、背景

随着电网规模增大，电力通信业务不断扩大，业务等级和保障要求也不断提升。备品备件是支撑通信网运维的重要物资，备件库房管理要求也在不断提升。全网各级通信系统备品和备件数量大、种类多，目前出库、入库基本采用人工登记，存在漏登、错登、重复登记等弊端。各级通信系统备件不能互通互用，降低了资源使用效率。

本成果基于 RFID 技术建设全自动备件库，实现备件智能存取，自动盘点，减少人工，保障故障发生时，备品备件及时到位。通过智能备件库系统实现"流程统一、代替人工、实时管控、溯源追踪"，显著提高备品备件管理效率、延长设备使用生命周期、促进资源有效利用，节省运维成本，保障和支撑电网生产安全稳定可靠运行。

## 二、主要做法

本成果提出一整套备件管理解决方案，含软件平台部分、智能柜硬件部分。

### 1. 软件平台部分

软件平台承担备件台账数据存储、管理功能，管理备件智能存储柜，通过智能柜对备件进行监控，实现备件仓储作业，对备件进行入库、出库和出入库审批等功能，实现实物与系统的互联互通，并智能推荐使用备件，对备件使用情况进行可视化分析，实现实时自动盘点，同时支持查看盘点报告，做出备件耗用预测，为备件储备提供方向，如图1所示。

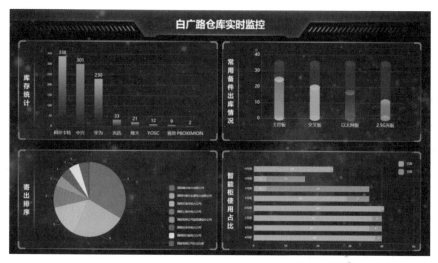

图 1　智能备件库系统展示

## 2. 智能柜部分

本成果提出建立一套备件智能存储柜，利用多通道 RFID 读写处理器和分布式天线，使普通的备件柜具备与实物交互的能力（见图 2）。我们对目前市场上主流的传输设备厂家生产的板卡，进行了采样统计，规划出涵盖大部分尺寸的存储柜。将备件柜由原来的大柜改为不同规格的小柜，具体规格根据现有备件尺寸，在小备件柜内安装 RFID 读写器天线，利用多通道处理器实现对每个备件柜内 RFID 标签进行轮询，并完成数据并发，使备件盘点实时化，备件准确定位。随着 RFID 标签采用新材料、新工艺、新产品不断地涌现，抗金属标签成本逐渐下降，备件金属表面可使用 RFID 抗金属标签，防止因包装盒问题导致识别错误。

图 2　智能存储柜实物图

（1）智能备件库管理系统软硬件互联互通。搭建智能备件管理软件平台，与备件智能存储柜硬件互联互通，实现备件入库、备件出库、备件查询、备件自动盘点等功能，硬件侧实现自动盘库、自动开箱、自动存取、智能提醒等功能。

（2）利用 RFID 技术的备件智能存储柜。利用多通道处理器实现对 RFID 天线分部式部署，将天线安装到备件智能存储柜各个箱体，并对贴有 RFID 标签的备件进行轮询，从被动扫描标签，改为主动盘点，有效提高备件使用效率，降低人工。为了防止每个箱体之间的电磁泄漏，引起标签误读，对每个箱体进行防电磁泄漏处理。采用硅胶材质的屏蔽胶条与双面导电布材质的密封胶带，将柜门与柜体之间，柜体焊接处等位置的缝隙，阻隔在屏蔽材料之外，在柜门关闭时，形成一个相对密闭的空间，防止了电磁信号泄漏。

（3）利用 3D 视觉的备件测量仪。利用 3D 视觉测量备件大小尺寸，下方附 RFID 读写器，入库时，根据测量备件尺寸自动分配货柜，同时完成 RFID 绑码。实现自动化入库，申请并获得"一种传输备件测量系统"专利。

基于物联网技术的备件智能存储柜部署实施后能够有效提高备品备件管理效率，减少备件出库、入库、盘点用时。相比较传统备件库房，智能备件库在入库阶段使用测量仪自动提取备件尺寸信息，系统自动分配货柜，因此入库耗时较传统备件库下降 60%。出库方面利用 RFID 与智能柜结合的技术能够快速定位实物位置，减少备件查找时间，出库耗时下降 60%。盘点方面，智能备件库采用实时自动盘点，耗时在毫秒级，如图 3 所示，传统库房盘点 1500 块备件耗时在 10 天左右。

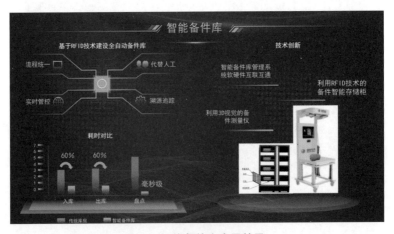

图 3  智能备件库应用效果

备件智能存储柜可用于储存电力通信应急备品备件，有效提升通信备件使用效率，提升通信网应急抢修能力，保障电网安全稳定运行。另外在跨专业备件、物品、贵重财物、重要档案资料保管方面，备件智能存储柜也能起到很好的作用，提升管理效率。

# 多态融合立体式应急通信系统

完成单位　国网浙江省电力有限公司温州供电公司
主要参与人　郑　立　郑文斌　陆绍彬　林　奔　马凌云

## 一、背景

温州地处东南沿海，常年受台风等自然灾害侵扰，每年台风过境都会破坏大量电力设施和通信网络，导致部分地区停电断网。电力抢修是灾后重建工作的重中之重，但是公网瘫痪导致沟通不畅、指挥系统难以及时传达指令，严重拖延了抢修进度，极端时甚至威胁抢修人员生命安全，因此急需建立一个支持即时通信和远程指挥调度的应急通信体系。

## 二、主要做法

基于温州地区实际情况，结合多种应急通信技术，设计了一套多态融合立体式应急通信体系，系统框架见图1。主要包括以下部分：

（1）部署可自组网的大功率对讲系统，通过高处固定基站实现大范围覆盖，便携式基站完成盲区填补，利用氦气球升高便携式基站以降低环境遮挡，扩大覆盖范围，可在无公网环境下实现半径10km以上的语音对讲。

（2）部署北斗短报文应急通信系统，可在无公网环境下实现位置和轨迹监控，同时终端与调度平台之间可两两互通，通过短报文实现简单交流。

（3）基于卫星通道的临时现场指挥系统，部署4G卫星便携基站，提供一定范围公网接入能力，利用应急卫星通信车，包括配备的三合一卫星电话、单兵图传、无人机，采集抢险一线音视频，建立与省市公司应急指挥中心的回传连接，将以上数据接入视频矩阵，指挥中心可按需调取。

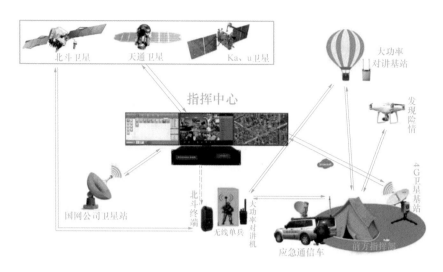

图 1　多态融合立体式应急通信系统框架图

## 三、创新点

1.技术方面

（1）本系统中包含的北斗短报文功能，除了精准定位功能外，还能够通过短报文的形式传递位置和简单信息，通过可视化调度后台随时掌握持有者的位置，进行高效的指挥调度。

（2）新式的大功率对讲系统通过固定站和便携站的优势互补，可在大范围覆盖的前提下减少盲区，同时自组网功能支持网络结构灵活调整，氦气球升高便携站可大幅增加覆盖范围，两者集合可适应各种复杂的场景。

基于卫星通道的临时现场指挥系统部署了 4G 卫星便携站，可迅速建立临时公网通道，与卫星车优势互补，同时配备了天通卫星、电信 4G 和无线对讲三项功能于一体的卫星电话作为补充。此外，利用热点镜像将无人机画面一同接入视频矩阵，与单兵画面一同回传至指挥中心，有利于指挥中心全面掌握现场情况。

2.性能方面

（1）安全系数高。配备了各项主被动紧急报警措施，例如北斗终端的一键呼救、落水报警等功能。此外每名作业人员都会携带 2 套以上应急通信设备互为补充，保证可随时与指挥中心取得联系。

（2）覆盖范围广。大功率对讲系统的固定站与手台之间可达 30km，便携站与手台之间可达 10km，通过多个便携站之间的自组网以及氦气球升空方案，可进一步扩大通信距离。

（3）传达信息丰富。传统应急通信系统往往仅能传达语音信息，而本系统可从多个角度翔实地描述了现场实况。

3. 成本方面

（1）北斗短报文系统设备费和通信资费相比类似效果的卫星电话要低许多，该系统建成以后，永久性免通信费用。

（2）4G 卫星便携站执行电信标准资费，无需在后方指挥中心建设地面卫星站。

四、应用效果

截至 2021 年底，多态融合立体式应急通信体系各部分已基本建立完毕，温州公司已联合运检部、安监部和应急救援队完成东屿无公网实战演练、大罗山升高基站实测效果演练、"海中塔"倒塔抢修、泰顺山区应急搜救等演练，多次验证了本套方案的实战可靠性。

率先部署 2 套 4G 公网移动卫星便携基站，成功举办多态融合应急通信演练。在抗击"烟花"台风中第一时间驰援宁波。4G 公网移动卫星便携基站在全省内首次亮相，其成功应用获得了宁波公司的高度评价，并在省内树立了无公网场景应急通信典型模型，如图 2 所示，实现首套新型大功率对讲固定站系统在温州沿海地区全覆盖。通过前期对温州地理环境进行全面踏勘，选取温州莲花山微波站、泽雅大头山、永嘉大若岩、永嘉鸟浦尖、乐清桥头山微波站、芙荆峰、平阳水头带垂线、西湾风电场、苍南鹤顶山、洞头变电站共 10 个制高点进行固定基站安装，并进行联调测试，兼顾考虑温州区域内易受水灾的低洼地带信号覆盖，为后续大功率对讲系统的实际大范围应用打下坚实基础。

图 2　4G 公网移动卫星便携基站实战图

此外，输电运检工区经试用三合一卫星电话、北斗短报文终端等设备后反馈良好，已向公司长期租用卫星电话 10 台，北斗短报文终端 10 台。

# 基于物联网等新技术的智慧机房监控工具

完成单位　国网四川省电力公司达州供电公司

主要参与人　范美鹏　李　恒　李　春　罗晋军　龙　璇　莫虹平　舒文雄　任　琴
　　　　　　周　波　姜　瑜　龙　浩　张　俊　周　灿　郝小川　严传鹏　陈　欢
　　　　　　何红星　王小西

一、背景

随着电网信息通信技术的发展，信息通信机房作为整个通信网络运行的基础，在安全生产中的作用和地位越来越重要，机房环境及设备运行状态监控是整个信息通信网络健康运行的保障。现有"视频监控""动环监控"等均采用电力内网接入且数量众多，存在以下缺点：

（1）告警不能及时发现。非工作时段员工不能及时发现告警，极易造成故障扩大。

（2）巡视检查不够全面。员工需登录多个监控工具巡视，容易出现漏看告警、漏看设备现象。

（3）人工运维成本较高。人工巡查速度慢，耗时久；故障时需要多名员工到现场处置。

（4）设备不能远程控制。环境温度升高等情况不能通过远程控制设备进行消缺，及时性差。

为解决上述问题，需要基于物联网等新技术，实现"机房系统安全融合""机房告警及时发现""机房设备远程控制""机房故障快速消缺"等目标，保障信息通信网络健康运行。

二、主要做法

通过对信息通信机房运维特点及需求进行分析，基于物联网、大数据、人工智能等新技术研制智慧机房监控工具，将数据采集、信息存储、故障分析、设备联动、通知告警、实时显示、数据上传等功能合为一体，解决机房管理常见难题。

1.智慧机房监控工具的架构

智慧机房监控工具架构分为感知层、边缘主机设备层、应用平台层。

（1）感知层。感知设备包括市电、配电、UPS、蓄电池、温湿度、空调、漏水、新风机、烟感消防、防雷、红外、门禁视频、服务器、路由器、交换机等。这些感知设备采集数据，通过 RS232、RS485 等通信方式向边缘主机发送数据。

（2）边缘主机设备层。各控制器与 EMS 主机采用 RS485 协议进行通信，实现数据采集和指令的下达，EMS 主机通过 IP 网络与后端监控主机、数据服务器进行通信，实现数据的传输。

（3）应用平台层。应用平台层主要实现需要的各种业务功能，如硬件监控、硬件巡检、统一告警、资产管理、能耗管理、远程运维等。通过 MQTT 协议实现与上级物联网平台的对接。在"i 国网"上实现手机 App 实时查看机房环境数据、移动控制机房空调温度设定等功能。

### 2. 智慧机房的信息传输

智慧机房的信息传输方式分为物联内网方式和物联专网方式。

（1）物联内网方式。达州公司边端设备、传感器数据先通过接入采集服务器汇集数据，采集服务器通过智能电网 VPN，开通防火墙端口连接物联平台，通过在省公司部署的防火墙后，可在物联管理平台上正常使用。

（2）接入方式二：物联专网方式。达州公司边端设备、传感器数据先通过接入采集服务器汇集数据，采集服务器通过综合数据网，打开安全接入平台通道连接物联平台，完成物联专网方式的通道建立，随之可正常访问物联管理平台。温湿度传感器与红外发射器相连，传感器将采集到的环境信息上传到物联网平台，同时将物联网平台下发的操作指令传给红外发射器，从而实现机房温湿度检测与空调的远程控制。边缘代理连接机房内的各类传感器，实现协议转换，并将设备信息上传至物联网平台，同时将物联网平台的各类指令下发给传感器。

---

### 三、创新点

（1）机房系统安全融合。借助物联网、大数据等新技术，将监控系统安全地整合在一套工具中，兼容整合 MQTT、bacnet、modbus、485、232 等协议，方便统一管理、分析和检查。

（2）机房告警及时发现。移动物联应用部署"i 国网"上，利用"i 国网"平台上的智慧机房移动端，能够 7×24h 对机房动力、自然环境、消防系统、安全防护等设备进行实时监控，及时发现机房动力、机房环境、消防系统等各类告警。

（3）机房设备远程控制。利用 Web 网页和"i 国网"平台上的智慧机房移动端，打通内外网，远程控制机房空调等设备，远程调整参数、远程查询信息，降低人工运维成本。

（4）机房故障快速消缺。对故障问题迅速定位、及时报警，让工作人员作出合理的应对方式，提高火灾、机房温度异常升高等突发性问题的处理效率，确保机房安全。

该项目研制出的智慧机房系统由第三方单位开展了外委测试，运行稳定、功能完善、分析结果准确，实现了研究目标，并立即在国网达州公司信通分公司的班组进行了实际应用，使机房管理效率提高了数倍，原本高温告警、设备故障告警等引起的信息、通信网络中断，现在只需要通过手机即可远程处理部分故障，使得运维工作效率大幅提高，减少了信息通信网络中断时间与范围，提高了网络可靠性和故障处理效率。手机端和 Web 端展示界面分别如图 1 和图 2 所示。

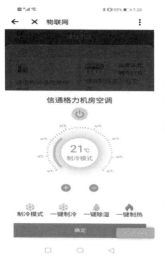

图 1　手机端界面

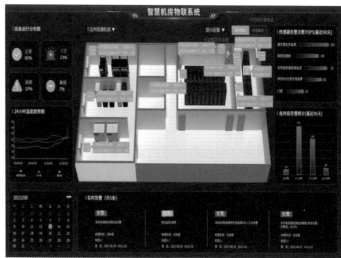

图 2　Web 端界面

# 配电网通信智慧物联监控系统

**完成单位** 国网重庆市电力公司北碚供电分公司

**主要参与人** 王 渝 邓雪波 梁 柯 李秉毅 李佳蓉 杨芮彤 刘照飞

## 一、背景

随着公司能源互联网和大数据的融合建设，对配电自动化的需求持续增长。作为配电网数据的"传递者"，配电网通信的传输质量优劣和安全性直接决定着配电网数据实时在线监测率的高低，但目前公司配电网通信普遍存在以下典型问题：

（1）ONU 光纤通道的切换功能存在"瓶颈"。目前 ONU 设备主用光纤通道出现未完全中断的光功率劣化现象时，ONU 无法实现通道的自动倒换，主用光纤上继续传输的数据丢包率将快速增加。若持续出现劣化现象，还会出现通道反复切换的问题，需进行现场的人工通道切换。随着配电自动化网络的扩大，其数据传输的质量得不到稳定性的保障。

（2）传输通道完全透明，安全性低，易被网络黑客恶意渗透和攻击。目前公司内部对处于"中间环节"的通信 EPON 网络安全设防不足，社会上的网络黑客将利用这一通信漏洞，随意撬开环网柜或者开闭所柜门，破解并登录 ONU 设备对其中的数据进行非法获取、拦截、伪造或破坏等恶意攻击，甚至导致整个 EPON 网络崩溃，严重威胁到公司配电自动化系统运行的安全性。

（3）对前期规划设计依赖大，网络演进灵活度低。初期建设由于技术参数等规划设计不当，可能出现"假性手拉手"的 EPON 环网。当变电站 OLT 下挂的 ONU 之间任一点光纤中断后，表面上光纤通道进行了切换，但 DTU 数据不能进行有效的业务迂回，最终导致配电自动化业务中断。若进行整体网络改造则相当繁琐，成本和工作量巨大，灵活度低，网络扩展性差。

## 二、主要做法

（1）提出一种配电网通信终端光纤通道智慧切换方法。本项目主要包括主站控制子系统、通信传输子系统、站端控制子系统和 4G/5G 通信辅助子系统四部分组成。主站控制子系统包括网络交换机、网管平台等，主要实现远程监控、应用服务及安全策略部署功能。通信传输子系统由公司现有的光纤、光传输设备组成，负责主站和站端之间控制命令和响应信息的底层通信。站端控制子系统由中央控制、通信接口、采集传感、物联控制等单元构成，完成主站与站端之间会话连接和智能处理等。4G/5G 通信辅助子系统为外加扩展装置，由总采集信息无线发送驱动、安全加密和移动终端 SIM 解密三部分组成，完成对实时数据的安全加密运算、回传和解密运算。本项目在配网通道上配置传感控制装置，实现 ONU 主、备用光纤光功率的实时采集和切换。本项目原理构架和装置中心控制传感单元、通信辅助单元实物分别如图 1 和图 2 所示。

（2）建立 EPON 安全隧道技术机制。为有效降低配电网通信数据的传输安全风险，本项目首次提出将配电网通信安全技术运用于配电自动化 EPON 中的思路。该方案主要在 EPON 设备和网络管理服务器上进行安全控制访问限制、绑定和加密等策略的应用部署，通过配电网"隧道"打通主站与站端间的安全可靠连接，兼容"公网"与"私网"间的互转协议。并利用数据流的匹配规则，建立上下联动的安全隧道机制。

（3）探索 Stack 新方案。本项目自主研究开发 Stack 解决方案，在组网结构发生变化时无需配电网运维人员现场逐一修改配置，只需在 EPON 网络管理服务器上针对特定的 PON 芯片进行上下行数据的 Stack 灵活映射，并借助 QinQ 技术和 SDH 光传输网络的 EOS 通道，将 DTU 数据通过双层标签形式与主站交互，保证 DTU 数据的灵活透明传输。

三、创新点

（1）实现配网通信终端光纤通道的智慧切换。当配网通信终端 ONU 两个光通道的光功率均正常时，其典型运行方式为业务全部交叉至主用光纤通道上，备用通道无数据流。若主用通道未完全中断，但已达到数据传输无法承受的范围，此时不需人为干预，只需命令站端控制子系统进行光通道实时监测的报数，自动生成告警信号，通过 4G/5G 通信子系统将该告警信号回传至专用移动终端上进行提示，指导运维人员进行光通道切换控制命令的下发，从而完成一次光通道的非完全自动切换，将光纤通信故障防患于未然。

（2）强化配网通信安全抵御能力。本项目得益于核心安全隧道技术机制，当非法设备接入时所有攻击报文不仅将被丢弃，而且还会被引导进二层网络"蜜罐"进行记录上报，解决配网数据渗透等安全问题，提高了通信数据传输的整体安全性。

（3）Stack 新方案加持，提升网络弹性。在 Stack 配网通信新型解决方案下，当 ONU 主用通道光纤中断时，DTU 通道仍可以从备用通道重新建立，无需过度依赖前期的网络规划设计，也同样能实现真正意义上的"手拉手"EPON 保护环网，大幅度提升通信 EPON 网络后期维护的灵活程度，让通信 EPON 网络更具"弹性"。

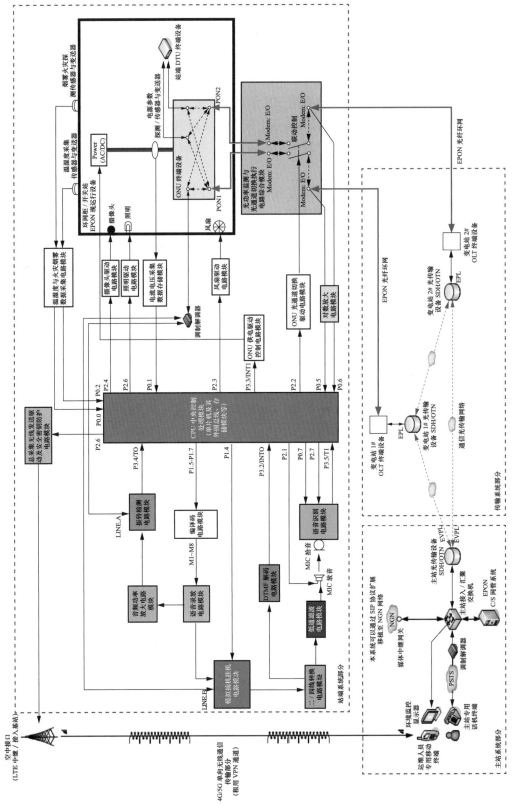

图 1　配电网通信智慧物联监控系统原理构架示意图

274

(a)                                          (b)

图2　站端控制设备主要模块实物图

（a）中心控制传感单元；（b）通信辅助单元

## 四、应用效果

（1）提升配网通信传输及支撑业务水平。本项目实现了配网通信终端光纤通道的智慧切换，提高了配电自动化传输稳定性。北碚公司电力配网光纤故障次数从每年平均 26.2 次降至 0.3 次，配电自动化平均在线率从 95.6% 提升至 98.2%，馈线自动化成功率从 73.8% 提升至 92.5%，促进了供区配电网稳定运行，提升了企业优质服务水平。

（2）节约大量运维成本。本项目通过远程操作管理，借助现有的电力通信专网实现通信终端的自动控制，可收回全部现场运维人员，节约人工及车辆成本。按站端配网通信设备每月维护 1 次计算，每次至少需运维人员 3 名，每天最大运维量为 20 台设备，北碚公司配网辖区内 370 台 EPON 设备折合后每年可至少节约运维成本 25 万元。

（3）全面固化配网传输通道安全。本项目实施后，市电科院对北碚公司配网安全渗透测试各项指标合格率均为 100%。根据流量抓包统计分析，北碚公司 2021 年内共拦截通信 EPON 网络模拟攻击 200 次，社会真实攻击 26 次，拦截成功率均达 100%。

# 电网通信电源智能监控管理系统

**完成单位** 国家电网有限公司信息通信分公司 国网浙江省电力有限公司 国网江苏省电力有限公司

**主要参与人** 贾 平 周鸿喜 金烂聚 宋 江

## 一、背景

截至 2021 年底，国家电网公司系统内各级通信站点共计 3 万余座，配置直流电源设备（含 DC/DC 变换装置）为站内通信设备和保护安控接口装置等供电。随着通信站内通信设备的不断增容以及大容量（大功耗）设备的增多，通信系统的供电容量以及形态也发生了变化，对通信电源的运维及保障能力提出了更高的要求。目前存在有 3 个突出问题：①通信电源现场运维工作量大，人员配置不足；②串联型通信电源系统可靠性偏低，单节故障易导致全组失效；③通信电源智能管理手段不足；设备全生命周期管理缺位，运行管控手段不够完善，缺乏信息化平台支撑，数据更新不及时，缺乏数据分析应用。

为了适应大电网安全稳定运行的最新要求，进一步解放一线生产力，在做好常规通信电源运行维护工作的基础上，探索开发电网通信电源智能监控管理系统成为针对有效上述问题的解决方案。

## 二、主要做法

通过搭建电网通信电源智能监控管理系统，设计制造新型技术装备，以信息化、自动化、智能化为目标，依托物联网、大数据、人工智能等技术，围绕通信电源的资源管理、监控管理、任务管理和应急管理四个方面，同步开展了远程控制、方式管理、分析预警等功能模块研究，形成具有七大功能的完善的多功能统一管理平台，实现对现有电源运行和管理方式的全面革新，促进通信电源运行管理与电力通信网整体运行体系的有机融合。

（1）系统在满足通信电源基础监控功能的基础上，进一步融合了物联网、大数据、人工智能等技术，实现通信电源的资源、监控、任务、应急等方面管理方式的信息化、自动化、智能化，显著提高通信电源精益化管理水平。

（2）系统采用"储能＋输电"的远程充放电技术，利用智能控制管理技术，在确保安全的前提下，大幅度提高通信蓄电池充放电工作效率，同时，采用回馈电网的放电技术，在电池校核试验时，改变了过去由放电器消耗电能的传统做法，电能直接回馈电网，简化了充放电装置环节，提高了电能利用率，降低了充放电装置发热带来的安全风险。相关界面如图1所示。

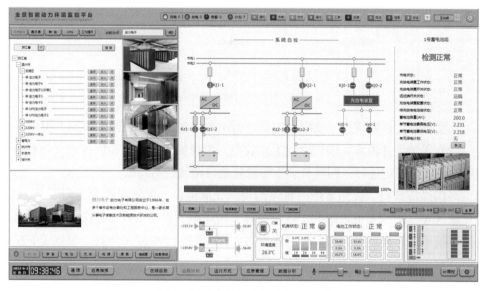

图1　系统中远程充放电控制界面

（3）探索应用新型柔性通信电源系统（见图2），克服传统通信电源系统配套蓄电池串联接线模式的固有缺陷，使得各蓄电池完全独立，互不影响，系统整体供电可靠性和经济性大大提高。

四、应用效果

截至2021年底，该系统已可同时进行1000个站点的运行监管，自动生成电子化的电源接线图，实现电源系统运行风险自动预警和备品备件智能分配，同时将运维人员蓄电池充放电时单站现场驻守时间由12~20h降为0，同一地区可同步开展的站点数量由1~2个提升为几十个。

该系统于2018年6月开始在国网信通公司和国网浙江、江苏电力等单位开展了试点工作，不断验证和迭代优化系统功能，为后续推广应用积累了运行基础数据。

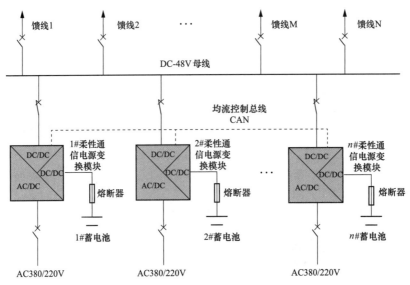

图2 新型柔性通信电源系统图

（1）社会效益。该系统用于变电站电源、蓄电池维护工作，可减轻维护人员现场维护工作强度，提升现场设备检修、维护应急工作效率，为现场工作人员提供技术支持和辅导，保障电网和设备安全稳定运行，同时有利于促进先进自动化技术发展。

（2）间接经济效益。按照常规的蓄电池现场充放电，一组蓄电池至少需要1个工作日。按照浙江地区48V通信蓄电池组共796组测算，每年至少需要796个工作日。如果全部使用远程充放电技术进行充放电，那实际工作日可至少压缩至199个工作日，节省了597个工作日，从而节省了成本。

# 轻量化高通量卫星应急通信及成像分析系统

完成单位　国网四川省电力公司眉山供电公司
主要参与人　汪晓帆　曾仕伦　陈　亮　朱礼鹏　李建兵

## 一、背景

　　四川地理环境复杂，电网输电线路错综复杂且部分位于无网络覆盖区域，近年来公司大力建设输电线路在线监控系统，但也仅能解决位于网络（光纤）覆盖区域的通信需求。网络盲区问题严重制约应急抢险、智能巡检和监控管理的开展，仍然需要人工巡检，效率较低，现场线路、杆塔等情况无法实时传回，且存在人身安全安全隐患。目前有三种应对方式，但仍存在以下问题：

　　（1）网络接力方式。通过网络接力等方式在无网络区域接入有网络覆盖区域信号，但对信息安全以及传输通道的稳定性存在较大考验。

　　（2）Ku 波段卫星通信方式。省公司统配的 Ku 卫星通信站配备多终端箱，单个箱体超40kg，组件多、组装复杂，在道路交通不便利时搬运极为困难。

　　（3）其他方式。其他卫星通信系统例如卫星电话，仅能进行语音通信，目前基于北斗卫星通信系统开展的输电线路遥测等技术主要用于定位及短报文发送，无法满足现场通信带宽需求。

　　为实现无网络区域线路、杆塔监测和灾害造成地面基础通信设备损毁或瘫痪时现场情况的实时回传、分析，需研制可单人运输的轻量化卫星站快速就地搭建自组通信网，解决无网络区域的电力通信问题；基于高通量卫星网络传输技术精准、高速地实现图像、视频等大带宽业务数据实时回传，同时通过厘米级精准定位结合激光雷达无人机实现指定区域的三维全真扫描建模，对传回模型数据进行科学处理，及时评估电力设备的性能，对输电线路、设备状态监测和检修、廊道树木生长动态监测和灾时评估、应急指挥工作提供数据支撑。

## 二、主要做法

　　（1）研制一种轻量化低功耗单兵作业卫星站（授权实用新型专利 1 项）。研制了小型

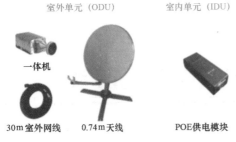

室外单元（ODU）　　　室内单元（IDU）

一体机

30m室外网线　　　0.74m天线　　　POE供电模块

图 1　轻量化单兵作业卫星站结构图

化、轻量化的 0.74 口径 Ka 卫星通信站（总重约 15kg），一体机为 Ka 频段户外型终端，集成了功放、变频器、接收机、馈源以及高速卫星调制解调器，如图 1 所示。一体机通过 POE 网线连接网络，既简化了安装，又最大程度减少了网络故障点，提升适用性，可实时反馈对星状态，减少对星时间和对星难度，实现快捷、可靠的安装及自动入网功能。卫星站轻量化的研究，实现设备便携运输，提供野外供电，能够快速展开和收纳，解决了无公网情况下通信站单人运输难题，可快速建立自组高带宽卫星传输网络。

（2）研发了基于 Ka 高通量卫星的大带宽电力通信系统（申请发明专利 1 项、授权实用新型专利 1 项、发表 3 篇论文）。在灾害现场或日常线路监控中，利用基于 Ka 高通量卫星自组网络通过搭配无线 AP 实现现场卫星 WiFi 网络（上行 6M 和下行 14M 以上）全覆盖，可随需连入无人机、智能安全帽、高清布控球、移动终端等，支持多路视频会议等应用，通过高通量 Ka 卫星网络将数据实时传回，灾时实现现场与指挥部双向实时语音、图像和视频等大带宽数据传输和远程技术指导。日常可用于站点周边输电线路位置、倾斜角等的日常检测和视频监控数据、地质灾害数据、气象信息等实时回传。

（3）研究了对输电线路廊道的识别和定位技术。利用卫星无人机搭载激光雷达，研究了对输电线路廊道的识别和定位技术。多旋翼无人机搭载激光雷达对目标区域进行系统扫描，并通过 RTK 基站为其提供厘米级的精准定位，快速获取线路走廊高精度的三维空间信息及高分辨率的真彩色影像信息，形成三维点云图，构建输电线路三维模型，实现了线路交叉跨越高度、树高房高、线路与周边地物空间距离的高精度实时测量等，可对线路安全距离范围内障碍物的自动识别与定位，周期性动态监测植物的生长情况并输出全线路障碍物统计列表，预先获取线路净空内树木的超高量，如图 2 和图 3 所示。对山体滑坡等情况进行高效建模分析，分析线路走廊的地质灾害及地质灾害对线路安全运行的影响，为线路巡检和灾时应急指挥提供依据。

图 2　激光雷达三维建模

图 3　净空测算效果图

## 三、创新点

（1）研制一种轻量化低功耗单兵作业卫星站，在无网络覆盖区域实现单人快速建立自组高带宽卫星传输网络，支持多类设备接入通信。

（2）研发了基于Ka高通量卫星的大带宽电力通信系统，实现站点周边输电线路位置、倾斜角等日常监测和视频监控、地质灾害、气象信息等数据的实时回传。

（3）利用卫星无人机搭载激光雷达，研究了对输电线路廊道的识别和定位技术，构建输电线路三维模型，实现对树木生长进行三维预判，对山体滑坡等情况进行高效建模分析，为线路巡检和灾时应急指挥提供依据。

## 四、应用效果

（1）经济效益。本成果在眉山公司近三年卫星日常应急演练中使用，原卫星通信系统准备加演练需每月2人2h完成，部署该成果仅需1人30min即可完成，节约年人工成本约1.5万元和年维修费用约1万元。利用激光雷达无人机进行输变电线路廊道建模分析，可智能化管理和监控重点区域情况，将原至少2名操作和分析人员数量缩减至1名，年节约支出约10.5万元。

（2）安全效益。该成果的通信系统适用于电网现场线路检修、变电施工、应急抢修等场所的通信接入，实现现场图像、音视频等数据实时回传，保障现场安全管控。通过精准定位和识别，周期性监控重要输电线路廊道杆塔和周边植被生长情况，可应用于森林防火，对输电线路安全运行提供重要保障。通过三维图像数据比对分析输电网设施设备隐患或受灾情况，加以智能化评估，有效提高公司的应急处置能力，对输电线路检修模式的转变以及输电设备状态监测的完善具有重要意义。

（3）应用情况。轻量化单兵卫星站的高通量卫星自组网通信系统已在眉山公司范围内的试点和年度应急演练项目中使用，并作为四川省备用卫星通信系统参与"2020年川陕渝三省高原应急联动演练"，实现了轻量化卫星站的快速自组网，通过高通量卫星通信站在现场利用AP实现网络覆盖，与现场会商系统、办公终端互联，将前方画面信息实时回传，为应急指挥中心提供辅助决策信息。同时，在日常运检工作中，通过精准定位和识别周期性监控重要输电线路廊道杆塔和周边植被生长情况，根据三维图像数据对比分析评估输电网设施设备隐患情况，有效保障电网安全稳定运行。

# 通信缺陷自动派单

**完成单位** 国网江苏省电力有限公司信息通信公司

**主要参与人** 郭 波 吴子辰 洪 涛 顾 彬 郭 焘 王义成 祁步仁 李瑾辉

## 一、背景

近年来，电力通信系统规模和承载业务量不断扩大，对系统运行提出了更高的要求，而传统的通信缺陷分析判断主要依赖各级通信调度员实时监控综合网管和设备网管，根据获取的各个种类、不同品牌设备告警信息，判断通信系统运行状态，手动填写缺陷单并派单至运维班组，电话指挥现场人员开展缺陷处置。随着通信设备缺陷、检修以及告警数量的快速增长，"传统人工监控+人工派单"工作模式效率低、易出错，难以满足通信缺陷处置及时性、准确性的要求。

## 二、主要做法

针对传统通信缺陷处置工作模式的弊端，国网江苏信通公司在国家电网系统内率先开展通信缺陷自动派单及智能化提升工作，2021年全年累计自动派发1828张缺陷单，缺陷派单准确率90.1%，大大提高了通信缺陷处置自动化、智能化水平。图1为通信缺陷自动派单流程图。

### 1. 告警监控标准化

通过优化通信管理系统告警信息采集，确保通信告警及时、准确、有效。特别针对通信电源设备品牌多、版本多、监控点位差异性较大的问题，率先制定《国网江苏电力通信动环监控规范点位及配置规范》，并建立交流切换设备—整流电源—蓄电池组监控点位的对应关系。

同时对 TMS 系统中白名单配置进行了梳理及治理，清理了重复、无效、相互矛盾的告警白名单，并按照厂家和技术体制对白名单进行了重新整理，新增 OTN 光路合波信号丢失、SDH 帧丢失等传输告警白名单5条，清理无效白名单28条。

## 2. 缺陷研判智能化

在实现告警精准识别的基础上，制定告警归并规则和缺陷生成规则，将告警信息事件化、智能化生成缺陷单，并根据告警、设备、监视单位完成缺陷派单。

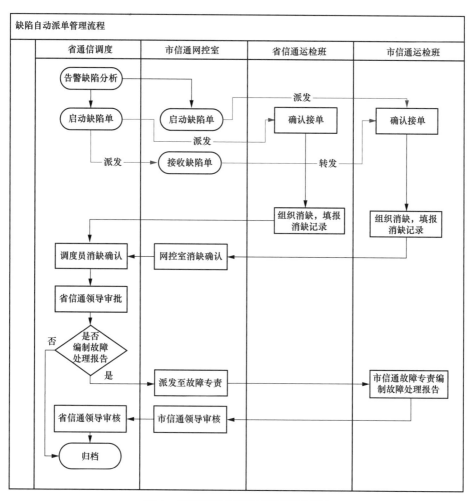

图 1　通信缺陷自动派单流程示意图

（1）制定告警归并规则。根据省内光传输系统、通信动环系统运维经验，分析缺陷现象、关联告警信息及缺陷原因，总结提炼了涵盖通信电源交流失电、整流模块故障、设备板卡故障、光缆中断、机房温度越限等 15 类常见缺陷的告警归并规则，并划分优先级。

（2）制定缺陷生成规则。根据光缆、设备、动环缺陷单填报规范，制定缺陷单标题、定级、缺陷现象描述等字段的自动填报模板，实现了缺陷单自动生成。在缺陷消缺处置过程中，对于重复发生的相关告警，不再进行缺陷单的生成与派发，而将告警自动追加至第一张缺陷单，避免了缺陷单的重复生成与派发。

（3）完善工程告警识别规则。对 TMS 工程告警识别规则进行了重新梳理，完善了 SDH

光路调整、光缆设备检修、电源设备检修等工程告警识别规则12项，新增了配线设备、OTN设备检修等工程告警识别规则6项，有效提升了工程告警识别的准确性。

### 3. 业务流程自动化

在TMS系统中建立缺陷处置虚拟班组，根据地市运检班人员分工，将运检班成员分成设备运检班、光缆运检班两个虚拟班组，将设备和光缆缺陷的派发对象明确到对应虚拟班组，实现了缺陷单自动"分拣"和精准"投递"。

通过建立缺陷自动派单全省"云化"工作团队，开展线上缺陷单监控与错派工单分析，实现电力通信缺陷单的自动化研判、填报、派发、错派工单分析的闭环管理，做到缺陷智能分析研判全流程的规范应用。

### 4. 运维过程一体化

通过缺陷工单监控模块，省信通调度员及地市网控室值班员可以实时查看系统自动派发的工单，跟踪工单处置情况，包括当日派单统计、缺陷单指标看板、待接单工单统计、接单超时预警和统计，自动督办缺陷单处置，实现了对缺陷单的全流程监控，推动通信调度由告警监视工作模式向工单监视模式转变。

通过同步推进TMS移动运维App建设，通信运维人员可以通过内网移动终端，在现场完成缺陷接单和消缺反馈工作，实现与缺陷自动派单上下联动、优势互补、相互促进，助力调度监控和现场运维效率双提升、工作双促进。

### 5. 创新提升智能化

针对固定规则对数据容错性低而光缆、光配等哑设备台账数据出错率高的问题，进一步深入智能算法在通信缺陷自动派单的应用，采用AI算法对规则派单结果进行校验，克服对设备台账数据质量的依赖，推动缺陷研判智能化的提升。采用多维度无监督学习算法，对设备告警从产生时间、空间资源、衍生关系等多维度进行聚类分析，在仿真实验中使用500余万条告警进行训练，归并后告警簇与实际缺陷一对一正确率达到92.6%。

目前江苏公司已完成TMS系统适配改造，接入实时告警数据进行结果分析和功能测试，同步开展优化迭代，初步实现了自动规则与人工智能规则归并结果的实时比对和分析，实时派发匹配后缺陷单。

---

## 三、创新点

（1）根据实时监控告警内在逻辑关系和资源拓扑模型，将同一条缺陷产生的告警信息自动归并生成一张通信缺陷单，并明确缺陷设备和处置单位，自动派发至现场缺陷处置人员实现移动接单。

（2）进一步结合人工智能无监督学习算法的研究，对设备告警从产生时间、空间资源、衍生关系等多维度进行聚类分析，与自动归并规则交叉判断，进一步提升缺陷监控和研判派单的准确率。

（3）通过采用移动接单、移动反馈替代电话通知、电话反馈，通信运维由线下沟通转变为移动作业，有效提升运维工作效率。

四、应用效果

本项目作为国家电网系统内首创，已在江苏全省推广应用，并逐步推广至其他网省公司。应用成效主要如下：

（1）缓解网络规模扩大与人员紧张矛盾。通过建立覆盖传输设备、通信光缆、电源动环告警的通信缺陷智能研判，平均单次缺陷派发时长由 10min 缩短到 2min 以内，通信监控工作效率提升 80%，极大缓解了网络规模不断扩大与值班人员紧张的矛盾，降低了值班人员技能差异对缺陷判断分析的影响，实现了缺陷处置效率、协同运作水平两大提升。

（2）实现新技术应用与专业管理互促共进。通过建设缺陷智能研判、现场移动接单功能应用，申请发明专利 5 项，发表科技论文 2 篇，实现了调度监控、缺陷处置、数据治理工作模式的"三大转变"，提高了调度监控和缺陷处置效率，提升了 TMS 系统实用化水平，推动了技术创新与管理提升互促共进。

（3）全方位强化对新型电力系统运行支撑。通过对通信系统运行状态自动感知，实现了保护、安控、调度数据网等重要电网业务通道的自动监控、智能研判与精准派单，标志着通信专业逐步迈进了人工智能应用阶段，强化了对新型电力系统建设及安全稳定运行的智能化支撑。

# 基于调控云的光缆 T 接管理典型场景模型优化

完成单位　国网浙江省电力有限公司宁波供电公司

主要参与人　孙晓恩　吴　笑　柳　敏　朱一欣

## 一、背景

T 接光缆管理工作是光缆台账管理中的重要一环，由于其管理内容及模型定义相对复杂，因而在日常管理工作中管理难度较大。

1. 光缆 T 接应用示例（见图 1）

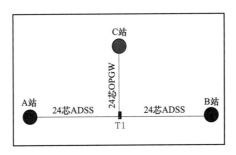

图 1　光缆 T 接应用示例

原先 A 站到 B 站的 24 芯 ADSS 光缆，新建 C 站工程需要，在该光缆的 T1 位置开断并熔接入 T1 接头盒，从 T1 接头盒新建 24 芯 OPGW 光缆到 C 站。

2. T 接光缆存在的问题

目前 T 接光缆定义为：从某一通信站点 ODF 出发的一条物理光缆，经接头盒接续或分歧后到达其他 ODF 或光缆终端盒所产生的光缆段的集合，构成一条"光缆"，通信站 ODF 和光缆终端盒均视为该"光缆"的终结点，较复杂的光缆可能存在多个终结点。

此处规定光缆必须以 ODF 和终端盒作为终结点，那么这里以图 1 为例，（A 站 ~ B 站）光缆就分为三条光缆段的集合：（A 站 ~ T1 接头盒）24 芯 ADSS 光缆段 01、（T1 接头盒 ~ B 站）24 芯 ADSS 光缆段 02、（C 站 ~ T1 接头盒）24 芯 OPGW 光缆段 03。

这种光缆和光缆段的定义存在如下问题：

（1）光缆定义不直观，特别是多重 T 接时管理困难；

（2）若按上述纤芯的熔接方向来定义，极易混淆光纤段和物理实体光缆；

（3）光缆的资产台账与光缆台账无法一一对应，光缆资产管理难度大。

为了解决上述问题，需改进光缆和光缆段的定义。

## 二、主要做法

### 1. 改进光缆和光缆段的定义

（1）光缆的定义。从某一通信站点 ODF 出发的一条物理光缆，经接头盒接续或分歧后到达其他接续装置（通信站 ODF、光接头盒或光缆终端盒 / 箱）所产生的光缆段的集合，构成一条"光缆"，通信站 ODF、光接头盒和光缆终端盒（箱）均视为该"光缆"的终结点，光缆包含一个源端、一个宿端且至少一侧为通信站。

此处增加光接头盒、光缆终端箱为光缆的终结点。

（2）光缆段的定义。光缆段是指在光缆线路中使光缆的传送能力或光缆类型发生变化的两个节点之间的光缆部分。划分光缆段的节点一般为 ODF、接头盒或终端盒（箱），具体包括以下 3 种情况：光缆经过该节点后，前后光缆段的纤芯数发生变化；光缆经过该节点后，前后光缆段的类型发生了变化；光缆经过该节点后，出现了多个传送方向。此处增加光缆终端箱为光缆段的终结点。

### 2. T 接光缆和光缆段按上述新定义的示例（见图 2）

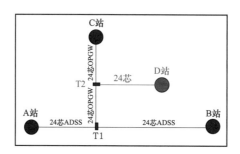

图 2　改进后光缆 T 接应用示例

初始光缆 1：（A 站 ~ B 站）光缆 01。

下属光缆段：（A 站 ~ T1 接头盒）24 芯 ADSS 光缆段 01。

　　　　　　（T1 接头盒 ~ B 站）24 芯 ADSS 光缆段 02。

光缆资产台账：（A 站 ~ B 站）24 芯 ADSS 光缆 01。

初始光缆 2：（C 站 ~ T1 接头盒）光缆 01。

下属光缆段：（C 站 ~ T1 接头盒）24 芯 OPGW 光缆段 01。

光缆资产台账：（C 站 ~ T1 接头盒）24 芯 OPGW 光缆 01。

新建 D 站工程、新铺设 D 站 ~ T2 接头盒的光缆。此时定义新的光缆和光缆段如下：

（1）（A 站 ~ B 站）光缆 01。

下属光缆段：（A 站 ~ T1 接头盒）24 芯 ADSS 光缆段 01。

（T1 接头盒 ~ B 站）24 芯 ADSS 光缆段 02。

对应光缆资产台账：（A 站 ~ B 站）24 芯 ADSS 光缆 01，总长度等属性保留原资产台账属性不变。

（2）（C 站 ~ T1 接头盒）光缆 01。

下属光缆段：（C 站 ~ T2 接头盒）24 芯 OPGW 光缆段 01。

（T2 接头盒 ~ T1 接头盒）24 芯 OPGW 光缆段 02。

光缆资产台账：（C 站 ~ T1 接头盒）24 芯 OPGW 光缆 01。

（3）（D 站 ~ T2 接头盒）光缆 01。

下属光缆段：（D 站 ~ T2 接头盒）24 芯光缆段 01；

光缆资产台账：（D 站 ~ T2 接头盒）24 芯光缆 01。

## 三、创新点

（1）将接头盒、光终端箱加入作光缆的终结点，从而优化光缆的模型（无多终结点光缆）。一条光缆可以纵向被拆分成 1 ~ n 个光缆段，但源宿端保持不变、原光缆类型等属性可保持不变，且依然可以保持和资产台账一一对应。对于多重 T 接场景，下一级的 T 接对上一级的光缆和光缆段定义影响不大。

（2）将上述光缆 T 接的优化模型，作为调控云的卡片应用，形象又直观，如图 3 所示。

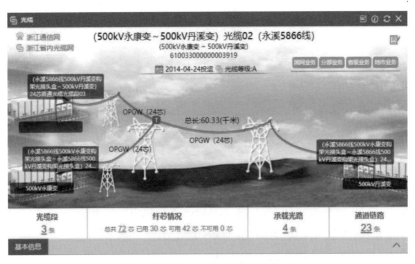

图 3　调控云的 T 接光缆卡片应用

（1）将光缆台账、光缆资产台账的管理实现一一对应，方便了光缆管理。

（2）不管多少层次的叠加 T 接，对前面层次的光缆、光缆段的定义保持不变，减少数据的修改量。

（3）每一个光缆段的光缆类别可以和实际类别一致。

（4）不会因纤芯段方向定义的需要，将实际的某一实体光缆按纤芯的不同熔接方向被人为地割裂成不同光缆段，造成运行上实际光缆和系统台账难以对应。

（5）有利于国家电网公司系统内统一光缆、光缆段的台账制作，便于光缆管理。

# "云上可视化展示"——构建通信资源数据新画像

完 成 单 位　国网福建电力有限公司
主要参与人　林烨婷　陈端云　林彧茜　张良嵩　周晓东　陈泽文　曹雄志

一、背景

随着新型电力系统快速发展、系统规模数据的不断扩大，系统智能应用需求越来越大、越来越高。电力通信网是支撑公司新型电力系统的基础性设施平台，为推进通信资源数字化，强化通信与其他电网资源数据的关联，提升通信资源管理水平，国调中心启动了通信资源数据上调控云（简称国分云平台）工作，福建公司通过通信资源数据治理、创新卡片设计、建立数据管理机制等手段提升源云"两端"数据质量，完成 16 类国分云卡片设计，实现 12 类 17 万余条通信数据在国分云平台上展示的完整性及准确性。

在推进通信资源数字化过程中，由于存在界面不能准确展示通信数据画像等问题。在国调中心的指导下，作为试点单位，通过多项举措，提升源云两端数据质量，率先完成全量通信管理系统资源迁移上国分云平台工作。

完成 35kV 以上站点通信数据 100% 迁移至国分云，结合数据治理，保证通信资源数据准确性、完整性，实现卡片标准化展示及应用，为通信业务数字化转型奠定基础。

二、主要做法

（1）研究数据模型，确保数据展示科学友好。福建公司组织专家及技术支撑人员，讨论卡片设计展示内容，分布形式，交互联动等内容，研究模型间关联关系，梳理各类资源间关系，科学排布资源展示界面，将运维及管理工作中重点关注信息展示在重要位置，合理化展示界面比例，提升使用过程中的便捷性、友好性。

（2）创新卡片设计，构造通信数据新画像。明确设计原则。如图 1 所示，卡片按照"风格一致，分区统一"原则进行设计，以各层级电网调度管理人员、通信管理人员、通信运维人员的应用需求为导向，卡片设计既要保证与一次专业数据贯通、风格统一，又要满足通信资源展示可视化、扁平化需求。以通信资源关系和国分云系统通信模型为依据，特别针对不同层级、不同职责管理、运维人员使用场景合理化设计，提升卡片易读性、可用性。

(a)

(b)

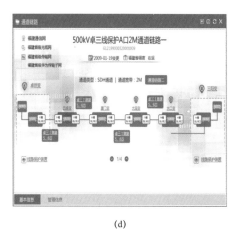

(c)

(d)

图 1　国分云系统卡片设计
（a）光缆卡片；（b）光缆段卡片；（c）传输设备卡片；（d）通道链路卡片

（3）横专业跨级联动，提升协同展示程度。在大电网融合调度运行的背景下，强化电网与通信网调度各专业数据共享及应用贯通，通过横向业务贯通专项工作，梳理通信通道资源与电网保护、稳控、自动化等业务数据关联，进行数据迁移上云，致力于实现卡片应用的可视化展示及联动。通过逐步设计特高压光缆等类型卡片，提升实现跨级资源数据融合调用及可视化展示程度。

（4）分级测试迭代，完善卡片展示部署效果。分层级组建"攻坚小组"。省内组成省信通、地市运维、方式专家小组，组织试点单位、研发单位组成卡片讨论小组，针对卡片初稿提出整改意见和建议。制定工作计划，以 3 天为一个周期，有效安排需求讨论、绘图设计、展示汇报等事项，做到快速迭代，提高卡片设计工作效率。卡片部署上云后，组织进行测试，提出系统问题 17 条，系统改进建议 11 条，不断推进系统展示及使用效果。

（5）跨专业沟通，提升卡片更新迭代速度。贯通四区终端访问国分云网络。梳理自动化三区网络及信息内网情况，协同互联网部、自动化专业通过在三区跨四区防火墙上设置地址转换、在域名服务器上增加域名解析路由等方法，实现信息内网机访问国分云平台，并为每个地市公司数据治理及管理人员开通权限账号，实现各单位实时校核云上卡片，发现问题及时整改，缩短数据更新链，进一步提升各单位数据治理自查自纠工作效率。

## 三、创新点

（1）推进源端数据治理，提升卡片数据展示质量。明晰一次资源关联数据基准源。以 D5000 系统及 PMS 系统作为一次资源数据基准源，开展与一次专业数据强关联耦合通信资源命名标准、接线关系等治理，实现国分云中一次关联数据资源（变电站、一次线路、光缆段等）规范性。通过智能化应用反向核查、校验数据。通过缺陷自动派单、检修影响业务分析等方式，校验 TMS 系统光缆关联光路、业务等数据准确性，提升通信数据实用化水平。

（2）源云两端数据比对，确保数据上云准确性。通过国分云卡片应用展示结合省地云通信数据资源表，开展云上数据和源端数据比对，确保上云数据准确性。在校验过程中发现的通信资源与调控云一次站点、线路 ID 匹配错误问题，通过清理多余垃圾数据，实现与一次数据的正确关联；对沟道等特殊数据条目，通过查阅 PMS 等其他专业系统数据和各类工程设计资料，逐项清理资源数据特异化问题。

## 四、应用效果

部署后，有效实现了通信数据可观可视。完成通信站、光缆等 16 类 33 种国分云卡片设计及卡片展示验证工作，在调控云平台部署展示，实现通信数据可观可视。进行横向业务贯通专项工作，进行数据治理及通信通道与业务关系梳理工作，完成 2137 条数据保护业务通道串接及一致性核对，24 条安控业务通道串接及一致性核对，1845 条自动化业务通道串接及一致性核对工作。

# 附录 2021年电力通信创新成果简介

| 序号 | 项目名称 | 内容简介 |
|---|---|---|
| | | 一、工器具类 |
| 1 | 野外光缆熔接防尘工具 | 宁东地区沙化草地土壤特性,光缆熔接环境大多数为风沙天气,光缆熔接机又属于精密设备,要求低尘环境。通过借鉴查新研制了野外光缆熔接防尘工具,将熔接环境限定在一定的空间内,减少大风、沙尘等天气对光缆熔接的影响 |
| 2 | 一种多功能射频同轴电缆接头焊接台 | 多功能射频同轴电缆头焊接台主要用于大批量或复杂环境下同轴电缆头快速焊接、质量测试,解决射频同轴电缆头焊接操作困难、效率低等问题 |
| 3 | 通信线缆维护与检测集装箱 | 研制一种改善通信线缆检测检测手段的通信线缆维护与检测集装箱,解决恶劣天气条件下光缆熔接困难、数字配线架背板电缆及数字终端设备网线质量检测困难的问题,有效解决2M线缆故障次数高和电缆检测繁琐导致人、财、物的极大浪费的问题 |
| 4 | 快速敷设通信尾纤 | 研制了一种快速敷设尾纤的方法,利旧原有波纹管,将新的尾纤再次穿入旧波纹管中,解决了新业务必须重新布放波纹管再次穿线的问题 |
| 5 | 通信同轴电缆夹持焊接装置 | 装置主要包括同轴线接头固定模块、焊锡丝架模块、焊烙铁架模块、底座模块以及放大镜模块等,将传统需两人配合的焊接工作优化为一人单独完成,避免了因同轴电缆接头导热而烫伤手持人的问题,还克服了手抖等人为因素的影响,提高了焊接操作的成功率和效率 |
| 6 | 光缆固定剥线器 | 通过设计制作一款光缆固定剥线器,改进光缆剥线方法,实现光缆剥线的单人安全作业,提高光缆剥线工作效率 |
| 7 | 2M线接头焊接辅助工具 | 研制2M线接头焊接辅助工具,该工具由单人操作,适用于多场景焊接,可置于地面、吸附于柜体内外侧以及配线架,作业方式灵活,焊接过程中对焊接造成的短路即时报警,可极大提高焊接的效率及可靠性 |
| 8 | MDF音配架集成测试工具 | 开发一种MDF音配架集成测试工具,解决了在不同种类音配架上工作时需携带不同种类测试工具的问题,提高工具携带的便捷性,提供更为灵活及多样的测试方法 |
| 9 | 多功能环回测试仪 | 研发"多功能环回测试仪",可辅助定位通道告警故障定位,缩短业务通道中断时间,节约故障处理人工成本 |
| 10 | 双边式ADSS光缆耐张线夹 | 应用双边式ADSS光缆耐张线夹对两条相向的光缆产生握力,实现ADSS光缆任意点悬空对接。可就地补充新缆进行光缆熔接作业,实现光缆快速抢通,避免施放整个档距光缆,减少ADSS光缆故障处理时间,节约检修成本,提高故障处理效率 |
| 11 | 光缆尾纤检修穿管器 | 发明了一种采用FRP材质的光缆尾纤检修穿管器,主要由尾线和钢圆珠组成,具有结构简单、易于制作、使用方便等优点,能够有效缩短光缆尾纤的检修时间,提高检修工作效率 |

| 序号 | 项目名称 | 内容简介 |
|---|---|---|
| 12 | 2M 线缆信号测试工具 | 研制 2M 线缆检测工具，该测试工具小巧轻便，易于携带，成本低，可提高 2M 线缆现场测试时的效率问题 |
| 13 | 通信运维相关工器具革新 | 研制了裸纤保护管穿纤器、光缆熔配套头、电缆引上保护管防水帽和机房设备专用安装转运起重车，解决了裸纤穿保护管时间过长、光缆纤芯数分配不合理造成纤芯或光配单元浪费、光缆出土管防水封堵不良造成光缆进水冻胀、机房重型设备人工搬运难度较大造成人身设备损伤等问题 |
| 14 | 光缆纤序及光纤衰耗检测仪表 | 研制出一套能够实现光缆的纤序、通断、衰耗自动检测的仪表，系统采用多路光开关，由信号发送模块和信号接收检测模块组成，解决了光缆验收过程中存在的耗时长、准确率低、专业要求水平高等问题 |
| 15 | 通信同轴电缆快速检测器 | 通信同轴电缆快速检测器是检测连接 2M 通道的双向收发的简易装置，可反复使用，不需要任何供电设施和辅助工具，发明构造简单、携带方便，实用性强，使用快捷、效果明显 |
| 16 | 改进型光纤配线架盖帽及拔钳工具 | 通过对光纤配线架法兰盖帽进行重新设计，并制作专用拔钳，可以较快方便地完成法兰盖帽的插、拔工作，解决光配法兰处盖帽由于老化而变硬导致较难插拔等问题 |
| 17 | 多功能电话模块打线工具套装 | 研制了多功能电话模块打线工具套装，配合可替换刀头组件可适用所有型号语音配线单元（VDF），进一步减少运维检修成本，提高人员工作效率 |
| 18 | 光纤配线架快速拔帽器 | 研制专用拔帽小工具，可轻松将光纤防尘帽拔出，缩短光纤配线架空闲线芯测试时间，减少误碰事件的发生 |
| 19 | 同轴电缆接头自动焊锡装置 | 研制一套 2M 头与同轴电缆自动焊锡装置，将 2 人作业降低为 1 人，无需专人固定线缆，可通过更换固定件适配 2M 头专用，尺寸与 2M 头匹配，灵活方便 |
| 20 | 一种光缆保护管多功能切割工具 | 光缆保护管通常是成圈生产，现场铺设环境多变，往往需要现场加工成不同长短的规格。本成果设计了一种专门用于不同型号规格的光缆保护管进行横向切割和纵向切割的工具，工具体积小，携带方便，操作简单 |
| 21 | 尾纤测试多功能接头 | 设计基于 FC 接口的尾纤测试多功能接头，通过转换辅助光源、光功率计、OTDR 和红光笔等仪器仪表在各类场景下完成测试，并提供丰富的接头转换实现同类尾纤接头之间和不同尾纤接头之间的对接，进一步提升运维工作效率 |
| 22 | 蓄电池组安装辅助平台 | 研发的蓄电池组安装辅助平台，借助液压原理工作，实现电力通信蓄电池组的拆除、搬运、安装等工作 |
| 二、工艺类 | | |
| 23 | 光显寻迹线缆 | 研制一种针对各类配线的光显设计方法，通过对各类线缆增加发光显示路径的功能，解决复杂布线环境中线缆标签难以快速、安全、精准核实，线缆连接关系、展放路径难以有效确认的问题 |
| 24 | 通信光缆沟道密封防火防水堵头 | 本成果对现有通信光缆入地密封与防雨技术进行创新性改进，通过设计通信光缆沟道密封防火防水堵头，实现光缆入地时的防水密封问题；通过设计托架，解决防火泥在使用一段时间后变硬、碎裂从而部分散落的问题 |
| 25 | 智能增强型 OPGW 接续盒 | 制定了一种符合电力通信应用场景的 OPGW 接续盒及其标准，创新接续盒结构，增加了智能化实时监测模块，解决了接续盒内易积水、盘纤空间不足、盒体固定不牢以及缺少实时监测能力等问题 |

| 序号 | 项目名称 | 内容简介 |
|------|----------|----------|
| 26 | ADSS 光缆防鸟啄装置 | 研制了一种 ADSS 光缆防鸟啄装置，由驱鸟镜、防鸟轴、发条传动系统、固定夹具、声光发射装置、4G 通信模块和微控制器组成，达到了降低 ADSS 光缆鸟啄率的目的 |
| 27 | 光缆防冻桶 | 研发了一种桶形结构的光缆防冻装置，当引下钢管和水平引入管内出现进水现象时，水会流入桶内，通过桶内渗水孔渗入地下，保证了引下钢管和水平引入管内不会积水，有效地防止引入光缆冻伤 |
| 28 | OPGW 光缆引下段免封堵防水管 | 基于不锈钢管，设计了一种 OPGW 光缆引下段免封堵方案，解决引下段光缆受冻崩断的问题 |
| 29 | 光缆双沟道槽盒 | 设计了通信光缆不锈钢槽盒双沟道改造方案，该方案在施放光缆时可直接将光缆放入槽盒，不仅将光缆与电力电缆分沟道敷设，而且方便后续光缆的施放和维护 |
| 30 | 蓄电池检测辅助工具 | 利用专用辅助工具进行蓄电池检测工作时，省去了传统蓄电池检测前带电拆除蓄电池正极与充电机间连接线的环节，直接使用辅助工具上的开断旋钮旋转断开连接，即可完成检测工作，优化了检测作业流程 |
| 31 | 感应型光缆标识牌 | 研制了一种感应型光缆标识牌，采用抱箍自扣式，利用磁感应原理，将信息电子化保存，方便日常运维，解决了传统光缆标签牌因长时间实用剥落、掉色等问题 |
| 32 | 一种防缠绕式光缆绕纤装置 | 设计了一种安装于通信屏柜后方的防缠绕光缆绕纤装置，可解决光纤配线架和绕纤盘普遍存在无法调整尾纤长度、下层跳纤无法取出以及光缆缠绕过多不够整洁的问题 |
| 33 | 蓄电池放电仪单体电压监测线改进方案 | 设计了一种改进型的单体电压监测线，采用磁性砝码端子直接吸附在蓄电池固定螺母上，解决端子易崩落问题和线缆缠绕问题，易用易收，拆接方便，且不易从螺母上掉落 |
| 34 | 基于自我状态监测的冒式光缆接续盒 | 设计了一种新型光缆接续盒，该接续盒将倾角、震动监测、位置信息上报、温湿度监测、漏水监测、告警上报等多项功能整合在一起，并具备自我感知能力 |
| 35 | 光缆桥架敷设辅助工具 | 通信光缆桥架敷设辅助工具，以套管颜色区分各类、各级光缆线路，将缠绕管从外部包裹线路，有效保护站内桥架线缆及尾纤 |
| 36 | 尾纤盘纤装置 | 研制了储物格式尾纤盘纤装置，由收纳箱和盘纤盒构成，将装置按照储物格进行空间划分，每一个单元格存放一对尾纤，而每对尾纤又利用专用的收纳模块完成尾纤收纳，能够精准识别、快速腾退尾纤，缩短尾纤检修时长，提高工作效率 |
| 37 | 通信机房彩色固线装置 | 设计了一种彩色固线装置，摒弃传统的扎带绑线法，利用特制的不同颜色的分层固线装置把所有需要绑扎的各型号、各规格线缆分类、分功能进行固线，解决通信机房缆沟内线缆固定及分类查找难等问题 |
| 38 | 通信机柜综合理线系统 | 通信机柜综合理线系统由两个基础创新模块组成。理线装置减少运维人员查线、寻线时间，封堵装置高效隔离机柜上下空间 |
| 39 | 大芯数 OPGW 光缆接续装置及站内引下防雷接地装置 | 该成果一方面对接头盒密封性能、熔纤盘大小和结构、部分材料进行改善，另一方面改进了光缆引下绝缘工艺，并将绝缘余缆架和接地开关集成为一体，既能增加线路 OPGW 光缆熔接芯数，又能增强站内 OPGW 光缆的防雷接地作用，有利于方便准确地测量变电站接地网电阻 |

| 序号 | 项目名称 | 内容简介 |
|---|---|---|
| 40 | 普通架空光缆防鼠害外破装置 | 研发了适用于非金属普通架空光缆的笼式防鼠网以及ADSS专用塔组合式防鼠装置，具有安装便捷、成本低廉优点，在很大程度上避免了普通架空光缆免受鼠害侵咬 |
| 41 | 高寒区域光缆接头盒 | 通过升级密封材料、增加可视化窗口，设计了一种适应于高寒区域光缆接头盒，可解决东北区域内OPGW光缆接头盒经常出现进水、结冰、光缆受损等问题 |
| 42 | 新型蓄电池测试仪器采集线 | 新型蓄电池测试仪器采集线使用强磁体焊接铜片替代鳄鱼夹作为充放电仪器与蓄电池的连接件，加强连接点的稳定性，有效解决了蓄电池充放电试验过程中存在的极柱与采集线连接不牢靠、操作不便和装置易损等问题 |
| 43 | 线缆插卡式标签装置 | 为了解决现行线缆标识的问题，通过制定标识管理规范化流程，制作插卡式标签装置，避免因标识缺失造成误动误碰运行设备 |
| 三、方法和装置类 | | |
| 44 | 电力5G切片可编程网关 | 设计了一种适配异构业务终端接入统一、具备通信能力灵活组合配置的电力5G切片可编程网关，极大地提升了电力终端接入5G网络的速度，彻底解决了存量电力终端接入5G网络的问题 |
| 45 | 基于人工智能的电源表计监控装置 | 设计了一种电源表计监控产品，通过对电源表计视频人工智能分析，实时上报通信电源告警信息，通过无线方式回传现场表计图片 |
| 46 | 保护专网运行方式智能管理 | 研发了保护专网运行方式管理模块，实现通过光缆查询继电保护光业务和电业务，以及查询保护电业务途经的所有光缆，生成完整的业务光路路由，从而便于检修人员分析业务情况 |
| 47 | "小、快、灵"的定制化闭环监控电路 | 结合通信运行实际，提出将整体传输网络区域化，利用区域内的闭环监控电路，快速定位故障区域，提升实施监控效率，实现故障的及时响应和快速定位 |
| 48 | 便携式应急通信电源 | 研制了一种便携式应急通信电源，其具备功率大、功能全、自带后备电池、可平滑接入和退出等功能，以满足通信电源更换、应急抢修时的需求 |
| 49 | 基于窄带物联网技术的光缆反外破装置 | 设计了一款基于窄带物联网技术的架空光缆反外破装置，该装置可实现对架空光缆悬高状态监控预警、外损风险智能分析等功能，及时发现架空光缆下垂隐患 |
| 50 | 基于大数据的通信检修计划管控及策略优化工具 | 为做好通信网与一次停电检修协同，应用大数据分析，获取OMS系统与TMS系统数据，联动分析生成完整全面的通信检修计划，准确分析一次停电检修计划对通信网的业务通道影响和通信网检修对一次电网运行产生的影响 |
| 51 | 利用VR技术实现电力通信网基础资源信息场景化管理 | 参考房地产行业VR远程看房等技术手段，建立电力通信站点机房基础环境、空间位置、屏柜信息、设备运行状态、系统配线图等虚拟现实画面，实现电力通信网基础资源信息场景化管理 |
| 52 | 一种可切换的多接口存储设备连接器 | 可切换的多接口存储设备连接器，有两端设备组成，可在KVM侧实现异地对机房内设备数据的拷入拷出和运维操作，极大地简化了操作，提高了运维的便捷性，提高了工作效率 |

| 序号 | 项目名称 | 内容简介 |
|------|----------|----------|
| 53 | 运用 PAD 提升变电站通信定检管理效率 | 基于 TMS 系统，研制了 PAD 通信现场标准化定检系统，并制定了通信现场运维检修技术手册，全面提升了变电站现场通信定检运维管理效率 |
| 54 | 继电保护重载预警图 | 继电保护重载预警图实现了一张图即可查看光缆（设备）与其所承载的保护详细信息及重载情况，避免了原来图表间反复查看、易遗漏、不全面的弊端，直观高效；同时不同颜色预警，便于实时动态掌握重载情况，为方式调整和规划设计时提供配置预警 |
| 55 | "一芯多用"的新型融合光路设备 | 研发新型融合光路设备＋光联网管理系统实现一芯光纤当 32 芯光纤使用，解决了光纤资源日趋紧张、设备功能单一可靠性不高、专业网管配置繁杂数据不互通等问题 |
| 56 | 通信电源负载不断电切改 | 带负载停电切改通信电源施工方案，不再更换负载直流空气开关及下游负载电缆，只对交流输入及高频开关整流部分进行切改。切改过程使用一套临时整流电源设备为负载供电 |
| 57 | 基于 SIP 中继的 SBC 双跨会议融合装置 | 基于 SIP 中继的 SBC 双跨会议融合装置，通过 IMS 行政交换网和会议电视系统对接互通，实现了专网会议系统与公网会议系统之间的安全加密对接，组建了新型 IMS 融合视频会议系统，实现融合多种会议业务，在办公工位即可远程参会、应急指挥 |
| 58 | 基于通信调度的二次联合会商新模式 | 通过建立事前、事中、事后会商新模式，实现通信专业检修风险预控 |
| 59 | 基于光纤振动传感的电力光缆防外破监测预警工具 | 提出利用光纤振动传感技术防止电力光缆的外力破坏，利用电力通信光缆作为传感器，通过监测光缆附近的振动，提前预警工程机械、人工破坏等行为 |
| 60 | 基于电力载波的 5G 智能通信系统在配电网的应用 | 将接收的 5G 网络信号通过电力载波芯片转换为数字信号，利用现有电线进行信号传输，无需网络二次布线，解决 5G 穿透力弱及封闭空间、5G 网络信号无法覆盖等问题，实现电力载波助力 5G 通信最后 100m |
| 61 | 基于"远端热备"的调度交换网业务运行方式优化 | 通过优化多协议互通、多层级跨越、多路由迂回的安全热备份运行方式，革新出一种全方位、立体化、多备份的网络结构，保障了调度交换业务安全稳定运行 |
| 62 | 光纤信息自动识别装置 | 研制了光纤信息自动识别装置，能主动"感知"光纤配线信息，减少运维人员核查数据时间，实时远程更新配线信息，实现光纤智能化管理 |
| 63 | 光缆纤芯智能运维系统 | 研制了光缆纤芯智能运维系统，可实现光缆纤芯的远程跳纤操作，以及光缆信息的采集和管理，为光缆纤芯智能运维提供了技术支持和保障 |
| 64 | 光缆中断故障快速定位和业务恢复 | 通过完善应急预案体系、网管预设迂回通道、编制城区光缆区段表，实现了光缆中断故障快速定位和业务恢复 |
| 四、软件工具类 | | |
| 65 | 长距离光路配置辅助平台 | 开发基于 Excel 的超长距光路搭建平台，该平台充分收集相关参数并完成 Excel 软件函数嵌套，通过输入线路相关参数，可直接匹配长距离光路最佳配置方案，提升运维人员工作效率 |

| 序号 | 项目名称 | 内容简介 |
|---|---|---|
| 66 | 高清电视电话会议集中智能监控系统 | 高清电视电话会议集中智能监控系统可事先根据会议流程编辑会议保障脚本，实现多种设备集中控制，同时按预先编辑好的脚本进行一键式智能操控，自动完成各会议阶段的功能切换，提高设备协同性、减少人员操作复杂度 |
| 67 | 调度电话智能信息播报及语音拨号 | 通过智能信息播报与语音拨号模块装置与现有在运调度交换机的松耦合连接，可实现智能信息播报及语音拨号功能，辅助调度员更高效地处理电话业务，提升调度员的工作效率 |
| 68 | 交换机运维工具软件 | 开发了交换机运维工具软件，可针对电力数据通信网特点，分析交换机配置文件，按需生成表格，获取精确数据，提供给专业运维人员使用，作为交换机运维的可靠依据 |
| 69 | 基于Python的通信网核心资源梳理工具 | 开发一种基于Python的重要业务梳理小工具，通过Python实现了图形界面的设计以及国家电网下发正式业务文件信息的读取，可完成一键完成通信网重要资源台账梳理 |
| 70 | 通信调度运行数据分析自动分析工具 | 结合工作实际，总结提炼电力通信调度工作中重复性强、耗费人力大，且对通信运行安全有重要影响的工作环节，有针对性地开发智能化、自动化辅助支撑工具，改进原有工作模式，提升工作质量和效率 |
| 71 | 电力通信生产计划智能管理 | 基于TMS系统开发电力通信生产业务智能管控平台，包含计划制定智能化、人员分派合理化、计划管控可视化、现场作业规范化、绩效考评精细化五大功能模块、51个功能点，有效促进通信专业生产管理转向精准高效 |
| 72 | 通信设备缺陷统计大数据分析应用 | 基于TMS基础数据，开发一套通信设备缺陷统计分析工具，实现多元化缺陷统计、缺陷库管理、通信指标统计、通信运行统计等功能，提升通信设备缺陷精益化管理水平 |
| 73 | 通信光缆备用纤芯自动化数据分析应用 | 搭建通信光缆备用纤芯自动化数据分析应用平台，实现了从光缆备用纤芯测试数据的导出录入到数据分析以及结果展示全自动化一键式完成 |
| 74 | OPGW光缆故障精准快速定位系统 | 研发了基于分布式传感技术的OPGW光缆故障精准快速定位系统，利用光纤分布式传感特性，实现线路OPGW光缆接续杆塔自动标定，建立以接续杆塔为坐标的定位方法，实现故障点的智能、快速、精确定位 |
| 75 | 电力光缆传输态势感知分析与应用 | 研发了态势感知设备与相应的软件管理系统，实现了光缆纤芯资源实时监测，在线分析光缆传输特性动态，变传统事后检修为事前预警，减少光缆故障发生率 |
| 76 | 电力"云电话"让办公更便捷 | 针对电力IMS行政交换网电话业务进行扩展，实现"桌面软终端+口袋座机"，实现通讯录来电显示，随时召开电视电话会议，提高基层班组数字支撑及保障水平，提升基层班组各类会议、培训工作效率 |
| 77 | 北斗星联芯——便捷智能的电力光缆运维管家 | 将北斗"精准定位""短报文"等功能与电网GIS平台相融合，开发基于短报文的电力通信短语编解码，实现了光缆的实时监测，业务快速恢复，故障精准定位，抢修导航、位置上报、应急指挥等功能 |
| 78 | 基于实物"ID"关联的机柜智能锁远程控制管理系统 | 研发了远程智能锁管控系统搭配电力机柜智能安全锁，实现变电站机柜的远程许可、授权开锁，同时优化授权审核流程，将机柜与工作票、设备（实物ID编码）关联，强化变电站机柜安全防护与规范管理，提升变电站运行管理水平 |

| 序号 | 项目名称 | 内容简介 |
|---|---|---|
| 79 | 核心交换机房综合资源管理工具 | 研发了核心交换机房综合资源管理工具，全方位涵盖了涉及调度交换网、行政交换网、录音系统的码号资源、设备端口、配线端子、综合布线、录音线路、ODF、DDF 等信息，并实现资源联动，优化提升班组基础资源管理水平 |
| 80 | 智能备件库系统 | 利用物联网技术实现备品备件智能化管控，实现自动出入库管理，实时盘点，实时定位备品备件存放位置，有效提升了备件管理的效率 |
| 81 | 多态融合立体式应急通信系统 | 构建自组网的大功率对讲系统、北斗短报文应急通信系统、卫星通道的临时现场指挥系统等，立体式提升通信应急保障能力 |
| 82 | 基于物联网等新技术的智慧机房监控工具 | 智慧机房监控工具将数据采集、信息存储、故障分析、设备联动、通知告警、实时显示、数据上传等功能合为一体，所有信息整合在一起，能够在移动端查看机房各项设备信息并进行远程控制，实现通信机房的智能管理 |
| 83 | 配电网通信智慧物联监控系统 | 基于 EPON 网络，设计光功率传感监测、光通道切换、智能控制等模块，提出配网通信安全解决方案和 Stack 灵活组网技术，形成了一套一体化配网通信智慧物联监控系统，实现配网通信设备的人机互动和配网通信精益化管理 |
| 84 | 电网通信电源智能监控管理系统 | 电网通信电源智能监控管理系统围绕通信电源的资源管理、监控管理、任务管理和应急管理四个方面，同步开展了远程控制、方式管理、分析预警等功能模块研究，实现对现有电源运行和管理方式的全面革新 |
| 85 | 轻量化高通量卫星应急通信及成像分析系统 | 研制了轻量化卫星站快速就地搭建自组通信网，基于高通量卫星网络传输技术实现图像、视频等数据实时回传，同时通过厘米级精准定位结合激光雷达无人机实现指定区域的三维全真扫描建模，对输电线路、设备状态监测和检修、灾时评估、应急指挥工作具有十分重要的意义 |
| 86 | 通信缺陷自动派单 | 基于 TMS 系统，通过优化警信息采集，实现告警精准识别，采用事件化、智能化方式生成缺陷单，大大提高了通信缺陷处置自动化水平 |
| 87 | 基于调控云的光缆 T 接管理典型场景模型优化 | 基于调控云系统，针对 T 接光缆管理这一特殊场景，优化模型定义，改进了光缆和光缆段的定义，实现光缆段和资产台账的一一对应，强化了多重 T 接场景下的资源管理 |
| 88 | "云上可视化展示"——构建通信资源数据新画像 | 通过通信资源数据治理、创新卡片设计、建立数据管理机制等手段，提升源云"两端"数据质量，完成各类通信设施国分云卡片设计，实现通信数据在国分云平台上可视化展示 |